计算机科学导论

郑忠龙 徐晓丹 主编

彭浩 贾日恒 林飞龙 王晖 何小卫 段正杰 陈欣 韩建民 编著

清华大学出版社

北京

内 容 简 介

本书是一部系统论述计算机科学基本概念和基础理论的立体化教程（含纸质图书、教学课件与视频教程）。全书共分为 11 章：第 1 章讲解数制与编码基础知识，第 2 章讲解计算机组成原理，内容包括 CPU 的工作原理、内存的角色、缓存体系、总线结构及输入输出设备等内容，第 3 章介绍数据结构基础知识，包含数组、链表、栈、队列、树、图以及哈希表等主要的数据结构，第 4 章主要介绍操作系统的基本概念和功能，包括进程管理、内存管理、文件系统、设备驱动以及用户界面等，第 5 章介绍数据库基础知识及基本应用，包含关系数据库 MySQL、Oracle 等的工作原理以及基本操作，第 6 章主要讲解计算机网络的基本概念以及网络安全等相关技术，第 7 章介绍 web 前端开发的各项技术，包括 HTML5、CSS3、JavaScript 的最新特性，以及网站的基本结构、样式设计和交互功能的实现，第 8 章介绍移动开发相关技术，包括 Android 和 iOS 平台的特点、移动应用架构、性能优化、用户体验及混合开发等，第 9 章介绍人工智能相关技术，包括机器学习基础、深度学习、自然语言处理，计算机视觉以及人工智能的最新应用等。第 10 章介绍区块链技术原理、代表性应用系统和区块链共识机制等内容，第 11 章介绍物联网相关技术，包括物联网架构、传感器技术、物联网与通信技术、物联网与大数据、物联网与计算等内容。

本书获浙江师范大学教材建设基金立项资助。

为便于读者高效学习，快速掌握计算机基础理论与知识。本书作者精心制作了完整的教学课件与丰富的配套视频教程。

本书适合作为广大高校计算机科学导论课程教材，也可以作为计算机基础入门读物和自学参考用书。

图书在版编目（CIP）数据

计算机科学导论 / 郑忠龙，徐晓丹主编 . -- 北京：清华大学出版社，2025. 6.
（面向数字化时代高等学校计算机系列教材）. -- ISBN 978-7-302-69509-7

Ⅰ. TP3

中国国家版本馆 CIP 数据核字第 2025GR3375 号

责任编辑：赵　凯
封面设计：刘　键
责任校对：王勤勤
责任印制：杨　艳

出版发行：清华大学出版社
　　　　网　　　址：https://www.tup.com.cn，https://www.wqxuetang.com
　　　　地　　　址：北京清华大学学研大厦 A 座　　　　　　邮　　编：100084
　　　　社 总 机：010-83470000　　　　　　　　　　　　　邮　　购：010-62786544
　　　　投稿与读者服务：010-62776969，c-service@tup.tsinghua.edu.cn
　　　　质 量 反 馈：010-62772015，zhiliang@tup.tsinghua.edu.cn
印 装 者：大厂回族自治县彩虹印刷有限公司
经　　销：全国新华书店
开　　本：185mm×260mm　　　　　印　　张：16.25　　　字　　数：419 千字
版　　次：2025 年 6 月第 1 版　　　印　　次：2025 年 6 月第 1 次印刷
印　　数：1 ～ 1500
定　　价：59.00 元

产品编号：108326-01

前言

——写在开始之前：与计算机的一场约会

亲爱的读者：

在这个数字化时代，计算机已经渗透到我们生活的每个角落。从早晨被手机闹钟叫醒，到晚上刷着"平板"入睡，我们的生活已经离不开计算机。作为一名在计算机领域耕耘了三十余载的科研工作者，我常常被问到："计算机科学到底是什么？"经过全体编写人员两年多的努力，本书终于和大家见面了！希望它能够带你开启一段奇妙的计算机科学世界的探索之旅。

我们将展开一段跨越千年的时光之旅。从最早的算盘，到机械计算机之父巴贝奇的差分机，再到现代计算机之父图灵的贡献，每一步都让我们离现代计算机更近一步。将了解ENIAC这台"庞然大物"（它重达30t，需要耗费150kW的电力），到如今可以装进口袋的智能手机（运算能力却比 ENIAC 强上万倍）。我们也会探讨计算机在现代社会中的应用，从航天器控制器到手机支付，计算机究竟如何影响和改变我们的生活。

本书共 11 章，将系统、全面地介绍计算机科学技术，主要内容如下：

第 1 章　数制与编码

想象一下，如果只用 0 和 1 两个数字来表达所有信息，你会觉得不可思议吗？但这正是计算机的工作方式。在这一章，将讲解如何在二进制、八进制、十六进制之间进行转换，ASCII码如何让计算机理解人类的文字，Unicode 如何解决全球不同语言的编码问题，图片、声音是如何被转换成二进制的。本章会用生动的例子来解释：为什么程序员喜欢用十六进制？为什么很多计算机存储容量都是 2 的整数次幂？这些问题，都将在本章得到答案。

第 2 章　计算机组成原理

这一章的内容就像是拆解一台计算机，但不会用到螺丝刀，而是运用知识和相应的讲解。本章将探索计算机组成的原理，包括 CPU 的工作原理、内存的角色、缓存体系、总线结构及输入输出设备等内容。通过本章的学习，你将理解为什么游戏用计算机需要独立显卡，为什么固态硬盘比机械硬盘快，以及为什么同样是 8GB 内存，手机和计算机的性能却有天壤之别。

第 3 章　数据结构

如果说程序是计算机的灵魂，那么数据结构就是构建这个灵魂的框架。本章将探讨数组、链表、栈、队列、树、图以及哈希表等主要的数据结构，用实际的应用场景来解释每种数据结构，例如：为什么 Facebook 平台用图结构存储用户关系？为什么游戏中的撤销功能用栈来实现？为什么字典要用哈希表？

第 4 章　操作系统

操作系统是计算机的管理者，它要解决的核心问题是：如何让有限的硬件资源服务好众多的应用程序。本章将深入浅出地探讨操作系统的基本概念和功能，包括进程管理、内存管理、文件系统、设备驱动以及用户界面等。通过本章，你将明白为什么手机需要"后台进程管理"，为什么关机时要"正常关机"，以及为什么 Windows 会产生"碎片整理"的需求。

第 5 章　数据库原理及技术

在信息爆炸的时代，数据库就像一位高效的图书管理员，帮我们管理海量信息。首先，本章将深入探讨关系数据库 MySQL、Oracle 等的工作原理，介绍 SQL 以及数据库设计、事务处理等，同时，本章也将介绍非关系数据库 NoSQL 以及应用场景。最后，本章对关系数据库的设计方法和理论做了简要的介绍。

第 6 章　计算机网络

你可曾想过这样的问题：当你发送一条微信消息时，这条消息是如何从你的手机传递到朋友的手机的？本章将揭示信息传输的奥秘：网络协议、OSI 七层模型、HTTP、网络安全以及新一代移动通信 5G 技术。通过本章的学习，你将了解为什么网络会"卡顿"，WiFi 为什么会有"信号死角"，以及 VPN 是如何工作的。

第 7 章　Web 开发

Web 开发开启了互联网创作的大门。从网页设计到动态应用，你将学会如何打造引人入胜的在线世界，成为数字时代的建筑大师。本章将介绍 Web 前端开发的各项技术，包括 HTML5、CSS3、JavaScript 的最新特性，以及网站的基本结构、样式设计和交互功能的实现。

第 8 章　移动应用开发

伴随着移动通信技术的飞速发展，以及智能手机、平板电脑等移动设备的普及，移动应用已成为人们日常生活和工作中不可或缺的一部分。本章将带你了解如何开发智能手机和平板电脑上的各种应用，满足用户随时随地的需求。内容主要涵盖 Android 和 iOS 平台的特点、移动应用架构、性能优化、用户体验及混合开发等。

第 9 章　人工智能

人工智能（Artificial Intelligence，AI）不再是科幻小说中的概念，而是已经融入我们的日常生活。本章将探讨 AI 相关技术，包括机器学习基础、深度学习、自然语言处理，计算机视觉以及 AI 的最新应用等。本章会以生动的例子来解释这些概念，比如：为什么 AI 下围棋能赢过人类，但是简单地看图说话仍然困难？

第 10 章　区块链技术

区块链不仅是比特币的技术基础，它正在革新多个领域。本章将介绍区块链技术原理、代表性应用系统和区块链共识机制等内容。区块链技术实现了计算机网络点对点可信交互，为各领域的创新应用带来了新的思考与机遇。

第 11 章　物联网技术

物联网正在把我们带入智能生活时代，从智能家居到工业自动化，物联网正悄然改变我们的生活方式，开启智慧生活的新篇章。本章将探讨物联网相关技术，包括物联网架构、传感器技术、物联网与通信技术、物联网与大数据、物联网与计算等内容。

写到这里，你可能会问："学习这么多内容，我能掌握吗？"让我告诉你一个秘密：计算机科学最迷人的地方，不在于记住每个细节，而在于理解背后的思维方式。就像学习烹饪，当你理解了火候的控制、调味的原理，你就能创造出无数美味佳肴。

在这本书中，我们不仅要学习知识，更要培养计算思维。每个章节都设计了一定数量的练习和实例，帮助你掌握这些知识。罗马不是一天建成的，让我们一步一步来，相信在这本书的陪伴下，你一定能在计算机科学的海洋中找到属于自己的航纬。

接下来，就让我们开始这段奇妙的旅程吧！

作者

2025 年 3 月

| 教学课件 | 教学大纲 | 习题答案 |

目录

第1章 数制与编码

1.1 数制与进制基础 ………………………………………………………… 001
  1.1.1 数制 ……………………………………………………………… 001
  1.1.2 常见的数制 ……………………………………………………… 001
  1.1.3 进制转换 ………………………………………………………… 002
  1.1.4 基于特定进制的算术运算 ……………………………………… 005
  1.1.5 逻辑运算 ………………………………………………………… 006
  1.1.6 进制的应用 ……………………………………………………… 007
1.2 数值编码 ………………………………………………………………… 007
  1.2.1 数值编码的基本概念 …………………………………………… 007
  1.2.2 定点格式编码 …………………………………………………… 007
  1.2.3 浮点格式编码 …………………………………………………… 009
  1.2.4 常见的数值编码方法 …………………………………………… 010
  1.2.5 数值编码的注意事项 …………………………………………… 012
  1.2.6 数值编码的应用 ………………………………………………… 012
1.3 字符编码 ………………………………………………………………… 013
  1.3.1 字符编码的定义与原理 ………………………………………… 013
  1.3.2 常见的字符编码 ………………………………………………… 013
  1.3.3 字符编码的应用 ………………………………………………… 016
1.4 图像、音频和视频编码 ………………………………………………… 017
  1.4.1 图像、音频、视频在计算机中的表示 ………………………… 017
  1.4.2 图像、音频、视频的编码方式 ………………………………… 018
  1.4.3 图像、音频和视频的应用 ……………………………………… 021
1.5 数据压缩编码 …………………………………………………………… 023
  1.5.1 背景介绍 ………………………………………………………… 023
  1.5.2 常见的压缩编码 ………………………………………………… 023
  1.5.3 压缩编码的应用 ………………………………………………… 027
1.6 校验编码与数据完整性 ………………………………………………… 028
  1.6.1 检验编码的背景与基础 ………………………………………… 028

1.6.2 常见的校验码 ………………………………………… 029
1.6.3 应用场景 …………………………………………… 031

1.7 特殊编码技术 ……………………………………………… 032
1.7.1 格雷码 …………………………………………… 032
1.7.2 BCD 码 …………………………………………… 033
1.7.3 Base64 编码 ……………………………………… 033
1.7.4 加、解密编码 …………………………………… 034
1.7.5 哈希编码 ………………………………………… 035

1.8 编码技术的发展与挑战 ………………………………… 036
1.8.1 编码技术的最新发展现状 ……………………… 036
1.8.2 编码技术的挑战 ………………………………… 038

1.9 小结 ………………………………………………………… 039
1.10 思考与练习 ………………………………………………… 039

第2章 计算机组成原理

2.1 计算机系统简介 …………………………………………… 040
2.1.1 计算机的软硬件概念 …………………………… 040
2.1.2 计算机系统的层次结构 ………………………… 040
2.1.3 计算机组成和计算机体系结构 ………………… 044

2.2 计算机的基本组成 ………………………………………… 044
2.2.1 冯·诺依曼计算机的特点 ……………………… 044
2.2.2 计算机的硬件框图 ……………………………… 045
2.2.3 计算机的工作步骤 ……………………………… 046

2.3 计算机发展及主要技术指标 …………………………… 051
2.3.1 计算机发展 ……………………………………… 051
2.3.2 计算机硬件主要技术指标 ……………………… 061

2.4 小结 ………………………………………………………… 062
2.5 思考与练习 ………………………………………………… 062

第3章 数据结构

3.1 数据结构的基本概念 …………………………………… 063

3.2 算法和算法评价 ………………………………………… 066
3.2.1 算法的基本概念 ………………………………… 066
3.2.2 算法的评价 ……………………………………… 066

3.3 线性结构 …………………………………………………… 070
3.3.1 线性表 …………………………………………… 070
3.3.2 栈 ………………………………………………… 071

    3.3.3　队列 ··· 073
3.4　树形结构 ··· 073
    3.4.1　树的定义 ··· 074
    3.4.2　二叉树 ·· 075
3.5　图 ··· 077
    3.5.1　图的定义和术语 ·· 078
    3.5.2　图的遍历 ··· 080
3.6　小结 ··· 081
3.7　思考与练习 ·· 081

第4章　操作系统

4.1　操作系统概述 ··· 084
    4.1.1　什么是操作系统 ·· 084
    4.1.2　操作系统的发展 ·· 085
    4.1.3　操作系统的功能和特征 ·· 091
    4.1.4　操作系统接口 ··· 093
4.2　常见的操作系统 ··· 094
    4.2.1　Windows ··· 094
    4.2.2　Linux ··· 094
    4.2.3　UNIX ·· 095
    4.2.4　其他操作系统 ··· 095
4.3　小结 ··· 097
4.4　思考与练习 ·· 097

第5章　数据库原理及技术

5.1　数据库技术应用概述 ·· 098
    5.1.1　数据库技术发展历史 ··· 098
    5.1.2　数据库技术应用领域 ··· 100
5.2　课程教学组织及与其他专业课程的关系 ··· 101
    5.2.1　数据库课程开设目标 ··· 101
    5.2.2　数据库课程与其他专业课程的关系 ·· 102
    5.2.3　数据库原理及应用的课程教学组织 ··· 103
5.3　数据库原理及应用课程内容 ·· 104
    5.3.1　关系数据库的重要概念 ·· 104
    5.3.2　关系数据库系统概念与关系数据理论 ·· 106
    5.3.3　数据库设计 ·· 109
    5.3.4　关系数据库系统 DBMS 重要技能 ··· 111

5.3.5　数据库备份和恢复 ⋯⋯⋯⋯⋯⋯⋯⋯⋯⋯⋯⋯⋯⋯⋯⋯⋯ 119
5.3.6　数据库设计与实施 ⋯⋯⋯⋯⋯⋯⋯⋯⋯⋯⋯⋯⋯⋯⋯⋯⋯ 122
5.4　小结 ⋯⋯⋯⋯⋯⋯⋯⋯⋯⋯⋯⋯⋯⋯⋯⋯⋯⋯⋯⋯⋯⋯⋯⋯⋯⋯⋯ 123
5.5　思考与练习 ⋯⋯⋯⋯⋯⋯⋯⋯⋯⋯⋯⋯⋯⋯⋯⋯⋯⋯⋯⋯⋯⋯⋯⋯ 123

第6章　计算机网络

6.1　计算机网络的概念 ⋯⋯⋯⋯⋯⋯⋯⋯⋯⋯⋯⋯⋯⋯⋯⋯⋯⋯⋯⋯⋯ 124
6.1.1　计算机网络的组成要素 ⋯⋯⋯⋯⋯⋯⋯⋯⋯⋯⋯⋯⋯⋯⋯ 124
6.1.2　计算机网络的产生 ⋯⋯⋯⋯⋯⋯⋯⋯⋯⋯⋯⋯⋯⋯⋯⋯⋯ 124
6.1.3　计算机网络的发展阶段 ⋯⋯⋯⋯⋯⋯⋯⋯⋯⋯⋯⋯⋯⋯⋯ 125
6.1.4　计算机网络的功能 ⋯⋯⋯⋯⋯⋯⋯⋯⋯⋯⋯⋯⋯⋯⋯⋯⋯ 126
6.2　计算机网络的软件、硬件组成 ⋯⋯⋯⋯⋯⋯⋯⋯⋯⋯⋯⋯⋯⋯⋯ 127
6.2.1　软件组成 ⋯⋯⋯⋯⋯⋯⋯⋯⋯⋯⋯⋯⋯⋯⋯⋯⋯⋯⋯⋯⋯ 127
6.2.2　硬件组成 ⋯⋯⋯⋯⋯⋯⋯⋯⋯⋯⋯⋯⋯⋯⋯⋯⋯⋯⋯⋯⋯ 128
6.3　网络安全 ⋯⋯⋯⋯⋯⋯⋯⋯⋯⋯⋯⋯⋯⋯⋯⋯⋯⋯⋯⋯⋯⋯⋯⋯⋯ 130
6.3.1　网络安全技术 ⋯⋯⋯⋯⋯⋯⋯⋯⋯⋯⋯⋯⋯⋯⋯⋯⋯⋯⋯ 130
6.3.2　常见的网络攻防手段 ⋯⋯⋯⋯⋯⋯⋯⋯⋯⋯⋯⋯⋯⋯⋯⋯ 131
6.4　小结 ⋯⋯⋯⋯⋯⋯⋯⋯⋯⋯⋯⋯⋯⋯⋯⋯⋯⋯⋯⋯⋯⋯⋯⋯⋯⋯⋯ 133
6.5　思考与练习 ⋯⋯⋯⋯⋯⋯⋯⋯⋯⋯⋯⋯⋯⋯⋯⋯⋯⋯⋯⋯⋯⋯⋯⋯ 133

第7章　Web 开发

7.1　Web 开发基础知识 ⋯⋯⋯⋯⋯⋯⋯⋯⋯⋯⋯⋯⋯⋯⋯⋯⋯⋯⋯⋯⋯ 134
7.1.1　万维网服务 ⋯⋯⋯⋯⋯⋯⋯⋯⋯⋯⋯⋯⋯⋯⋯⋯⋯⋯⋯⋯ 134
7.1.2　静态网页和动态网页 ⋯⋯⋯⋯⋯⋯⋯⋯⋯⋯⋯⋯⋯⋯⋯⋯ 135
7.2　站点建立和访问 ⋯⋯⋯⋯⋯⋯⋯⋯⋯⋯⋯⋯⋯⋯⋯⋯⋯⋯⋯⋯⋯⋯ 136
7.2.1　本地站点和 Web 服务器 ⋯⋯⋯⋯⋯⋯⋯⋯⋯⋯⋯⋯⋯⋯ 136
7.2.2　常用网页编辑工具 ⋯⋯⋯⋯⋯⋯⋯⋯⋯⋯⋯⋯⋯⋯⋯⋯⋯ 136
7.2.3　VS code 建立站点和页面 ⋯⋯⋯⋯⋯⋯⋯⋯⋯⋯⋯⋯⋯⋯ 137
7.3　HTML 基础 ⋯⋯⋯⋯⋯⋯⋯⋯⋯⋯⋯⋯⋯⋯⋯⋯⋯⋯⋯⋯⋯⋯⋯⋯ 139
7.3.1　HTML 概述 ⋯⋯⋯⋯⋯⋯⋯⋯⋯⋯⋯⋯⋯⋯⋯⋯⋯⋯⋯⋯ 139
7.3.2　HTML 主要标签 ⋯⋯⋯⋯⋯⋯⋯⋯⋯⋯⋯⋯⋯⋯⋯⋯⋯⋯ 140
7.4　CSS 设置 ⋯⋯⋯⋯⋯⋯⋯⋯⋯⋯⋯⋯⋯⋯⋯⋯⋯⋯⋯⋯⋯⋯⋯⋯⋯ 143
7.4.1　CSS 概述 ⋯⋯⋯⋯⋯⋯⋯⋯⋯⋯⋯⋯⋯⋯⋯⋯⋯⋯⋯⋯⋯ 143
7.4.2　CSS 选择器类型 ⋯⋯⋯⋯⋯⋯⋯⋯⋯⋯⋯⋯⋯⋯⋯⋯⋯⋯ 143
7.4.3　DIV+CSS 布局 ⋯⋯⋯⋯⋯⋯⋯⋯⋯⋯⋯⋯⋯⋯⋯⋯⋯⋯ 145
7.5　JavaScript 基础 ⋯⋯⋯⋯⋯⋯⋯⋯⋯⋯⋯⋯⋯⋯⋯⋯⋯⋯⋯⋯⋯⋯ 148
7.5.1　JavaScript 简介 ⋯⋯⋯⋯⋯⋯⋯⋯⋯⋯⋯⋯⋯⋯⋯⋯⋯⋯ 148

7.5.2 JavaScript 代码编写 ································ 149

7.5.3 JavaScript 代码的放置位置 ······················ 149

7.6 小结 ··· 150

7.7 思考与练习 ··· 150

第8章 移动应用开发

8.1 移动通信发展历程 ··· 151

8.1.1 1G 时代：模拟通信的开端 ······················ 151

8.1.2 2G 时代：数字通信的兴起 ······················ 151

8.1.3 3G 时代：移动互联网的开端 ··················· 152

8.1.4 4G 时代：高速移动互联网的普及 ············· 152

8.1.5 5G 时代：万物互联与智能化 ··················· 153

8.1.6 6G 展望：未来通信技术的趋势 ················ 153

8.2 移动终端设备 ··· 153

8.2.1 移动终端类型 ··· 154

8.2.2 移动终端的功能 ······································ 154

8.2.3 移动终端技术特点 ··································· 156

8.3 移动操作系统 ··· 157

8.3.1 常见移动操作系统 ··································· 157

8.3.2 移动操作系统技术特点 ···························· 159

8.4 移动应用开发技术 ··· 160

8.4.1 移动应用开发技术分类 ···························· 160

8.4.2 移动应用开发基本流程 ···························· 161

8.4.3 移动应用开发的关键要素 ························· 161

8.5 小结 ··· 162

8.6 思考与练习 ··· 162

第9章 人工智能

9.1 人工智能的基本概念 ··· 164

9.1.1 智能的定义与特征 ··································· 164

9.1.2 人工智能的定义 ······································ 165

9.1.3 人工智能的前世今生 ································ 166

9.2 人工智能的主要内容 ··· 167

9.2.1 机器学习 ··· 168

9.2.2 深度学习 ··· 170

9.2.3 强化学习 ··· 171

9.2.4 自然语言处理 ··· 172

9.2.5　计算机视觉 ………………………………………… 173

9.2.6　机器人学 …………………………………………… 174

9.2.7　神经网络与深度学习 ……………………………… 175

9.3　AIGC 与多模态生成大模型 …………………………………… 183

9.3.1　AIGC 和多模态大模型概述 ……………………… 183

9.3.2　多模态生成大模型基本概念和内容 ……………… 188

9.3.3　AIGC 面临的挑战和潜在风险 …………………… 189

9.3.4　图像生成模型 ………………………………………… 190

9.3.5　多模态生成大模型 …………………………………… 192

9.3.6　多模态大模型的应用实例 ………………………… 193

9.4　小结 ……………………………………………………………… 198

9.5　思考与练习 ……………………………………………………… 198

第 10 章　区块链技术

10.1　区块链技术原理 ……………………………………………… 199

10.1.1　区块链起源 ………………………………………… 199

10.1.2　区块链工作原理 …………………………………… 200

10.2　区块链的代表性技术 ………………………………………… 202

10.2.1　比特币 ………………………………………………… 202

10.2.2　以太坊 ………………………………………………… 203

10.2.3　超级账本 …………………………………………… 204

10.3　区块链共识机制 ……………………………………………… 207

10.3.1　共识机制的概念 …………………………………… 207

10.3.2　共识机制的类别 …………………………………… 208

10.3.3　PoW 共识机制 ……………………………………… 208

10.3.4　PoS 共识机制 ……………………………………… 210

10.4　小结 …………………………………………………………… 211

10.5　思考与练习 …………………………………………………… 211

第 11 章　物联网技术

11.1　物联网概述 …………………………………………………… 212

11.1.1　物联网与互联网 …………………………………… 212

11.1.2　物联网的发展 ……………………………………… 214

11.1.3　物联网的定义 ……………………………………… 216

11.2　物联网核心技术 ……………………………………………… 217

11.2.1　物联网体系架构 …………………………………… 218

11.2.2　感知识别层 ………………………………………… 221

11.2.3 网络构建层 ·· 224

11.2.4 管理服务层 ·· 226

11.2.5 综合应用层 ·· 228

11.3 物联网技术与通信 ·· 229

11.3.1 蓝牙技术 ·· 229

11.3.2 ZigBee 技术 ·· 230

11.3.3 WiFi 技术 ·· 230

11.3.4 NB-IoT 技术 ·· 230

11.3.5 无线传感器网络技术 ·· 231

11.3.6 移动通信技术 ·· 232

11.4 物联网技术与数据 ·· 233

11.4.1 数据与大数据 ·· 233

11.4.2 物联网的数据获取与处理 ··· 234

11.4.3 物联网与大数据的联系 ··· 235

11.4.4 物联网大数据平台 ·· 235

11.5 物联网技术与计算 ·· 237

11.6 物联网技术的发展趋势 ··· 240

11.7 小结 ·· 244

11.8 思考与练习 ·· 244

参考文献

在计算机科学的广阔领域中，编码技术占据着举足轻重的地位。它不仅是计算机内部信息处理的基础，也是实现数据通信、存储与展示的关键。本章将深入探讨计算机编码的核心概念、原理及应用，旨在为读者构建一个全面而系统的编码知识体系。

1.1　数制与进制基础

数制和进制是数学和计算机科学中的基础概念，它们涉及数字的表示方法和运算规则。本节将从数制、常见的数制内容、进制转换和进制的应用四方面来阐述数制与进制的内容。

▶ 1.1.1　数制

数制是一种人为定义的、用于表示数值的计数系统。它规定了数字的符号、数码的组合方式以及如何进行数的运算。数制的核心要素包括基数（或称"进位制"）、符号集和运算规则。

1. 基数

基数是数制中不同数字符号的数量。例如，十进制的基数是 10，表示有 0 到 9 共 10 个数字符号；二进制的基数是 2，表示只有 0 和 1 两个数字符号。基数的选择决定了数制中能够表示的数值范围和精度。基数越大，能够表示的数值范围越广，但表示同一数值所需的符号数量也可能越多。

2. 符号集

符号集是数制中用于表示数值的符号集合。例如，十进制的符号集是 {0，1，2，3，4，5，6，7，8，9}；二进制的符号集是 {0，1}。符号集中的每个符号都对应一个唯一的数值，且这些数值在数制中是连续递增的。

3. 运算规则

数制中的运算规则定义了如何进行加法、减法、乘法、除法等基本运算。这些规则通常基于基数和符号集来制定。在不同的数制中，运算规则可能有所不同。例如，在二进制中，加法运算遵循"逢二进一"的规则；而在十进制中，加法运算则遵循"逢十进一"的规则。

▶ 1.1.2　常见的数制

1. 十进制

我们日常生活中最常用的数制。使用 0 到 9 共 10 个数字符号。每一位的权重是 10 的幂（从右到左依次为 10^0，10^1，10^2，$\cdots$）。十进制数的表示方法直观易懂，便于我们进行计算和记录。

2. 二进制

计算机内部存储和处理数据的基本数制。使用 0 和 1 两个数字符号。每一位的权重是 2 的幂（从右到左依次为 2^0，2^1，2^2，$\cdots$）。二进制数具有抗干扰能力强、可靠性高等优点，适合在电子设备中进行传输和处理。

3. 八进制

常用于表示和计算二进制数。使用 0 到 7 共 8 个数字符号。每一位的权重是 8 的幂（从右到左依次为 8^0，8^1，8^2，$\cdots$）。八进制数可以方便地转换为二进制数（每三位二进制数对应一个八进制数），从而简化了表示和计算过程。

4. 十六进制

同样，常用于表示和计算二进制数。使用 0 到 9 和 A 到 F（或 a 到 f）共 16 个数字符号。A 到 F（或 a 到 f）分别表示 10 到 15。每一位的权重是 16 的幂（从右到左依次为 16^0，16^1，16^2，$\cdots$）。十六进制数可以方便地转换为二进制数（每四位二进制数对应一个十六进制数），进一步简化了表示和计算过程。

例：

任意进制的表示：任意一个数 N 可以表示成 P 进制数

$$(N)_P = \sum_{i=-M}^{N-1} K_i P^i$$

式中 i 表示数的某一位，K_i 表示第 i 位的数字，P 为基数，P^i 为第 i 位的权，M、N 为正整数。$K_i = 0$，1，$\cdots$，$P-1$。

十进制：对于 n 位整数 m 位小数的任意十进制数 $(N)_{10}$，有

$$(N)_{10} = \sum_{i=-M}^{N-1} K_i 10^i \ (K_i = 0，1，\cdots，9)$$

例：$(432.13)_{10} = 4 \times 10^2 + 3 \times 10^1 + 2 \times 10^0 + 1 \times 10^{-1} + 3 \times 10^{-2} = 432.13$

二进制：对于 n 位整数 m 位小数的任意二进制数 $(N)_2$，有

$$(N)_2 = \sum_{i=-M}^{N-1} K_i 2^i \ (K_i = 0，1)$$

例：$(11101.011)_2 = 1 \times 2^4 + 1 \times 2^3 + 1 \times 2^2 + 0 \times 2^1 + 1 \times 2^0 + 0 \times 2^{-1} + 1 \times 2^{-2} + 1 \times 2^{-3} = (29.375)_{10}$

十六进制：对于 n 位整数 m 位小数的任意十六进制数 $(N)_{16}$，有

$$(N)_{16} = \sum_{i=-M}^{N-1} K_i 16^i \ (K_i = 0，1，\cdots，A，B，C，D，E，F)$$

例：$(33C.4)_{16} = 3 \times 16^2 + 3 \times 16^1 + 12 \times 16^0 + 4 \times 16^{-1} = (828.25)_{10}$

▶ 1.1.3 进制转换

进制转换是指将一个数从一种数制转换为另一种数制的过程。常见的进制转换方法包括：

1. 十进制转其他进制

将十进制数除以目标进制的基数，记录余数；然后将商再次除以基数，记录余数；重复此过程，直到商为 0 为止。将得到的余数从下到上依次排列（或从上到下反转），即为目标进制数。

2. 其他进制转十进制

将每一位上的数字乘以该位对应的权重（即基数的幂），然后将所有结果相加得到十进制数。

3. 二进制与八进制 / 十六进制之间的转换

由于二进制数与八进制 / 十六进制数之间存在直接的对应关系（每三位 / 四位二进制数对应一个八进制 / 十六进制数），因此可以通过简单的分组和替换操作进行转换。在二进制中，加法运算遵循"逢二进一"的规则。即当某一位上的数字相加超过 1 时，需要向高一位进位。在其他进制中，加法运算也遵循类似的规则，只是进位的基数不同。例如，在八进制中遵循"逢八进一"的规则；在十六进制中遵循"逢十六进一"的规则。

例：

1）十进制转二进制

将十进制数 29 转换为二进制数。

$29 \div 2 = 14$ 余 1

$14 \div 2 = 7$ 余 0

$7 \div 2 = 3$ 余 1

$3 \div 2 = 1$ 余 1

$1 \div 2 = 0$ 余 1

读取余数从下到上，得到二进制数为 11101。

所以，十进制数 29 的二进制表示为 11101。

2）十进制转十六进制

将十进制数 307 转换为十六进制数。

$307 \div 16 = 19$ 余 3

$19 \div 16 = 1$ 余 3

$1 \div 16 = 0$ 余 1

读取余数从下到上，得到十六进制数为 133。

所以，十进制数 307 的十六进制表示为 133。

将十进制数 2543 转换为十六进制数。

$2543 \div 16 = 158$ 余 15

$158 \div 16 = 9$ 余 14

$9 \div 16 = 0$ 余 9

读取余数从下到上，得到十六进制数为 9，E，F，因为十六机制中，14 和 15 分别表示为 E 和 F。

所以，十进制数 2543 的十六进制表示为 9EF。

3）十进制小数转二进制数

将十进制数 13.8125 转换为二进制数。

（1）整数部分转换：

使用"除以 2 取余法"，将整数部分 13 不断除以 2，记录每次的余数部分，直到商为 0。

$13 \div 2 = 6$ 余 1

$6 \div 2 = 3$ 余 0

$3 \div 2 = 1$ 余 1

$1 \div 2 = 0$ 余 1

将得到的余数从下到上（或从最后一步到第一步）排列，得到整数部分的二进制表示

1101。

（2）小数部分转换：

使用"乘2取整法"，将小数部分0.8125不断乘以2，记录每次的整数部分，直到小数部分为0或达到所需的精度。

$0.8125\times2=1.625$，整数部分1

$0.625\times2=1.25$，整数部分1

$0.25\times2=0.5$，整数部分0（注意这里0也是有效位）

$0.5\times2=1.0$，整数部分1

将得到的整数部分从上到下排列，得到小数部分的二进制表示1101。

（3）组合结果：

将整数部分的二进制表示1101和小数部分的二进制表示1101（注意小数部分要加点表示）组合起来，得到1101.1101。

所以，十进制数13.8125的二进制表示是1101.1101。

4）二进制转十进制数

将二进制数1011转换为十进制数。

首先，从右往左，确定每一位的位权（2^0，2^1，2^2，…）。

接着，将二进制数的每一位与对应的位权相乘。

第0位：$1\times2^0=1$

第1位：$1\times2^1=2$

第2位：$0\times2^2=0$

第3位：$1\times2^3=8$

最后，将所有乘积相加：$1+2+0+8=11$。

所以，二进制数1011的十进制表示是11。

5）十六进制转十进制数

将十六进制数11A3转换为十进制数。

首先，从右往左，确定每一位的位权（16^0，16^1，16^2，…）。

接着，将十六进制数的每一位与对应的位权相乘。

第0位：$3\times16^0=3$

第1位：$A\times16^1=160$

第2位：$1\times16^2=256$

第3为：$1\times16^3=4096$

最后，将所有乘积相加：$4096+256+160+3=4515$。

所以，二进制数11A3的十进制表示是4515。

6）二进制转十六进制

将二进制数11010110转换为十六进制数。

将二进制数从右往左每4位一组划分（不够4位的向前补0）：1101 0110。

将每组二进制数转换为对应的十六进制数。

1101转为十六进制是D（因为$1\times2^0+0\times2^1+1\times2^2+1\times2^3=13$，而13在十六进制中表

示为 D），0110 转为十六进制是 6（因为 $0\times 2^0 +1\times 2^1 +1\times 2^2 +0\times 2^3 =6$）。

将所有转换后的十六进制数组合起来。

所以，二进制数 11010110 的十六进制表示是 D6。

▶ 1.1.4　基于特定进制的算术运算

1. 加法运算

在二进制中，加法运算遵循"逢二进一"的规则。即当某一位上的数字相加超过 1 时，需要向高一位进位。在其他进制中，加法运算也遵循类似的规则，只是进位的基数不同。例如，在八进制中遵循"逢八进一"的规则；在十六进制中遵循"逢十六进一"的规则。

2. 减法运算

减法运算是加法运算的逆运算。在二进制中，减法运算需要借位时遵循"借一当二"的规则。即当某一位上的数字不够减时，需要向高一位借位，并将借来的 1 当作 2 来使用。在其他进制中，减法运算也遵循类似的规则，只是借位的基数和借位后的处理方式不同。

3. 乘法运算

乘法运算在不同进制中都是基于"分配律"和"结合律"进行的。即将一个数乘以另一个数时，可以将其中一个数拆分成几个数的和（或差），然后分别与被乘数相乘，再将结果相加（或相减）。在二进制中，乘法运算可以简化为按位相乘并累加结果的过程。由于二进制数中只有 0 和 1 两个数字，因此乘法运算相对简单。

4. 除法运算

除法运算在不同进制中也是基于类似的规则进行的。即将一个数（被除数）除以另一个数（除数）时，找到能够整除被除数的最大整数（商），并计算余数。

在二进制中，除法运算可以简化为按位相除并判断余数的过程。同样地，由于二进制数中只有 0 和 1 两个数字，因此除法运算也相对简单。

例：二进制加减乘除

（1）加法：

```
  10111101
+ 00001111
  11001100
```

（2）减法：

```
  10110101
- 01001111
  01100110
```

（3）乘法：

```
      101
×      11
      101
     101
    1111
```

（4）除法：

$$
\begin{array}{r}
101 \\
101\overline{)11010} \\
101 \\
\hline
011 \\
000 \\
\hline
110 \\
101 \\
\hline
1
\end{array}
$$

▶ 1.1.5 逻辑运算

逻辑运算是一种基于布尔代数（Boolean Algebra）的运算体系，主要处理的是真值（True 和 False），或者等价地，二进制值（1 和 0）之间的逻辑关系，以及如何通过这些关系来推导出新的真值或二进制值。这些运算在数字电路设计、计算机程序编制以及逻辑推理等领域有着广泛的应用。

以下是几种基本的逻辑运算。

1. 与（AND）运算

当且仅当两个输入都为真（或都为 1）时，输出才为真（或 1）。在其他情况下，输出为假（或 0）。

2. 或（OR）运算

如果两个输入中的任何一个（或两者都）为真（或 1），则输出为真（或 1）。仅当两个输入都为假（或 0）时，输出才为假（或 0）。

3. 非（NOT）运算

这是一种单输入运算，它将输入的真值（或二进制值）反转。如果输入为真（或 1），则输出为假（或 0）；如果输入为假（或 0），则输出为真（或 1）。

4. 异或（XOR）运算

当且仅当两个输入的值不同，即一个为真（或 1），另一个为假（或 0）时，输出才为真（或 1）。如果两个输入的值相同，则输出为假（或 0）。

这些逻辑运算可以组合起来，形成更复杂的逻辑表达式，以描述和处理各种逻辑关系。在计算机科学中，逻辑运算被广泛应用于条件判断、循环控制以及数据的逻辑处理等方面。

例：二进制的逻辑运算

（1）与运算：

$$
\begin{array}{r}
10111101 \\
\wedge\ 00001111 \\
\hline
00001101
\end{array}
$$

（2）或运算：

$$
\begin{array}{r}
10111101 \\
\vee\ 00001111 \\
\hline
10111111
\end{array}
$$

（3）非运算：

$$X = 1\ 0\ 1\ 1\ 1\ 1\ 0\ 1$$

$$\overline{X} = 0\ 1\ 0\ 0\ 0\ 0\ 1\ 0$$

（4）异或运算：

$$\begin{array}{r} 1\ 0\ 1\ 1\ 1\ 1\ 0\ 1 \\ \forall\ \ 0\ 0\ 0\ 0\ 1\ 1\ 1\ 1 \\ \hline 1\ 0\ 1\ 1\ 0\ 0\ 0\ 0 \end{array}$$

▶ 1.1.6　进制的应用

1. 计算机科学

计算机内部使用二进制数进行存储和处理，因为二进制数具有抗干扰能力强、可靠性高等优点。在计算机程序中，常使用八进制和十六进制数来表示二进制数，以简化表示和计算过程。

2. 电子工程

在电子电路中，常使用二进制数进行逻辑运算和控制。八进制和十六进制数也常用于表示电子电路中的地址、数据等。

3. 数学

数学研究中，数制是一个重要的研究领域。通过研究不同数制的性质和特点，可以深入了解数字的本质和运算规律。

4. 信息科学

在信息科学中，数制的应用非常广泛。例如，在数据传输和存储中，常使用二进制数进行编码和解码；在图像处理中，常使用十六进制数来表示颜色代码等。

综上所述，数制和进制是数学和计算机科学中的基础概念。涉及数字的表示方法和运算规则，对于理解计算机内部的数据表示和运算机制至关重要。掌握这些概念有助于更好地理解和使用计算机以及其他数字系统。

1.2　数值编码

数值编码是用数字或符号来表示某种量或信息的过程。在计算机科学和信息处理领域，数值编码扮演着至关重要的角色。

1.2

▶ 1.2.1　数值编码的基本概念

数值类型：在计算机中，数值通常分为整数和浮点数两种类型。整数表示没有小数部分的数，而浮点数则表示有小数部分的数。

编码方式：数值的编码方式决定了如何在计算机内部表示这些数值。常见的编码方式包括定点格式和浮点格式。

▶ 1.2.2　定点格式编码

定点格式编码是一种在计算机中用于表示数值的编码方式，其特点是数值的小数点位置是固定的。这意味着在编码过程中，小数点不会移动，从而简化了数值的表示和计算。

1. 定点格式编码的基本概念

1）定点数

定点数是指在计算机中，小数点的位置固定不变的数。根据小数点位置的不同，定点数可以进一步分为定点整数和定点小数。

2）符号位

在定点格式编码中，最高位通常用作符号位，用于表示数值的正负。符号位为 0 表示正数，符号位为 1 表示负数。

3）数值位

除了符号位以外的其余位称为数值位，用于表示数值的大小。

2. 定点整数编码

表示范围：定点整数编码主要用于表示没有小数部分的整数。其表示范围取决于数值位的位数和符号位的设置。

编码方式：在定点整数编码中，最高位是符号位，其余位是数值位。例如，一个 8 位的定点整数编码中，最高位是符号位，后 7 位是数值位。这样，可以表示的整数范围是 -128 到 127（假设采用补码表示）。

计算方式：在定点整数编码中，数值的计算通常是通过二进制数的加减乘除等基本运算来实现的。

3. 定点小数编码

表示范围：定点小数编码主要用于表示小于 1 的纯小数。其表示范围同样取决于数值位的位数和符号位的设置。

编码方式：在定点小数编码中，最高位也是符号位，其余位是数值位。但与定点整数不同的是，定点小数的数值位表示的是小数部分。例如，一个 8 位的定点小数编码中，最高位是符号位，后 7 位表示小数部分。这样，可以表示的小数范围是（$-0.0.0078125$（或 1/128）～ 0.9921875）（或 127/128）。

精度问题：由于定点小数的表示范围有限，当需要表示的小数位数超过编码所能表示的位数时，就会发生精度丢失的问题。因此，在使用定点小数编码时，需要根据实际需求选择合适的编码位数。

4. 定点格式编码的优缺点

优点：定点格式编码具有简单直观、易于理解和实现等优点。它不需要额外的存储空间来表示小数点位置，因此可以节省存储空间。同时，由于小数点位置固定不变，因此可以简化数值的计算过程。

缺点：定点格式编码的缺点是表示范围有限且精度固定。当需要表示的数值范围或精度超过编码所能提供的范围时，就会发生溢出或精度丢失的问题。此外，由于小数点位置固定不变，因此无法适应不同精度要求的数值表示。

综上所述，定点格式编码是一种简单直观的数值表示方法，适用于表示范围有限且精度固定的数值。但在实际应用中，需要根据具体需求选择合适的编码位数和表示方式。

例：使用一个 16 位的定点二进制数来表示一个十进制数 123.4375，其中高 12 位表示整数部分，低 4 位表示小数部分。

整数部分：123，其二进制表示为 01111011。

$(1\times 2^0 +1\times 2^1 +0\times 2^2 +1\times 2^3 +1\times 2^4 +1\times 2^5 +1\times 2^6 +0\times 2^7 =123)$。

小数部分：0.4375，转换为二进制为 0.0111（$0\times 2^{-1} +1\times 2^{-2} +1\times 2^{-3} +1\times 2^{-4} =0.4375$）。

将整数部分和小数部分组合起来，得到 0000011110110111。

注意事项：在实际使用中，定点数的精度和范围需要根据具体应用需求进行权衡。

定点数运算时需要注意溢出（整数部分超出范围）和舍入误差（小数部分无法精确表示某些十进制小数）。

▶ 1.2.3　浮点格式编码

浮点格式编码是计算机中用于表示实数的一种数值格式，它允许数值的小数点位置在一定范围内浮动，从而能够表示非常大或非常小的数值，同时保持一定的精度。

1. 浮点格式编码的基本概念

浮点数：浮点数是指小数点位置不固定的数，它在计算机内部通过特定的编码方式来表示。浮点数通常用于表示科学计算、图形处理、财务分析等领域中的小数数值。

组成部分：浮点格式编码通常由三个主要部分组成：符号位（S）、阶码（E）和尾数（M）。符号位用于表示数值的正负，阶码用于表示数值的指数部分，尾数用于表示数值的小数部分。

2. 浮点数的表示方法

1）二进制表示

在计算机内部，浮点数采用二进制表示法。符号位为 0 表示正数，为 1 表示负数。阶码和尾数也采用二进制数表示。

2）IEEE 标准

电气和电子工程师协会（Institute of Electronics Conference and Exposition，IEEE）制定了一套浮点数编码标准，即 IEEE 754 标准。该标准规定了浮点数的表示方式、运算规则和精度限制。目前，IEEE 754 标准已成为计算机系统中广泛使用的浮点数表示标准。

3. 浮点数的编码结构

1）单精度浮点数

单精度浮点数（32 位）的编码结构为 1 位符号位、8 位阶码和 23 位尾数。符号位位于最高位，阶码位于符号位之后，尾数位于阶码之后。

2）双精度浮点数

双精度浮点数（64 位）的编码结构为 1 位符号位、11 位阶码和 52 位尾数。与单精度浮点数类似，符号位位于最高位，阶码位于符号位之后，尾数位于阶码之后。但双精度浮点数的阶码和尾数位数更多，因此能够表示更大范围的数值和更高的精度。

4. 浮点数的阶码和尾数表示

1）阶码表示

阶码用于表示浮点数的指数部分。在 IEEE 754 标准中，阶码采用了移码表示法。移码是一种特殊的二进制编码方式，它通过给实际指数值加上一个偏移量来得到阶码的二进制表示。对于单精度浮点数，阶码的范围是 −127 到 +128（偏移量为 127）；对于双精度浮点数，阶码的范围是 −1023 到 +1024（偏移量为 1023）。

2）尾数表示

尾数用于表示浮点数的小数部分。在 IEEE 754 标准中，尾数通常采用定点表示法，即小数点前为 1 的二进制小数。这种表示方法可以通过在尾数中隐含一个 1 来减少存储空间的占用。因此，在实际存储时，尾数只存储小数点后的二进制数。

5. 浮点数的精度和范围

精度：浮点数的精度取决于尾数的位数。对于单精度浮点数，尾数有 23 位，因此能够表示的精度约为 7 位十进制有效数字；对于双精度浮点数，尾数有 52 位，因此能够表示的精度约为 15 位十进制有效数字。

范围：浮点数的范围取决于阶码的值。对于单精度浮点数，阶码的范围是 -127 到 $+128$，因此能够表示的数值范围约为 3.4×10^{38}；对于双精度浮点数，阶码的范围是 -1023 到 $+1024$，因此能够表示的数值范围约为 1.8×10^{308}。

6. 浮点数的运算规则

浮点数的运算包括加法、减法、乘法和除法等基本运算。在进行浮点数运算时，需要遵循 IEEE 754 标准规定的运算规则和精度限制。例如，在进行浮点数加法运算时，需要先将两个浮点数的阶码对齐，然后对尾数进行加法运算，最后再根据运算结果调整阶码和尾数。

综上所述，浮点格式编码是一种灵活且强大的数值表示方法，它能够表示非常大或非常小的数值，同时保持一定的精度。在计算机系统中，浮点格式编码被广泛应用于科学计算、图形处理、财务分析等领域。

▶ 1.2.4　常见的数值编码方法

数值编码方法是计算机中用于表示和处理数字的一种方式。

1. 常见的数值编码方法描述

1）原码

定义：原码是最简单的编码方式，一个数的正常二进制表示，最高位表示符号，正数用"0"表示，负数用"1"表示，其余位表示数值的绝对值。

特点：正数的原码与其二进制表示相同。负数的原码符号位为"1"，其余位是该数的绝对值的二进制表示。零有两种表示方法：+0（0 0000000）和 −0（1 0000000）。

2）反码

定义：正数的反码即原码；负数的反码是在原码的基础上，除符号位外，其他各位按位取反。

特点：正数的反码与原码相同。负数的反码符号位为"1"，其余位是该数的绝对值的二进制表示按位取反。零也有两种表示方法：+0（0 0000000）和 −0（1 1111111）。

3）补码

定义：补码是为了解决原码和反码在运算中的不便而引入的。正数的补码即原码；负数的补码是在原码的基础上，除符号位外，其他各位按位取反，而后末位 +1，若有进位则产生进位。

特点：正数的补码与原码相同。负数的补码符号位为"1"，其余位是该数的绝对值的二进制表示先取反再末位 +1。零只有一种表示方法：0000000。补码可以表示比原码和反码更多的数，且能够更方便地进行加减运算。

4）移码

定义：移码通常用于浮点数的阶码表示。无论正数负数，都是将该原码的补码的首位（符号位）取反得到移码。

特点：移码的符号位与原码的补码相反，即正数的移码符号位为"1"，负数的移码符号位为"0"。移码能够方便地表示浮点数的阶码，并且与补码有类似的数值部分。

总结与比较

正数：原码 = 反码 = 补码。

负数：反码 = 原码除符号位取反；补码 = 反码除符号位 +1。

移码：补码的符号位取反（或理解为在原码基础上加一个偏移量）。

例：使用 8 位二进制举例表示，+3 的原码为 00000011，−3 的原码为 10000011。

+3 的反码仍为 00000011，−3 的反码为 11111100。+3 的补码仍为 00000011，−3 的补码为 11111101（由 −3 的反码 11111100 加 1 得到）。+3 的移码为 10000011，−3 的移码为 01111101。

2. IEEE 754 标准（针对浮点数）

定义：IEEE 754 是浮点数在计算机中的表示标准，广泛应用于现代计算机系统中。

结构：符号位（1 位）：0 表示正数，1 表示负数。阶码：用移码或补码表示，用于表示浮点数的指数部分。尾数：用原码或补码表示，通常为规格化形式，并隐藏一个最高有效位（通常为 1）。

特点：尾数部分采用规格化形式，即小数点后的第一位必须是有效数字。阶码部分采用移码表示，偏移量根据浮点数类型（单精度、双精度等）而有所不同。能够表示非常大和非常小的浮点数，包括正无穷、负无穷和 NaN（Not a Number）。

例：将十进制数 127.1247 转换为 IEEE 754 单精度浮点数（32 位）

IEEE 754 标准的单精度浮点数包含 1 位符号位 +8 位阶码 +23 位尾数。

1）整数部分的二进制转换

127 的二进制表示为 1111111，（$127=1\times 2^0+1\times 2^1+1\times 2^2+1\times 2^3+1\times 2^4+1\times 2^5+1\times 2^6+1\times 2^7$）。

2）小数部分的二进制转换

0.1247 的小数部分需要不断乘以 2，并取整数部分来得到二进制表示。

0.1247×2=0.2494，取整 0

0.2494×2=0.4988，取整 0

0.4988×2=0.9976，取整 0

0.9976×2=1.9952，取整 1（此时需要记录进位）

0.9952（前一步的余数）×2=1.9904，取整 1

0.9904（前一步的余数）×2=1.9808，取整 1

……

（继续这个过程，直到达到所需的精度或达到二进制表示的极限，因为单精度浮点数尾数只有 23 位，而 0.1247 无法用 23 位二进制数精准表达，因此需要进行截断。）假设截断到小数点后 9 位（为了简化说明，实际转换中会有更多的位数），则 0.1247 的二进制表示为 0.000111111（这是一个近似值）。

3）组合整数和小数部分

将整数部分和小数部分组合起来，得到 127.1247 的二进制表示为 1111111.000111111（注意：这里是一个近似值，实际转换中会有更多的位数）。

4）规范化和指数表示

规范化二进制浮点数，确保小数点前只有一位非零数。因此，将 1111111.000111111 规范化为 $1.1111110001111 \times 2^6$。

调整小数点的位置，相应地更新指数值。在这个例子中，小数点向左移动了 6 位，所以指数值为 6。

5）计算阶码

在 IEEE 754 标准中，阶码是用移码表示的，移码 = 真值 + 偏置值。对于单精度浮点数，偏置值为 127。

因此，阶码的真值为 6，移码为 6+127=133。

6）计算尾数

尾数部分采用原码表示，且尾数码隐含了最高位 1。因此，在存储时只需要存储小数点之后的数字。

在本例中，假设已经通过某种方式得到了尾数的 23 位二进制表示，比如 11111100011110000000000（注意：这个结果由第四步尾数的真值 1.1111110001111 隐藏了小数点左边的最高位 1 获得 1111110001111，并在末尾填充了 10 个 0 获得。这是一个近似值，仅用于说明，并且由于位数限制，这里进行了截断和舍入）。

7）合并符号位、指数和尾数

符号位：由于 127.1247 是正数，所以符号位为 0。

指数位：阶码的移码为 133，二进制表示为 10000011。

尾数位：截断后的尾数为 11111100011110000000000（示例值）。

将这些部分合并起来，得到 IEEE 754 标准的单精度浮点数表示为 0 10000011 11111100011110000000000（注意：这里是一个示例值，实际转换中会有所不同）。

▶ 1.2.5 数值编码的注意事项

1. 溢出

当数值超过计算机所能表示的范围时，会发生溢出。溢出可能导致计算结果不正确或程序崩溃。

2. 精度

浮点数编码在表示小数时会有一定的精度损失。因此，在进行高精度计算时，需要特别注意浮点数的精度问题。

3. 类型转换

在进行不同类型数值的运算时，可能需要进行类型转换。类型转换可能会导致精度损失或溢出等问题，因此需要谨慎处理。

▶ 1.2.6 数值编码的应用

数值编码在计算机中有着广泛的应用，包括但不限于以下几方面：

1. 计算机内部存储

在计算机内部，所有的数值都是以二进制编码的形式存储的。通过不同的编码方式，计算机可以准确地表示和存储各种数值。

2. 数据通信

在数据通信中，数值编码用于将数字信息转换为适合传输的格式。例如，在网络通信中，数据通常以二进制编码的形式进行传输。

3. 信息处理

在信息处理领域，数值编码用于对数字信息进行编码、解码和处理。例如，在图像处理中，每个像素点都用若干二进制位进行编码，以表示其颜色和亮度等信息。

4. 科学计算

在科学计算中，浮点数编码使得计算机能够处理非常大或非常小的数值，如天文学中的星系距离或微观粒子的大小。

5. 图形处理

在计算机图形处理中，数值编码用于表示颜色、坐标等参数。例如，RGB 颜色模型中的每个颜色分量可以使用 8 位无符号整数来表示，范围从 0 到 255。

6. 金融计算

在金融计算中，数值编码用于表示货币、利率等参数。由于金融数据通常需要高精度的计算，因此浮点数编码或定点数编码（如 BCD 码）都被广泛应用。

综上所述，数值编码是计算机中表示和处理数值的基础。了解数值编码的具体内容和注意事项有助于更好地理解和应用计算机技术。

1.3　字符编码

字符编码（Character Encoding），也称字集码，是指一种映射规则，根据这种映射规则可以将某个字符映射成其他形式的数据以便在计算机中存储和传输。

▶ 1.3.1　字符编码的定义与原理

字符编码是将字符集中的字符编码为指定集合中某一对象（例如比特模式、自然数序列、8 位组或者电脉冲），以便文本在计算机中存储和通过通信网络传递。其基本原理是建立字符与特定数字或二进制模式之间的对应关系。

计算机中的字符编码由位、字节和字符三部分组成，其中，位（bit）是二进制中的一位，是二进制最小的信息单位。字节（byte）是计算机信息技术用于计量存储容量的一种计量单位，1 字节等于 8 位。8 位的字节可以组合出 256（2 的 8 次方）种不同的状态。字符（character）是指计算机中使用的字母、数字、汉字和符号等。

▶ 1.3.2　常见的字符编码

1. ASCII 码

1）定义

美国信息交换标准代码（American Standard Code for Information Interchange，ASCII）是基

于拉丁字母的一套计算机编码系统，主要用于显示现代英语和其他西欧语言。它是现今最通用的单字节编码系统，并等同于国际标准 ISO/IEC 646。

2）发展

由于计算机是美国人发明的，因此最早只有 127 个字母被编码到计算机里，也就是大小写英文字母、数字和一些符号，这个编码表被称为 ASCII 编码。后 128 个字母称为扩展 ASCII 码。每一位 0 或者 1 所占的空间单位为比特（bit），这是计算机中最小的表示单位，每 8 个 bit 组成一个字符，这是计算机中最小的存储单位。

3）编码规则

在 ASCII 码中，大写字母 A 的编码是 65（二进制 01000001），小写字母 a 的编码是 97（二进制 01100001）。ASCII 码使用 7 位二进制数表示一个字符，7 位二进制数可以表示出 2 的 7 次方个字符，共 128 个字符。通常会额外使用一个扩充的比特，以便于以 1 个字节的方式存储。

4）应用

ASCII 码是现今最通用的单字节编码系统（表 1-1），在大多数的小型机和全部的个人计算机都使用此码。

表 1-1　标准 ASCII 码表（H 表示高四位，L 表示第四位，均为十六进制表示）

L		H							
		0	0001	0010	0011	0100	0101	0110	0111
		0	1	2	3	4	5	6	7
0000	0	NUL	DEL	SP	0	@	P	`	p
0001	1	SOH	DC1	!	1	A	Q	a	q
0010	2	STX	DC2	"	2	B	R	b	r
0011	3	ETX	DC3	#	3	C	S	c	s
0100	4	EOT	DC4	$	4	D	T	d	t
0101	5	ENQ	NAK	%	5	E	U	e	u
0110	6	ACK	SYN	&	6	F	V	f	v
0111	7	BEL	ETB	'	7	G	W	g	w
1000	8	BS	CAN	(	8	H	X	h	x
1001	9	HT	EM	)	9	I	Y	i	y
1010	A	LF	SUB	*	:	J	Z	j	z
1011	B	VT	ESC	+	;	K	[	k	{
1100	C	FF	FS	,	<	L	1	l	|
1101	D	CR	GS	−	=	M	]	m	}
1110	E	SO	RS	−	>	N	↑	n	
1111	F	SI	US	/	?	O	√	o	DEL

2. 非 ASCII 编码

1）背景

英语用 128 个符号编码就够了，但是用来表示其他语言，128 个符号是不够的。比如，在法语中，字母上方有注音符号，它就无法用 ASCII 码表示。

2）发展

一些欧洲国家决定，利用字节中闲置的最高位编入新的符号。这样一来，这些欧洲国家使用的编码体系可以表示最多 256 个符号。但是，不同的国家有不同的字母，因此哪怕它们都使用 256 个符号的编码方式，代表的字母却不一样。

　　3）示例

在法语编码中，130 代表了 é；在希伯来语编码中，130 代表了字母 Gimel（ג）；在俄语编码中，130 又会代表另一个符号。

　　4）局限性

对于亚洲国家的文字，使用的符号就更多了，汉字就多达 10 万左右。一字节只能表示 256 种符号，肯定是不够的，就必须使用多个字节表达一个符号。

3. GB2312 编码

　　1）定义

GB2312 编码是中国制定的用来把中文编进编码表的编码方式，属于双字节编码。

　　2）发展

为了解决 ASCII 编码不能表示中文字符的问题，中国有关部门按照 ISO 规范设计了 GB2312 编码。但是 GB2312 是一个封闭字符集，只收录了常用字符总共 7000 多个，因此为了扩充更多的字符包括一些生僻字，才有了之后的 GBK、GB18030、GB13000（"GB"为"国标"的汉语拼音首字母缩写）。

　　3）编码规则

在 GB2312 编码中，规定表示一个汉字的编码字节其值必须大于 127（即字节的最高位为 1），并且必须是两个大于 127 的字节连在一起来共同表示一个汉字。为避免与 ASCII 字符编码（0127）相冲突，所以 GB 系列都是兼容 ASCII 编码的。在一段文本中，如果一个字节是 0127，那么这个字节的含义与 ASCII 编码相同，否则，这个字节和下一个字节共同组成汉字（或是 GB 编码定义的其他字符）。

　　4）应用

GB2312 是使用两个字节来表示汉字的编码标准，共收入汉字 6763 个和非汉字图形字符 682 个。

4. Unicode 编码

　　1）背景

世界上存在着多种编码方式，同一个二进制数字可以被解释成不同的符号。因此，要想打开一个文本文件，就必须知道它的编码方式，否则用错误的编码方式解读，就会出现乱码。为了解决不同国家编码的冲突问题，Unicode 应运而生。

　　2）定义

Unicode 是一个很大的集合，现在的规模可以容纳 100 多万个符号。每个符号的编码都不一样，比如 U+0639 表示阿拉伯字母 Ain，U+0041 表示英语的大写字母 A，U+4E25 表示汉字"严"。

　　3）应用

现代操作系统和大多数编程语言都直接支持 Unicode。在计算机内存中，通常使用 Unicode 编码。

　　4）问题

Unicode 只是一个符号集，它只规定了符号的二进制代码，却没有规定这个二进制代码应该如何存储。比如，汉字"严"的 Unicode 是十六进制数 4E25，转换成二进制数足足有 15 位

（100111000100101），也就是说这个符号的表示至少需要 2 字节。表示其他更大的符号，可能需要 3 或 4 字节，甚至更多。这就造成了两个问题：一是如何才能区别 Unicode 和 ASCII；二是如果 Unicode 统一规定每个符号用 3 或 4 字节表示，那么每个英文字母前都必然有 2 到 3 字节是 0，这对于存储来说是极大的浪费，文本文件的大小会因此大出二三倍。

5. UTF-8 编码

1）背景

基于 Unicode 编码存在的问题，以及互联网对统一编码方式的强烈要求，UTF-8 编码应运而生。

2）定义

UTF-8 是在互联网上使用最广的一种 Unicode 的实现方式。

3）特点

UTF-8 是一种变长的编码方式，它可以使用 1~4 字节表示一个符号，根据不同的符号而变化字节长度。

4）编码规则

对于单字节的符号，字节的第一位设为 0，后面 7 位为这个符号的 Unicode 码。因此对于英语字母，UTF-8 编码和 ASCII 码是相同的。对于 n 字节的符号（$n>1$），第一个字节的前 n 位都设为 1，第 $n+1$ 位设为 0，后面字节的前两位一律设为 10。剩下的二进制位，全部为这个符号的 Unicode 编码。

5）应用

在存储和传输时，通常将 Unicode 编码转换为 UTF-8 编码。用记事本编辑的时候，从文件读取的 UTF-8 字符被转换为 Unicode 字符到内存里，编辑完成后，保存的时候再把 Unicode 转换为 UTF-8 保存到文件。

▶ 1.3.3 字符编码的应用

字符编码的应用场景非常广泛，以下是其中一些常见的应用场景。

1）文本编辑和处理

字符编码用于将文本从一种编码转换为另一种编码，以便在不同的系统和环境中显示和编辑。例如，当在网页上输入文本时，浏览器会将文本从用户输入的编码（如 UTF-8）转换为页面使用的编码（如 GB2312），以便正确显示文本。

2）文件存储和传输

字符编码用于将文本数据转换为二进制格式，以便在计算机系统中存储和传输。不同的字符编码方式对于文本数据的压缩和传输效率也会有所不同。

3）数据库存储

字符编码用于将文本数据存储在数据库中。不同的字符编码方式对于数据库的存储和查询效率也会有所不同。

4）国际化应用

字符编码用于支持多种语言和字符集，以便在不同国家和地区的应用程序中显示和输入文本。例如，一个国际化的网站可能需要支持多种语言，这时就需要使用支持多种字符集的字符编码，如 UTF-8。

综上所述，字符编码是计算机处理文本数据的基础。不同的字符编码方式在编码规则、应用场景等方面都各有特点。了解字符编码的细节有助于更好地处理文本数据并避免乱码等问题。

1.4　图像、音频和视频编码

图像、音频、视频计算机编码是信息技术领域的重要组成部分，它们分别涉及对图像、音频和视频数据进行数字化处理、压缩和编码的过程。本节主要介绍三种数据的基本表示、编码方式以及应用场景。

▶ 1.4.1　图像、音频、视频在计算机中的表示

在计算机中，图像、音频和视频是通过不同的方式来表示的，这些表示方法基于数字信号处理技术，将连续的媒体信息转换为离散的数字数据，以便进行存储、处理和传输。

1. 图像在计算机中的表示

图像在计算机中主要通过两种方式来表示：矢量图像和位图图像。

1）矢量图像

矢量图像是通过数学方法描述一幅图，然后变成数学表达式，再用编程语言来表达。它使用绘图软件的指令来表示图像，这些指令描述了图像的轮廓、形状和颜色。矢量图像文件所占空间较小，易于进行旋转、放大、缩小等操作，且不变形、不失真。常见的矢量图像文件格式有 CorelDRAW（CDR）、Illustrator（AI）、AutoCAD（DXF）、Scalable Vector Graphics（SVG）和 Encapsulated Post Script（EPS）等。

2）位图图像

位图图像是通过记录每一个离散点的颜色来描述图像。它将图像分成许多像素，每个像素都有位置和颜色属性。位图图像文件占用的存储空间相对较大，但能够精确地表示图像的细节和颜色。常见的位图图像文件格式有 JPEG、PNG、GIF 等。位图像素矩阵和自然位图图像如图 1-1 和图 1-2 所示。

	0	1	2	3	4	…	32
0	50	60	70	80	90		82
1	60	75	90	105	120		92
2	70	90	110	130	150		90
3	80	100	120	140	160		111
4	90	110	130	150	170		212
…	…	…	…	…	…	…	
28	…	…	…	…	…		
29	180	200	220	240	250		180
30	190	210	230	250	250		111
31	200	220	240	254	250		180

图 1-1　位图像素矩阵（分辨率为 32×32 的图像）

图 1-2　自然位图图像

2. 音频在计算机中的表示

音频在计算机中是通过采样和量化的过程来表示的。

1）采样

采样是将连续的音频信号转换为离散的数字信号的过程。通过选择适当的采样频率（如44.1kHz、48kHz 等），可以确保音频信号的准确性和质量。

2）量化

量化是将采样后的音频信号的幅度转换为离散的数字值的过程。通过选择适当的量化位数（如 16 位、24 位等），可以表示音频信号的幅度范围和精度。

3）音频文件格式

常见的音频文件格式有 MP3、WAV、FLAC 等。这些格式通过不同的压缩算法和编码方式来表示音频数据，以满足不同的应用需求。

3. 视频在计算机中的表示

视频在计算机中是通过一系列的图像帧（帧序列）来表示的，这些图像帧按照一定的时间顺序排列，并通过播放软件连续播放，从而呈现出动态的视频画面。

1）帧序列

视频由一系列连续的图像帧组成，这些图像帧在时间上具有连续性。每一帧图像都是一幅完整的图像，可以通过上述的图像表示方法来描述。

2）视频文件格式

常见的视频文件格式有 MP4、AVI、MKV 等。这些格式通过不同的编码方式和压缩算法来表示视频数据，以满足不同的播放和传输需求。

3）视频压缩

为了节省存储空间和提高传输效率，视频数据通常需要进行压缩处理。常见的视频压缩算法有 H.264/AVC 和 H.265/HEVC 等。这些算法通过去除视频数据中的冗余信息和人眼不易察觉的细节，实现高压缩比和高质量的视频表示。

综上所述，图像、音频和视频在计算机中的表示方法各不相同，但它们都依赖于数字信号处理技术来将连续的媒体信息转换为离散的数字数据。这些表示方法使得计算机能够高效地存储、处理和传输这些媒体信息。

▶ 1.4.2 图像、音频、视频的编码方式

1. 图像编码

图像编码的主要方法包括无损编码、有损编码和无编码等，其基本原理涉及数据冗余的消除、颜色空间转换、图像采样、量化、变换编码和熵编码等多方面。这些方法和原理共同构成了图像编码的核心技术体系，为图像的存储、传输和处理提供了有效的手段。

1）主要方法

（1）无损编码：保留图像所有信息的编码方式，解码后的图像与原始图像完全相同。

无损编码可以用于对图像进行压缩，但压缩效率通常较低。常见的无损编码算法有无损 JPEG（Lossless JPEG）和预测编码（Predictive Coding）等。

（2）有损编码：通过舍弃一些不重要或不显著的图像信息，以实现更高压缩比的编码方式。解码后的图像与原始图像在视觉上可能有细微差异，但通常对人眼来说是可接受的。常见

的有损编码算法有 JPEG、JPEG 2000、WebP、AVC（H.264）、HEVC（H.265）等。

（3）无编码：将原始图像数据直接存储或传输，没有进行任何压缩或编码处理。这种方式保留了图像的所有信息，不会引入任何失真或损失，但需要更大的存储空间和更高的传输带宽。

2）主要原理

（1）数据冗余的消除：图像编码的基本原理之一是消除数据冗余，即去除图像中的重复信息或无用信息，从而减少数据量。数据冗余包括像素相关冗余、编码冗余和心理视觉冗余等。

（2）颜色空间转换：如果需要，将原始图像从一种颜色空间转换为另一种颜色空间，例如，从 RGB 颜色空间到 YUV 颜色空间。不同颜色空间可以更好地表示图像信息，或者在后续的编码算法中更容易进行处理。

（3）图像采样：图像采样是将连续的模拟图像转换为离散的数字图像的过程，通常使用二维矩阵表示。采样过程中，会从原始图像中选取一个子集作为编码的目标。

（4）量化：量化是将连续的采样值转换为离散的量化级别的过程，以降低图像数据的表示精度。量化是图像编码中的重要步骤，用于减少图像的精细度和动态范围。

（5）变换编码：变换编码是通过将图像数据转换到另一个域进行表示并进行编码，以减少冗余信息。常见的变换编码方法包括离散余弦变换（Discrete Cosine Transformation，DCT）和离散小波变换（Discrete Wavelet Transform，DWT）等。变换编码可以将图像数据转换为一组频域系数，通过保留高频和低频成分，实现数据的压缩。

（6）熵编码：熵编码是根据图像中出现的像素频率进行编码，以进一步减少数据的冗余度。常见的熵编码方法包括霍夫曼编码（Huffman Coding）和算术编码（Arithmetic Coding）等。

2. 音频编码

音频编码是现代数字信号处理技术的核心组成部分，其主要目标是将连续变化的模拟音频信号转换成计算机和数字设备可以理解和处理的二进制数字形式。以下是音频编码的主要方法和原理。

1）主要方法

（1）波形编码法。

基于音频数据统计特性进行编码的方法。它先对声音的波形进行采样，然后行量化和编码。最简单的波形编码方法是脉冲编码调制（Pulse Code Modulation，PCM）法，直接给每个采样点一个代码，没有进行压缩，故所占用的存储空间较大。为了减少存储空间，还常采用压缩编码措施，如差值脉冲编码调制（Differential Pulse Code Modulation，DPCM）和自适应差值编码调制（Adaptive Differential Pulse Code Modulation，ADPCM）等。波形编码方法适应性强，音频的质量好，在声音信号重建时能尽量保持和接近原声音的波形，因而被广泛采用。但是，它容易受到量化噪声的干扰，并且压缩比很难提高，存储量较大。

（2）参数编码法。

基于音频信号的声学特性进行编码的方法，它从声音信号中提取特征参数进行编码。在声音播放（还原）时再根据这些特征参数合成声音信号。这种方法的目标是使重建的声音保持原音频信号的特性，而且进一步降低数据率。其压缩比高，但还原的声音质量较差。这类编码技术一般称为声码器，典型的有通道声码器、共振峰声码器、同态声码器和线性预测（Linear Predictive Coding，LPC）声码器等。

（3）混合编码法。

结合波形编码和参数编码的优点，在较低的数据率上得到较高的音质。典型的混合编码有码本激励线性预测编码（CELP）、多脉冲激励线性预测编码（MPLPC）等方法。

（4）感知编码法。

基于人的听觉特性进行编码，利用掩蔽效应，设计心理声学模型，从而实现更高效率的数字音频的压缩。有影响的方法包括 MPEG 标准中的高频编码和 Dolby AC-3 等编码方法。

2）基本原理

音频编码的基本原理涉及三个关键步骤：采样（Sampling）、量化（Quantization）以及编码（Encoding）。

（1）采样。

音频信号在本质上是一种随时间连续变化的物理振动，可以通过麦克风、拾音器等传感器捕捉并转换为相应的电信号。采样是模拟信号数字化的第一步，它按照一定的频率对原始声音信号进行"快照"，即每隔一定的时间间隔记录一次电信号的幅度值。采样频率通常用赫兹（Hz）表示，且必须满足奈奎斯特定理（Nyquist-Shannon Sampling Theorem），即采样频率至少是音频信号最高频率成分的两倍，以确保能够准确还原原始信号而不产生混叠现象。

（2）量化。

采样后得到的是幅值范围内的连续数值，但计算机只能处理离散的数字信息。量化过程就是将这些连续的幅度值映射到有限数量的离散电平上，也就是将其转换为整数或小数点后位数有限的数值。每个电平代表一个量化级别，而量化误差则是因为舍弃了部分微小的变化而导致的失真。为了在保证音频质量的同时尽可能减少数据量，量化级数的选择需要结合人耳听觉特性和实际应用需求，采用合适的量化精度来平衡音质与存储空间或带宽之间的关系。

（3）编码。

经过采样和量化处理后的数字信号虽然已经具备了数字属性，但依然包含大量冗余信息，这对于存储和传输而言并不高效。编码的目的在于通过对已量化数字信号进行压缩处理，去除或减少其中的冗余数据，并将压缩后的音频数据以特定格式打包封装，便于后续的解码播放和跨平台兼容。

综上所述，音频编码的主要方法包括波形编码法、参数编码法、混合编码法和感知编码法；其基本原理涉及采样、量化和编码三个关键步骤。通过这些方法和原理的应用，可以实现音频数据的高效压缩和准确重构。

3. 视频编码

1）主要方法

视频编码方法主要可以分为帧内编码和帧间编码两大类。

（1）**帧内编码方法**：帧内编码是对视频序列中的每一帧采用传统图像压缩编码算法进行独立编码。这种方法编码效率较低，但适用于复杂度受限且需要随机接入的情况。

常用的帧内编码方法有 Motion-JPEG 和 Motion-SPIHT。Motion-JPEG 将视频序列的每一帧采用高效 JPEG 算法进行编码，然后按顺序传输。Motion-SPIHT 则对视频序列中的每一帧采用基于小波的等级树集合分割排序编码方法。

（2）**帧间编码方法**：帧间编码是利用视频序列中相邻帧之间的相关性进行编码，以提高压缩效率。最常用的帧间编码方法是基于 DCT（离散余弦变换）的运动补偿编码，此外还有

3D-SPIHT 编码算法等。

2）基本原理

视频编码的基本原理是去除视频数据中的冗余信息，包括空域冗余信息和时域冗余信息。

（1）**去除空域冗余信息**：空域冗余信息是指图像内部各像素之间存在的相关性。去除空域冗余信息主要使用变换编码、量化编码和熵编码技术。变换编码将空域信号变换到另一正交矢量空间，使其相关性下降，数据冗余度减小。量化编码对变换后的系数进行量化，使编码器的输出达到一定的位率。熵编码是无损编码，对量化后的系数和运动信息进行进一步的压缩。

（2）**去除时域冗余信息**：时域冗余信息是指视频序列中相邻帧之间的相关性。去除时域冗余信息主要使用运动估计和运动补偿技术。运动估计是从视频序列中抽取运动信息的一整套技术，通常将当前的输入图像分割成若干彼此不相重叠的小图像子块，然后在前一图像或者后一个图像某个搜索窗口的范围内为每一个图像块寻找一个与之最为相似的图像块。运动补偿则是利用运动估计得到的运动矢量，对当前图像与参考图像的差值进行编码，从而去除时域冗余信息。

3）视频编码标准

目前视频流传输中最为重要的编解码标准有以下几类。

（1）**H.26x 系列**：由国际电联（ITU-T）主导，侧重网络传输，只是视频编码。主要有 H.261、H.263、H.264、H.265 等标准。H.261 标准是为 ISDN 设计，主要针对实时编码和解码，压缩和解压缩的信号延时不超过 150ms。H.263 标准是甚低码率的图像编码国际标准，性能优于 H.261 标准。H.264 标准也称为 MPEG-4 第十部分（高级视频编码部分），是由 ITU-T 和 ISO/IEC 联手开发的最新一代视频编码标准，在同等视频质量条件下，能够节省 50% 的码流，且提高了视频传输质量的可控性，适用范围更广。H.265 标准的压缩效率有了显著提高，一样质量的编码视频能节省 40% 至 50% 的码流，还提高了并行机制以及网络输入机制。

（2）**MPEG 系列**：由国际标准化组织（ISO）和运动图像专家组（MPEG）制定，主要应用于视频存储（DVD）、广播电视、互联网或无线网络的流媒体等。MPEG-1 标准用于数字存储体上活动图像及其伴音的编码，其数码率为 1.5Mb/s。MPEG-2 被称为"21 世纪的电视标准"，在 MPEG-1 的基础上进行了许多扩展和改进。MPEG-4 为多媒体数据压缩编码提供了更为广阔的平台，它定义的是一种格式、一种框架，而不是具体算法，支持多种多媒体的应用。

（3）**其他标准**：在互联网上被广泛应用的还有 Real-Networks 的 RealVideo、微软（Microsoft）公司的 WMV 以及 Apple 公司的 QuickTime 等。中国的 AVS 音视频编码标准压缩效率比 MPEG-2 增加了一倍以上，能够使用更小的带宽传输同样的内容，已成为国际上三大视频编码标准之一。

▶ 1.4.3 图像、音频和视频的应用

从计算机领域来看，图像、音频、视频的应用场景广泛且多样，涵盖了娱乐、教育、工业、医疗等多个领域。以下是对这三者主要应用场景的详细归纳。

1. 图像的应用场景

计算机数字图像的应用场景十分丰富，从日常生活到工业制造，都有广泛使用。

1）电商

电商平台利用图像识别技术自动识别和分类商品图片，帮助用户快速找到想要的商品，提

高购物体验。

2）制造业

在制造业中，图像识别技术被用于实时监测流水线上的产品，快速识别不合格品或特定部件，从而提高生产效率和产品质量。

3）安防监控

图像识别在安防监控领域的应用至关重要，它可用于人员识别、行为分析以及异常检测等，有效提升公共安全。

4）自动驾驶

在自动驾驶技术中，图像识别技术用于识别道路、行人、车辆等，确保行驶安全。

5）医疗

医疗领域也广泛应用图像识别技术，如对 X 光片、CT 扫描等影像进行分类，可以帮助医生更快地诊断疾病，如肿瘤识别等。

6）教育辅助

在教育领域，图像识别技术可用于自动识别和整理教学资料中的图片内容，辅助教学活动。

7）智能家居

图像识别技术还可用于智能家居中，识别家庭成员、宠物或家具等，以实现更加智能化的家居控制。

2. 音频的应用场景

计算机音频的使用场景则主要集中于艺术、教育和娱乐场景之中。

1）娱乐

音频在娱乐领域的应用最为广泛，如音乐、有声书、播客等，这些音频内容为用户提供了丰富的娱乐体验。

2）教育

在教育领域，音频也被广泛应用，如在线课程、语言学习等，音频内容可以帮助用户更好地理解和掌握知识。

3）职场培训

音频也适用于职场培训，员工可以通过听音频来学习新的技能或知识，提高工作能力。

4）亲子互动

音频内容在亲子互动中也扮演着重要角色，如儿童故事、儿歌等，这些音频内容有助于增进亲子关系，促进儿童成长。

3. 视频的应用场景

随着短视频的兴起，计算机视频在越来越多的场景中发挥了更加重要的作用，我们的日常生活也与计算机视频产生了更为密切的联系。

1）娱乐

视频在娱乐领域的应用同样广泛，如短视频、电影、电视剧、综艺节目等，这些视频内容为用户提供了视觉和听觉的双重享受。

2）在线教育

在线教育领域也大量使用视频内容，如在线课程、讲座等，视频可以直观地展示教学内容，帮助学生更好地理解和掌握知识。

3）安防监控

视频在安防监控领域的应用也至关重要，通过视频监控可以实时了解现场情况，及时发现并处理异常事件。

4）体育赛事

体育赛事直播是视频应用的重要场景之一，通过视频直播，观众可以实时观看比赛过程，感受比赛的激烈和精彩。

5）虚拟现实

随着虚拟现实技术的发展，视频也被广泛应用于虚拟现实场景中，如游戏、教育、医疗等领域，为用户提供更加沉浸式的体验。

6）沉浸式视频

沉浸式视频通过全景摄像技术和投影等技术，为用户创造出沉浸式的视觉体验，广泛应用于体育赛事直播、科技场馆、展陈场馆、游艺场馆等领域。

综上所述，图像、音频、视频在计算机领域的应用场景广泛且多样，它们不仅丰富了人们的娱乐生活，还在教育、医疗、工业等多个领域发挥着重要作用。

1.5　数据压缩编码

▶ 1.5.1　背景介绍

随着计算机的普及和数字化信息的爆发式增长，数据的存储和传输逐渐成为核心问题。无论是文本、图像还是音视频文件，它们都需要占用大量的存储空间，尤其在早期存储设备和带宽资源有限的情况下，如何高效压缩数据成为研究的重点。压缩编码的目标是减少数据的冗余，尽可能以更少的位表示原始信息，从而节省存储空间或提高传输效率。不同的压缩方法针对不同的数据特性，适用于多种场景，如文件压缩、图像编码、视频流传输等。压缩编码主要分为无损压缩编码和有损压缩编码。本节主要介绍哈夫曼编码、游程编码等无损压缩算法和JPEG、MP3 等有损压缩算法。

▶ 1.5.2　常见的压缩编码

1. 无损压缩

1）哈夫曼编码

哈夫曼编码是一种基于字符频率的无损压缩方法，其核心思想是用较短的编码表示出现频率高的字符，用较长的编码表示出现频率低的字符，从而整体上减少数据所占用的比特数。它的实现过程以构建哈夫曼树为基础，是一种二叉树结构。

首先，哈夫曼编码会统计所有字符在数据中出现的频率，并将每个字符和其频率作为一个独立的节点存入优先队列（通常是最小堆）。接着，通过迭代地从队列中取出两个最小频率的节点，将它们合并为一个新节点，新节点的频率是这两个节点频率的总和。这个新节点重新加入队列，并重复上述操作，直至最终只剩下一个节点——这就是哈夫曼树的根节点。生成哈夫曼树后，从根节点开始，为左分支赋值"0"，为右分支赋值"1"，每个叶节点代表一个字符。

通过记录从根节点到叶节点的路径，可以为每个字符生成唯一的二进制编码。这种编码方式具有"前缀码"的性质，即任何一个编码都不是另一个编码的前缀，保证了解码时的唯一性。

在实际应用中，哈夫曼编码广泛用于压缩文本和图像文件，例如，ZIP 文件格式、JPEG图片和 MP3 音频文件。它的压缩效率在频率分布较明确的数据中表现尤为突出，但由于需要额外存储哈夫曼树的结构信息，对小规模数据的压缩效益有限。

哈夫曼编码具有独特的优势，主要包含以下四点。

（1）高压缩率：由于根据字符频率动态分配编码长度，哈夫曼编码能够实现较高的压缩率；

（2）无损压缩：编码和解码过程保持数据的完整性，适用于对数据完整性要求高的场景；

（3）解码速度快：解码过程相对简单，解码速度快；

（4）最优前缀码：哈夫曼编码构造出的编码是前缀码，保证了编码的唯一可译性，不存在二义性。

例：假设我们有一段文本："oh my god! oh my god! hey."使用哈夫曼编码对这段文本进行压缩。

压缩步骤如下。

（1）统计字符频率：

> o: 4次 h: 4次 m: 2次 y: 2次 g: 1次 d: 1次 e: 1次 !: 2次 空格: 4次

（2）构建哈夫曼树：将每个字符及其频率作为节点，放入优先队列（最小堆）中。不断从队列中取出两个权值最小的节点，合并为一个新节点，新节点的权值为两子节点权值之和。将新节点加入队列，重复此过程，直到队列中只剩下一个节点，即哈夫曼树的根节点（注意：由于构建哈夫曼树的具体过程可能因排序算法和节点选择顺序的不同而有所差异）。

哈夫曼树的构造过程如图 1-3 ～图 1-5 所示。

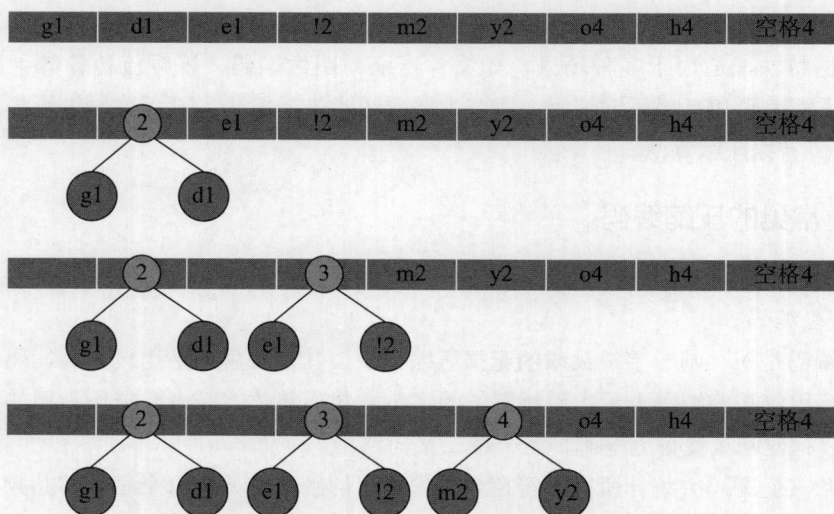

图 1-3　哈夫曼编码过程 1

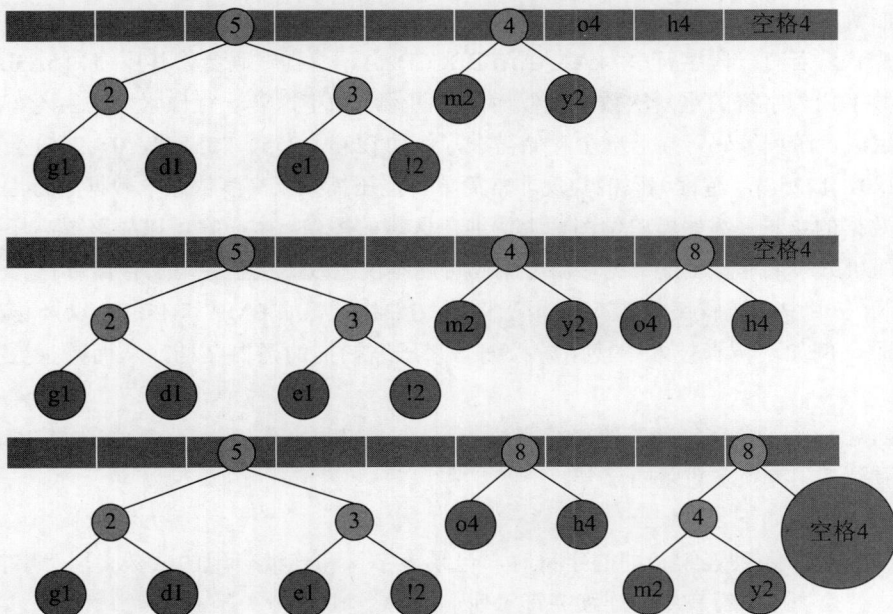

图 1-4 哈夫曼编码过程 2

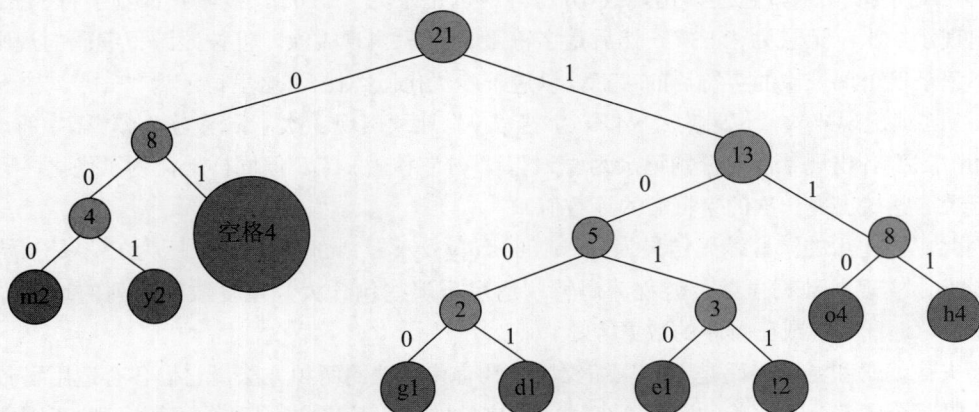

图 1-5 哈夫曼编码过程 3

（3）生成哈夫曼编码：从根节点开始，对每个叶子节点进行遍历，记录从根到该叶子节点的路径上遇到的 0 和 1 序列，即为该字符的哈夫曼编码。假设得到的哈夫曼编码如下：

```
o: 110  h: 111  m: 000  y: 001  g: 1000  d: 1001  e: 1010  !: 1011  空格: 01
```

（4）压缩文本：将文本中的每个字符替换为其对应的哈夫曼编码。得到的压缩后的文本为："110 111 01 000 001 01 1000 110 1001 1011 01 110 111 01 000 001 01 1000 110 1001 1011 01 111 1010 001"。

2）游程编码

与哈夫曼编码不同，游程编码是一种基于数据重复性的压缩方法，特别适用于连续重复值较多的数据。它的基本思想是将连续重复的字符或数值用一个计数器加一个值的方式来表示，从而减少冗余数据。例如，对于一个由多个相同字符组成的长序列，原始表示可能需要存储所有字符，而游程编码只需记录字符本身和它的重复次数。

举例来说，若有一段字符串为 AAAAABBBCCDAA，游程编码会将其压缩为 5A3B2C1D2A，其中每组数字代表字符的重复次数。类似地，在图像压缩中，若一行像素数据由若干连续相同的像素值组成，游程编码可显著减少存储需求，例如 [255，255，255，0，0，255] 会被压缩为 [3x255，2x0，1x255]。游程编码的实现非常简单，但压缩效果高度依赖于数据的特性。在包含大量重复数据的场景（例如黑白位图、大块纯色区域的图像）中，它可以显著提高压缩率。然而，对于随机分布或非重复的数据，游程编码可能不仅无效，甚至会增加存储量。

在实际应用中，游程编码被广泛用于图像文件格式（如 BMP 和 TIFF）以及传感器数据存储等场景。例如，传真技术中使用游程编码来压缩扫描的黑白文档，从而减少数据传输的时间。

例：考虑一个包含重复字符的字符串："aaaaaaaaaabbbaxxxxyyyzyx"。这个字符串长度为 24，可以看到其中有很多重复的部分。

游程编码过程如下。

扫描字符串，遇到连续相同的字符时，记录该字符和连续出现的次数。用"字符 + 计数值"的形式替换掉原字符串中的连续字符序列。

具体步骤如下：

扫描到字符"a"，它连续出现了 10 次，所以记录为"a10"。接着扫描到字符"b"，它连续出现了 3 次，记录为"b3"。然后是字符"a"，只出现 1 次，但按照游程编码的规则（也可以不记录仅出现一次的字符后的"1"，以进一步优化压缩比），这里记录为"a1"。接下来字符"x"连续出现 4 次，记录为"x4"。字符"y"连续出现 3 次，记录为"y3"。字符"z"、"y"和"x"各出现 1 次，分别记录为"z1"、"y1"和"x1"。但同样地，为了优化，可以选择不记录这些仅出现一次的字符后的计数值。

因此，优化后的游程编码结果为："a10b3ax4y3zyx"，此时字符串长度为 13，是初始长度的约 54%，实现了数据压缩。游程编码特别适用于那些包含大量重复数据序列的场景，如图像、图形、地图坐标或已排序的数据等。

哈夫曼编码和游程编码是无损压缩领域中具有代表性的两种方法，它们各有适用场景。哈夫曼编码适合频率分布明确的数据，通过优化字符的编码长度实现压缩；而游程编码则擅长于压缩包含大量连续重复值的序列，其实现简单但依赖于数据结构。两种方法常被结合使用或集成到更复杂的压缩算法中，为数字化信息的高效处理提供了坚实的基础。

2. 有损压缩

1）JPEG 方法

JPEG 压缩技术主要用于图像文件的压缩，其基本原理在于去除图像中的冗余信息，同时尽可能地保留人眼能够察觉的重要信息。这种压缩方式利用了人眼对图像中高频信息部分不敏感的特点，通过滤除这些不敏感的信息，实现图像文件大小的显著减小。JPEG 压缩算法有以下主要步骤。

（1）颜色空间转换：JPEG 压缩首先将图像从 RGB 色彩空间转换到 YCbCr 色彩空间。RGB 色彩空间由红、绿、蓝三个颜色通道组成，而 YCbCr 色彩空间将图像分为亮度（Y）和色度（Cb、Cr）信息。这一转换的目的是分离图像的亮度信息和色度信息，因为人眼对亮度的敏感程度远高于对色彩的敏感程度。Y 代表亮度分量，Cb 和 Cr 分别代表蓝色和红色的色差值。这种转换使得后续的压缩处理能够针对亮度信息和色度信息进行不同的处理策略，更有效地减少数据量，同时保持图像的视觉质量。

（2）图像分割：JPEG 压缩算法将图像分割成 8×8 像素的块。每个像素块将独立进行变换和量化，这有助于局部压缩和错误恢复。

（3）离散余弦变换（DCT）：DCT 是 JPEG 压缩算法中的核心步骤。它将图像从空间域转换到频率域，将图像的像素强度转换为一系列频率系数。通过 DCT 变换，图像中的能量被集中到了低频部分，即图像的直流分量（DC）和交流分量（AC）中。直流分量代表了图像的平均亮度或颜色值，而交流分量则代表了图像中的细节和变化。这一步骤为后续的量化处理提供了便利，因为低频系数（代表图像的基本结构）通常比高频系数（代表细节和纹理）更重要，可以在量化过程中给予更多的保留。

（4）量化：量化步骤是对 DCT 变换后的频率系数进行取整处理，以减少数据的精度和进一步压缩数据。JPEG 算法提供了两张标准量化系数矩阵，分别用于处理亮度数据和色差数据。量化表的值越大，压缩后的图像质量越低，但文件大小越小。量化过程是有损的，因为它会导致图像质量的下降。大量的高频系数被置为 0 或接近 0 的值，从而实现了数据的进一步压缩。

（5）熵编码：经过量化处理后，JPEG 压缩算法使用熵编码技术对数据进行无损压缩。常用的熵编码方法包括 Huffman 编码和游程编码。这些编码方法通过重新组织数据的方式去除数据中的冗余信息，从而实现数据的进一步压缩。

2）MP3 方法

MP3 压缩技术主要用于音频文件的压缩，其基本原理在于去除人耳无法察觉的音频信号细节，从而实现高压缩比。MP3 压缩算法基于心理声学模型，该模型能够分析音频信号的感知特性，并确定哪些部分可以被安全地丢弃而不会影响听觉效果。MP3 压缩算法有以下主要步骤。

（1）时域到频域的转换：音频信号首先被划分为帧，并对每个帧进行改进离散余弦变换（Modified Discrete Cosine Transform，MDCT）。MDCT 是一种将时域信号转换为频域信号的数学变换，它能够将音频信号的能量分布到不同的频率上。

（2）心理声学模型分析：MP3 算法应用心理声学模型来分析音频信号，以确定哪些信息是人耳不易察觉的。心理声学模型考虑了人耳的掩蔽效应、频率分辨率和动态范围等特性。掩蔽效应是指一个较强的声音会掩盖一个较弱的声音，使得较弱的声音在人耳中无法被察觉。利用这一特性，MP3 算法可以去除那些被掩蔽的音频信号细节。

（3）量化与编码：基于心理声学模型的分析结果，MP3 算法对频域信号进行量化，以减少数据的精度和进一步压缩数据。量化后的数据再经过编码处理，如 Huffman 编码，以进一步减少数据量。量化过程同样是有损的，因为它会导致音频质量的下降。然而，通过精心设计的量化器和编码策略，MP3 能够在保证音质的前提下实现较高的压缩比。

▶ 1.5.3　压缩编码的应用

压缩编码广泛应用于各种领域，主要用于减少数据的存储空间和传输带宽，提高系统的效率和性能。无论是在日常生活中的文件管理，还是在大规模的数据传输和存储系统中，压缩编码都发挥着至关重要的作用。

在文件存储和归档中，压缩编码常用于减少占用的存储空间。许多文件压缩格式，如 ZIP、RAR 和 7z，都结合了多种压缩算法，通过去除冗余信息来减小文件大小。这不仅帮助个人和企业节省存储空间，还提高了文件的传输速度。对于需要长期保存的文件，如备份数据、日志文件、历史记录等，压缩技术使得它们占用的物理空间更小，便于存储和管理。

在多媒体领域，压缩编码的应用尤为广泛。音频和视频文件的尺寸往往非常庞大，尤其是高质量的音频或高清视频。通过压缩编码，这些多媒体文件可以显著减小文件大小，从而提高存储效率和减少传输成本。例如，MP3 和 AAC 是常用的音频压缩格式，它们通过去除人耳不易察觉的音频数据，实现有损压缩，虽然有一定的质量损失，但能大大减小文件大小，便于存储和传输。对于要求高音质的应用，像 FLAC 和 ALAC 这样的无损音频压缩格式也被广泛使用，它们能够保留原始音频质量的同时，减少存储空间。视频压缩也是类似的处理，常见的视频格式如 H.264、HEVC（H.265）标准采用高效的压缩算法，不仅减少了文件的存储空间，还提高了视频流的传输效率，广泛应用于在线视频流媒体和视频会议等场景。

图像压缩同样是压缩编码应用的重要领域，JPEG 是最常见的图像压缩格式，它采用有损压缩，通过去除图像中的冗余数据和视觉上不敏感的信息，使得图像文件大大减小。对于一些需要保存图像细节的应用，如医学影像或专业摄影，采用无损压缩格式（如 PNG 或 TIFF）能够在压缩的同时保留图像质量。

在网络通信中，压缩编码帮助优化数据传输，尤其是在带宽受限的环境下。通过压缩，发送的数据量减少，从而提高传输速度并减少带宽消耗。在移动通信中，尤其是 4G 和 5G 网络，视频流和数据传输都依赖于压缩编码技术来确保数据能够高效传输。在无线通信中，压缩编码也有助于减少传输延迟，改善网络负载。

云计算和大数据处理领域也离不开压缩编码。随着数据量的不断增加，存储和传输的成本日益上升。通过使用压缩编码，企业能够减少数据的存储需求并优化数据的传输。例如，在云存储服务中，压缩技术被用来减小备份文件的大小，节省存储资源，并提高上传下载速度。此外，大数据分析平台在处理海量数据时，通过对输入数据进行压缩，也能提高处理效率并减少计算资源的消耗。

在软件开发中，压缩编码也常被用于程序文件的优化。通过压缩，软件包的安装包大小能够减少，从而缩短用户的下载时间，提高软件分发的效率。在嵌入式系统和物联网设备中，由于设备存储和计算资源的限制，压缩编码经常被用来减少数据传输量和存储占用。

综上所述，压缩编码在多个领域都有着广泛的应用，帮助提高存储效率、节省带宽和存储空间，并优化数据传输和处理效率。在当今数据驱动的世界中，压缩编码不仅是技术发展的产物，也是提升系统性能、降低运营成本的重要手段。

1.6 校验编码与数据完整性

▶ 1.6.1 检验编码的背景与基础

在现代通信与数据存储系统中，数据的完整性与可靠性至关重要。无论是通过网络传输的数据包，还是存储在磁盘上的文件，都可能因噪声、干扰或硬件故障导致数据发生错误。为保证数据的准确性，检验编码被广泛应用。这是一种通过附加冗余信息来检测甚至纠正错误的技术，其核心目标是即使数据受到轻微破坏，也能识别问题或还原原始信息。检验编码的基础在于数学原理，尤其是数论与代数。例如，许多校验码的构造基于模运算或多项式除法，它们通过计算数据的特定特征值（如校验和、余数或奇偶性）来生成冗余信息。这些冗余信息附加到原始数据后，可以在解码时检测到数据中的偏差甚至恢复错误的部分。

▶ 1.6.2 常见的校验码

校验码的使用方法可以分为生成校验码和检测校验码两个主要阶段，其具体实现因校验码的种类而异。校验码有许多种形式，针对不同场景提供不同层次的错误检测与纠正能力。

1. 奇偶校验码

奇偶校验是最简单的一种校验码，用于检测单比特错误。在奇偶校验中，数据的发送方会统计数据中"1"的个数。如果选用偶校验规则，则总数为偶数时，附加的校验位为 0；若为奇数，则校验位为 1。接收方在接收数据后，重新计算所有位的"1"的总数，并检查是否符合校验规则。如果不符合，则数据在传输过程中发生了错误。

奇偶校验的优点是计算简单，适用于短数据和低错误率场景。然而，它只能检测单比特错误，无法检测多位错误或定位错误的位置。

例：假设有 4 位数据：1010，这里采用奇校验的形式进行编码。计算原始数据中"1"的个数：有 2 个"1"（偶数个）。为了让"1"的个数变为奇数，我们需要添加一个"1"作为校验位。因此，带有奇校验的数据字为：11010（校验位在最前面，也可以是其他位置，这取决于具体实现）。

假设有 4 位数据：1011，这里采用偶校验的形式进行编码。计算原始数据中"1"的个数：有 3 个"1"（奇数个）。为了让"1"的个数变为偶数，需要添加一个"1"作为校验位。因此，带有偶校验的数据字为：11011（校验位在最前面，也可以是其他位置，这取决于具体实现）。

2. 校验和

校验和是一种用于数据完整性验证的技术，它通过对一组数据进行特定的数学运算生成一个简短的值（即校验码或校验和），然后将这个值附加在数据的尾部一同传输或存储。接收方或后续处理方使用相同的算法对接收到的数据进行校验和计算，并与附加的校验和进行比较，以检测数据在传输或存储过程中是否发生了错误。

校验和的基本原理是通过对数据的每一位（或每一字节、数据块等）进行某种数学运算（如加法、异或运算等），得到一个固定长度的校验码。这个校验码是对数据内容的一个"摘要"或"指纹"，能够反映出数据的某些特征。如果数据在传输或存储过程中发生了改变，那么重新计算的校验和与原始校验和将不匹配，从而可以检测到错误。

校验和广泛用于网络通信协议中，用户数据报协议（User Datagram Protocol，UDP）和传输控制协议（Transmission Control Protocol，TCP），其实现简单且对轻微数据损坏较为敏感。然而，对于特定模式的错误（如位的顺序变化或相等的位翻转），校验和可能无法检测。

例：假设要传输的数据为一组字节：[10，20，30，40，50]，使用加法求和，并选择和的二进制低 4 位作为校验算法。首先，将所有字节相加：10+20+30+40+50＝150。150 的二进制表示是 10010110，低 4 位是 0110（十进制中的 6），这里选择 6 作为校验码。将校验码附加在原始数据的尾部，得到传输数据：[10，20，30，40，50，6]。接收方收到数据后，首先提取出原始数据部分：[10，20，30，40，50]，然后根据约定好的校验算法，算出校验码的值为 6。然后和附加的校验码对比，两者相等则数据传输无误。

3. 循环冗余校验

循环冗余校验（Cyclic Redundancy Check，CRC）是一种更为复杂且功能强大的校验码，基于多项式除法。循环冗余校验码的基本原理是在 K 位信息码后再拼接 R 位的校验码，整个编码长度为 N 位，因此这种编码又叫（N, K）码。对于一个给定的（N, K）码，可以证明存在一个最高次幂为 $N-K=R$ 的多项式 $G(x)$，根据 $G(x)$ 可以生成 K 位信息的校验码，而 $G(x)$ 叫作这个 CRC 码的生成多项式。

CRC 码由信息码 n 位和校验码 k 位构成。k 位校验位拼接在 n 位数据位后面，$n+k$ 为循环冗余校验码的字长，又称这个校验码（$n+k$, n）码。n 位信息位可以表示成一个报文多项式 $M(x)$，最高幂次是 x^{n-1}。约定的生成多项式 $G(x)$ 是一个 $k+1$ 位的二进制数，最高幂次是 x^k。将 $M(x)$ 乘以 x^k，即左移 k 位后，除以 $G(x)$，得到的 k 位余数就是校验位。这里的除法运算是模 2 除法，即当部分余数首位是 1 时商取 1，反之商取 0。然后每一位的减法运算是按位减，不产生借位。

CRC 码存储或传送后，在接收方进行校验过程，以判断数据是否有错。一个 CRC 码一定能被生成多项式整除，所以在接收方用同样的生成多项式去除码字，如果余数为 0，则码字没有错误；若余数不为 0，则说明某位出错，不同的出错位置余数不同。对（n, k）码制，在生成多项式确定时，出错位置和余数的对应关系是确定的。

例：假设生成多项式为 $G(x)=x^3+x^2+1$，其二进制表示为 1101，共 4 位，其中 $k=4-1=3$，表示校验码位数为 3。假设信息码为 101001，共 6 位。将信息码左移 3 位（即 k 位），低位补 0，得到 101001000。用生成多项式的二进制表示 1101 去除移位后的信息码 101001000，按模 2 算法求得余数比特序列。

模 2 除法的过程是：从被除数的最高位开始，逐位与除数进行异或运算（因为不借位，所以相当于二进制下的减法），并将结果作为新的被除数的一部分，继续与除数的下一位进行异或运算，直到除数的所有位都被用过一次。通过模 2 除法，得到的余数为 001，这就是校验码。将得到的余数 001 拼接到原始信息码 101001 的后面，得到完整的 CRC 码：101001001。在接收端，收到带 CRC 校验码的数据后，再次用相同的生成多项式 $G(x)$ 去除接收到的数据。如果数据在传输过程中没有出错，那么余数应该为 0。如果数据在传输中出现错误，那么余数将不为 0，从而可以判断数据出错。

CRC 在检测突发错误方面性能优越，广泛应用于存储设备（如硬盘和光盘）和通信协议（如以太网、USB）。它的计算复杂度较高，但在硬件实现中效率很高。

4. 汉明码

汉明码（Hamming Code），也叫海明码，是 Richard Hamming 于 1950 年发明的一种线性分组码。它通过在数据位后增加一些比特以验证数据的有效性，从而具有检测和纠正单个位错误的能力。汉明码的实现原理是将信息序列划分为长度为 k 的序列段，并在每一段后面附加 r 位的校验码（监督码）。这些校验码和信息码之间构成线性关系，即它们之间可由线性方程组来联系。这样构成的抗干扰码称为线性分组码。汉明码通过添加冗余位（校验位）并进行计算来实现错误检测和纠正。

校验位的位置：校验位通常被放置在 2 的乘方位置上，如第 1 位、第 2 位、第 4 位等。

校验位的数量：校验位的数量 k 由信息位的数量 n 决定，需满足关系式 $2^k \geq n+k+1$。这个关系式确保了有足够的校验位来检测和纠正信息位中的单个错误。

校验位的计算：每个校验位负责校验一组特定的信息位。校验位的值是通过对其负责的信息位进行异或运算得到的。具体来说，对于第 i 个校验位（从 1 开始计数），它会对其所在位置之前的所有 2（$i-1$）的倍数。

例：

1）确定信息位和校验位

假设有 4 位信息位（D1，D2，D3，D4），通过公式 $2^k \geqslant n+k+1$（其中，k 代表校验位的位数，n 代表信息位的位数）计算出需要 3 位校验位（P1，P2，P3）。

2）排列信息位和校验位

将信息位和校验位按规则排列，如：D4 D3 D2 P3 D1 P2 P1。

3）计算校验位的值

$$\begin{cases} P1 = D1 \oplus D2 \oplus D4 \\ P2 = D1 \oplus D3 \oplus D4 \\ P3 = D2 \oplus D3 \oplus D4 \end{cases}$$

（异或运算规则：两数相同结果为 0，不同结果为 1）

4）生成汉明码

将计算出的校验位值填入对应位置，生成完整的汉明码。例如，对于信息位 1011（D1，D2，D3，D4），计算出的校验位值为 P1=0，P2=1，P3=0，则生成的汉明码为 1100110（D4 D3 D2 P3 D1 P2 P1）。

5）错误检测与纠正

假设在传输过程中 D3 位发生了错误，原码变为 1000110。接收方重新进行奇偶校验，计算出 S1=0，S2=1，S3=1（S1=P1⊕D1⊕D2⊕D4，S2=P2⊕D1⊕D3⊕D4，S3=P3⊕D2⊕D3⊕D4）。根据 S1、S2、S3 的值（即 110），转换为十进制为 6，确定出错位置为第 6 位（从右向左数，包括校验位）。将第 6 位的值纠正为原值（即将 0 纠正为 1），得到正确的汉明码 1101110。

汉明码是一种经典的纠错码，常用于内存数据校验。在实际应用中，它的扩展版本（如 SECDED 码）可以同时检测双比特错误和纠正单比特错误。

综上所述，各种校验码在生成和检测方法上有明显的区别，适应不同的应用场景和需求。奇偶校验、校验和实现简单，适合低复杂度的错误检测需求；CRC 对突发错误的检测能力强，适合硬件通信协议；汉明码能同时检测和纠正单比特错误，是内存校验的优选；而 Reed-Solomon 码适合需要高容错能力的复杂场景。通过选择适合的校验码，可以大大提高数据传输与存储的可靠性。

▶ 1.6.3　应用场景

校验码广泛应用于信息传输和存储的各个领域，其主要作用是确保数据在传输和存储过程中保持完整性和正确性，防止噪声、干扰、硬件故障或人为错误导致的数据错误。

在网络通信中，校验码是各种协议的核心部分。比如，TCP 和 UDP 使用校验和来检测传输的数据包是否被篡改或损坏。如果接收方计算的校验和与发送方附加的校验和不符，数据包会被丢弃或重新请求传输。此外，在以太网通信中，CRC 被广泛应用于检测数据帧的完整性。无线通信也利用校验码来对抗信号传输中的噪声干扰，比如在 WiFi 和蜂窝通信网络中，校验码是检测和纠正传输错误的关键技术。

在数据存储方面，校验码的应用同样至关重要。硬盘和固态硬盘（Solid State Drive，SSD）内部集成了错误检测和纠正机制，通过高级校验技术，如（Error Correction Code，ECC）或

Reed-Solomon 码，来修复存储介质老化或读取错误引起的数据损坏。在冗余独立磁盘阵列（Redundant Array of Independent Disks，RAID）中，校验码用于实现数据的冗余存储和故障恢复。例如，当某个磁盘失效时，可以利用校验码从剩余的磁盘数据中恢复丢失的数据。在光盘、蓝光光盘和 DVD 等介质中，Reed-Solomon 码广泛应用于对抗光盘表面划痕或老化引发的读取错误。

数据传输协议中也依赖校验码来保证数据的正确性。例如，串行接口通信（如 RS-232）常采用奇偶校验来检测单比特错误，而文件传输协议（File Transfer Protocol，FTP）和超文件传输协议（Hyper Text Transfer Protocol，HTTP）则通过校验和来验证传输文件的完整性。在长距离传输如卫星通信中，校验码尤为重要。高噪声环境容易导致数据错误，通过校验码可以提高数据接收的准确率。

嵌入式系统和物联网设备中，校验码用于确保设备间通信的可靠性。在汽车电子系统中，控制器局域网（Controller Area Network，CAN）总线使用 CRC 校验来检测传输数据的错误。在物联网设备中，低功耗通信协议如 LoRa 和 ZigBee 依赖校验码检测数据传输中的错误。此外，在工业自动化领域，传感器网络通过校验码来确保设备数据交互的正确性。

校验码在消费电子设备中也有着重要的作用。二维码和条形码中嵌入了冗余校验信息，即使部分区域损坏也能正确解码。在流媒体播放中，校验码帮助检测和恢复损坏的音视频帧，从而提供流畅的观看体验。游戏存档数据使用校验码验证文件是否被修改，以保证存档的完整性。

金融和银行系统也离不开校验码的支持。银行卡号的合法性验证依赖于 Luhn 算法，它是一种简单的校验和算法，能够快速检测用户输入的错误。此外，在银行账户信息和支票号码中嵌入校验码，可以有效减少手动输入和传输中的错误。在在线支付和资金转移的加密通信中，校验码与加密算法结合使用，确保数据在加密传输中的可靠性。

在科学研究和高性能计算中，校验码是数据准确性的重要保障。超级计算机通过错误检测与 ECC 纠正技术，确保长时间计算过程中数据的正确性。在生物信息学中，基因测序仪使用校验码检测和修正测序错误。在天文观测和气象数据处理中，遥感设备利用校验码确保数据传输的完整性。

1.7 特殊编码技术

▶ 1.7.1 格雷码

1. 格雷码的原理
格雷码（Gray Code）的原理基于一种数字排序系统，其中的所有相邻整数在它们的数字表示中只有一个数字不同。这种特性使得格雷码在数字转换过程中能够大大减少逻辑的混淆和错误。具体来说，格雷码在任意两个相邻的数之间转换时，只有一个数位发生变化，从而确保了从一个状态到下一个状态的平稳过渡。此外，格雷码还具有循环特性，即最大数与最小数之间也仅有一个数位不同，这使得格雷码形成了一个闭合的循环。

2. 格雷码的内容
格雷码是一种无权码，采用绝对编码方式。典型格雷码是一种具有反射特性和循环特性的单步自补码。它的循环、单步特性消除了随机取数时出现重大误差的可能，同时，它的反射、自补特性使得求反非常方便。格雷码有多种编码形式，但最常用的是典型格雷码。

3. 格雷码的编码流程

以二进制为 0 值的格雷码为第零项，第一项改变最右边的位元，第二项改变右起第一个为 1 的位元的左边位元，第三、四项方法同第一、二项，如此反复，即可排列出 n 个位元的格雷码。

例：以 4 位格雷码为例的编码流程。

确定基础码：首先，确定格雷码的基础码，即最低位的格雷码。对于 4 位格雷码，其基础码为 0000（对应十进制数 0）和 0001（对应十进制数 1）。

生成后续码：接下来，根据格雷码的生成规则，即相邻两个码之间只有一个数位不同，来生成后续的格雷码。

具体步骤如下：在已生成的 k 位格雷码前按序插入一位 0，生成一组编码。在已生成的 k 位格雷码前按逆序插入一位 1，生成另一组编码。将两组编码组合起来，形成 $k+1$ 位格雷码。

▶ 1.7.2　BCD 码

1. BCD 码的原理

BCD 码的产生源于计算机和数字系统需要以二进制形式表示和处理十进制数据的需求。在早期的计算机和电子计算器中，处理十进制数的需求非常普遍，但直接使用纯二进制数表示和计算十进制数会带来复杂性。因此，BCD 码通过将每个十进制数用固定长度的二进制数表示，简化了处理过程。

2. BCD 码的内容

BCD 码的基本原理是将每个十进制数字用四位二进制数表示。十进制数字 0 ~ 9 分别用 0000 到 1001 表示。每个十进制数字占用四个位，不足四位的高位补 0。BCD 码中的每一组四位二进制数都对应一个十进制数字。常见的 BCD 码有 8421 码、2421 码、5421 码、余 3 码、余 3 循环码等。这些编码方式的主要区别在于它们对二进制位权重的分配不同。其中，8421 码是最基本和最常用的 BCD 码，它的各位权重分别为 8、4、2、1。

3. BCD 码的编码流程

假设需要表示的十进制数字是“93”，以 8421 码为例。将每个十进制数字转换为对应的 BCD 码：对于数字 9，根据 8421 码，其二进制表示为 1001。对于数字 3，根据 8421 码，其二进制表示为 0011。将这些 BCD 码连接起来：将 9 的 BCD 码 1001 和 3 的 BCD 码 0011 连接起来，得到 93 的 BCD 码表示为 10010011。

▶ 1.7.3　Base64 编码

1. Base64 的原理

Base64 编码的原理是将原始的二进制数据按照特定的规则转换成只包含 64 种字符的文本格式。这种转换方式主要用于在不支持二进制数据的场合（如某些文本传输协议）中传输二进制数据。由于 Base64 编码后的数据比原始数据略大（大约增加三分之一），但它能够确保数据的完整性和可读性，因此在网络传输和存储中得到了广泛应用。

2. Base64 的内容

Base64 编码集由 64 个字符组成，包括：26 个大写字母 A ~ Z、26 个小写字母 a ~ z、10 个数字 0 ~ 9、两个符号“＋”和“/”。此外，当原始数据的字节数不是 3 的倍数时，Base64 编码会在编码结果的末尾添加"="号作为填充字符,以确保编码后的字符串长度是4的倍数。

3. Base64 的编码流程

Base64 编码的流程可以分为以下几个步骤。

将原始数据按照每三字节一组进行划分,每三字节共24位二进制数。将这24位二进制数每6位一组进行划分,划分成四组,每组6位二进制数。在每组前面补上两个0,扩展成8位二进制数(即一字节)。由于每组原始数据只有6位,因此需要在前面补上两个0,以构成一个完整的字节。这样,每组原始数据的6位二进制数就变成了8位二进制数(即一字节),并且这一字节的最高两位是0(即这个字节的数值范围是0~63)。根据Base64编码表,将这四字节的码值转换为对应的Base64字符。通过查找Base64编码表,可以找到每字节(0~63)对应的Base64字符。如果原始数据的字节数不是3的倍数,那么在编码结果的末尾会添加"="号作为填充字符。具体来说,如果原始数据剩下两字节,那么编码结果会添加一个"="号;如果原始数据只剩下一字节,那么编码结果会添加两个"="号。

例:假设我们要将单词"PCB"转换为Base64编码。

找到"P""C""B"的ASCII值:"P"的ASCII值是80,对应的二进制值是01010000。"C"的ASCII值是67,对应的二进制值是01000011。"B"的ASCII值是66,对应的二进制值是01000010。

将这三个二进制值连接成一个24位的二进制字符串:连接后的二进制字符串是010100000100001101000010。

将这个24位的二进制字符串每6位一组进行划分:划分后的四组是010100、000100、001101、000010。

在每组前面补上两个0,扩展成8位二进制数(即一字节):扩展后的四字节是00010100、00000100、00001101、00000010。

根据Base64编码表,找到这四字节对应的Base64字符:00010100对应的Base64字符是"U"。00000100对应的Base64字符是"E"。00001101对应的Base64字符是"N"。00000010对应的Base64字符是"C"。

因此,"PCB"的Base64编码结果是"UENC"。

▶ 1.7.4 加、解密编码

1. 加密与解密编码的原理

1)加密原理

加密是利用特定的算法(称为加密算法)和密钥,将明文(原始数据)转换为密文(加密后的数据)的过程。这个过程旨在保护数据的机密性,防止未经授权的人员读取或篡改数据。加密算法和密钥是加密过程的核心要素,它们决定了明文如何被转换为密文。

2)解密原理

解密是加密的逆过程,它使用相应的解密算法和密钥,将密文还原为明文。解密过程确保了只有拥有正确密钥的人员才能读取加密的数据,从而保证了数据的机密性和完整性。

2. 加密与解密编码的内容

1)加密算法

加密算法是加密过程的核心,它决定了明文如何被转换为密文。常见的加密算法包括对称加密算法（如 AES、DES）、非对称加密算法（如 RSA、DSA）以及哈希算法（如 MD5、SHA）。

2）密钥

密钥是加密和解密过程中使用的秘密值。对于对称加密算法，加密和解密使用相同的密钥；对于非对称加密算法，加密使用公钥，解密使用私钥。密钥的生成、存储和管理是加密系统安全性的关键。

明文与密文：

明文是待加密的原始数据，而密文是加密后的数据。在加密过程中，明文被转换为密文；在解密过程中，密文被还原为明文。

综上所述，加密与解密编码的原理和内容涉及加密算法、密钥、明文和密文等要素。通过选择合适的加密算法和密钥，可以有效地保护数据的机密性和完整性。

▶ 1.7.5　哈希编码

1. 哈希编码的原理

哈希编码的核心思想是通过特定的哈希函数（Hash Function），将任意长度的输入数据（称为键或消息）转换成一个固定长度的整数或字符串，这个输出值通常称为哈希值或哈希码。哈希函数是实现哈希编码的关键，它决定了输入数据如何被映射到哈希值。

2. 哈希编码的内容

1）哈希函数

哈希函数是实现哈希编码的核心要素，它将输入的任意数据通过一系列计算生成一个固定长度的哈希值。哈希函数的设计需要满足确定性、快速计算、雪崩效应、均匀分布和抗碰撞性等特性。

2）哈希值

哈希值是通过哈希函数生成的输出值，它通常用于标识输入数据的唯一性。哈希值的长度取决于具体的哈希函数，常见的哈希函数如 MD5 生成的哈希值长度为 128 位，而 SHA-256 生成的哈希值长度为 256 位。

3）哈希表

哈希表是一种基于哈希编码的数据结构，它利用哈希函数将输入数据映射到哈希表的特定位置，从而实现快速的存储和检索。哈希表在处理大规模数据时具有较高的效率。

3. 哈希编码的流程

哈希编码的流程通常包括以下几个步骤。

1）选择哈希函数

根据应用场景和需求选择合适的哈希函数。哈希函数的选择需要考虑数据的特性、哈希值的长度、计算速度以及抗碰撞性等因素。

2）输入数据

将待编码的输入数据提供给哈希函数。输入数据可以是任意长度的字符串、数字或其他类型的数据。

3）计算哈希值

使用选定的哈希函数对输入数据进行计算，生成固定长度的哈希值。哈希值的计算过程通常涉及一系列的数学运算和位操作。

4）输出哈希值

将计算得到的哈希值作为编码结果输出。哈希值可以用于标识输入数据的唯一性，也可以用于后续的数据检索和处理。

4. 举例说明具体的哈希编码流程

例：以 MD5 哈希函数为例，说明具体的哈希编码流程。

选择 MD5 哈希函数：

MD5 是一种常用的哈希函数，它生成的哈希值长度为 128 位。MD5 哈希函数广泛应用于数据完整性校验、数字签名等领域。

输入数据：

假设输入数据为字符串"Hello, World!"。

计算哈希值：

使用 MD5 哈希函数对字符串"Hello, World!"进行计算。计算过程涉及一系列的数学运算和位操作，最终生成一个 128 位的哈希值。

输出哈希值：

将计算得到的哈希值作为编码结果输出。例如，字符串"Hello, World!"的 MD5 哈希值可能为"fc3ff98e8c6a0d3087d515c0473f8677"（注意：实际的哈希值可能因不同的实现和输入数据的编码方式而有所不同）。

综上所述，哈希编码的原理和内容涉及哈希函数、哈希值和哈希表等要素。通过选择合适的哈希函数和计算哈希值，可以实现数据的唯一性标识和快速检索。同时，哈希编码也广泛应用于数据加密、完整性校验、数字签名等领域，为数据安全和处理效率提供了有力的支持。

1.8 编码技术的发展与挑战

编码技术作为信息交流的基石，经历了从简单到复杂的演变。它支撑着数据的表示、传输与处理，是数字世界的核心。然而，随着技术的推进，编码技术也面临着数据安全、传输效率及标准化等挑战。本节将简要探讨编码技术的发展及面临的挑战。

▶ 1.8.1 编码技术的最新发展现状

下面从编码技术的基础进展、AI 与机器学习在编码中的应用、新兴领域与编码技术的融合以及政策支持四方面简述编码技术的最新发展现状。

1. 编码技术的基础进展

计算机编码技术作为信息处理的基石，其基础进展主要体现在以下几方面。

1）标准化与互操作性

随着信息技术的全球化发展，编码技术的标准化成为确保信息在不同系统、设备间无缝传输和共享的关键。国际标准化组织（ISO）、国际电信联盟（ITU）等机构不断推动编码标准的制定与更新，如 UTF-8 字符编码标准已成为全球通用的文本编码标准，可以兼容全球多个国家的文字表达。

2）高效性与压缩性

在数据爆炸式增长的背景下，提高编码效率、实现数据高效压缩成为编码技术的重要发展方向。例如，H.266/VVC 视频编码标准相比前代 H.265/HEVC 在相同视频质量下能提供更高的压缩率，降低了存储和传输成本。

3）安全性与隐私保护

随着网络安全威胁的日益严峻，编码技术中融入加密、水印等安全技术成为趋势，以保护数据在传输和存储过程中的安全性和隐私。

2. AI 与机器学习在编码中的应用

AI 和机器学习技术的快速发展为编码技术带来了革命性的变革。

1）智能数据压缩

人工智能技术可以分析和学习大量数据，以优化现有的数据压缩算法。通过深度学习和机器学习模型，AI 可以识别数据中的冗余信息，并设计更有效的压缩策略。同时，AI 能够根据数据的类型和特征，自适应地选择或调整压缩算法，以达到最佳的压缩效果。这种自适应压缩技术可以应用于各种类型的数据，如文本、图像、音频和视频等。

2）智能字符编码

AI 在字符识别领域具有显著优势，可以准确地识别各种手写、印刷或电子字符。这种技术可以应用于光学字符识别（Optical Character Recognition，OCR）系统，将图像中的字符转换为可编辑的文本。

3）智能数据编码与解码

AI 可以设计高效的编码方案，以减少数据传输和存储所需的带宽和空间。例如，AI 可以优化图像和视频编码算法，以提高压缩比和图像质量。AI 在解码过程中可以识别并恢复受损或丢失的数据，从而提高数据的完整性和可用性。这种技术可以应用于数据恢复和错误校正领域。

4）智能数据加密

AI 技术可以设计和优化加密算法，以提高数据的安全性。例如，AI 可以生成更复杂的密钥和加密策略，以抵御各种网络攻击。

3. 新兴领域与编码技术的融合

计算机编码技术正不断与新兴领域和技术融合，推动信息技术的创新发展。

1）物联网（Internet of Things，IoT）

物联网设备数量庞大，数据格式多样，编码技术需支持低功耗、高效传输和跨平台互操作性，如 CoAP 协议等。

2）区块链

区块链技术中的智能合约和数据存储需要高效、安全的编码方案，以支持去中心化、不可篡改的数据处理。

3）量子计算

量子计算的发展对编码技术提出了新的挑战和机遇，如量子态编码、量子密钥分发等技术的研发，将推动信息安全和数据处理能力的飞跃。

4. 政策支持

1）鼓励采用先进的编码理论和技术

国家明确鼓励采用先进的编码理论和技术，以推动科技创新、提升技术水平、加快产业升级和转型，并增强经济竞争力。这一政策背景源于对信息技术发展的深刻认识和对国家长远发展的战略布局。为了鼓励采用先进的编码技术，国家制定了一系列具体的政策和措施，如加强人才培养、制定技术标准、鼓励产学研结合等，为先进的编码理论和技术的发展和应用提供了良好的政策环境和支持。

2）支持数字经济高质量发展

政府制定了支持数字经济高质量发展的政策，并积极推进数字产业化和产业数字化。其中，计算机编码技术在数字经济中发挥着重要作用。通过深化大数据、AI等研发应用，开展"AI+"行动，打造具有国际竞争力的数字产业集群，国家为计算机编码技术的发展提供了广阔的市场空间和创新机会。

3）加强基础研究和技术创新

政府强调加强基础研究的重要性，并指出要加大对计算机行业关键核心技术的研发投入。这意味着未来政府将更加注重计算机编码技术的创新和突破，为相关产业的发展提供有力的政策支持。同时，政府还鼓励企业和科研机构加强合作，共同推动计算机编码技术的研发和应用。

▶ 1.8.2 编码技术的挑战

编码技术面临的挑战主要包括以下几方面。

1）数据安全与隐私保护

随着互联网的普及和大数据时代的到来，数据的安全性和隐私保护成为编码技术面临的重要挑战。编码技术需要确保敏感信息在传输和存储过程中的保密性、完整性和可用性。然而，黑客攻击、数据泄露等安全事件频发，对编码技术的安全性提出了更高要求。为了应对这些挑战，编码技术需要不断升级和完善，采用更加先进的加密算法和防护机制，以确保数据的安全传输和存储。

2）传输效率与带宽限制

在数据传输过程中，编码技术需要平衡数据传输效率和带宽限制，特别是随着移动短视频的快速发展，人们对视频质量的要求逐步提高，这对数据传输性能提出了更高的要求。一方面，高效的数据编码可以压缩数据体积，提高传输速度，降低带宽占用；另一方面，过度的压缩可能导致数据质量下降，甚至影响数据的正常使用。因此，编码技术需要在保证数据质量的前提下，尽可能提高传输效率，优化带宽利用。这要求编码技术具备高度的灵活性和适应性，能够根据实际应用场景和数据特点选择合适的编码方案。

3）标准化与互操作性

随着信息技术的不断发展，编码技术的标准化和互操作性成为亟待解决的问题。不同的系统和设备可能采用不同的编码标准，导致数据在跨平台传输时出现兼容性问题。为了实现数据的无缝传输和共享，编码技术需要制定统一的编码标准和规范，以确保不同系统和设备之间的互操作性。这要求编码技术具备高度的开放性和可扩展性，能够支持多种编码标准和协议，满足不同应用场景的需求。

4）技术更新与迭代速度

信息技术日新月异，编码技术也需要不断更新和迭代以适应新的应用场景和技术需求。然而，技术更新和迭代往往伴随着兼容性和稳定性问题。如何在保持技术先进性的同时，确保系统的稳定性和兼容性，是编码技术面临的重要挑战。为了解决这一问题，编码技术需要在设计和实施过程中充分考虑技术的可持续性和可扩展性，确保系统能够平滑升级和迭代。

综上所述，编码技术面临的挑战涉及数据安全、传输效率、标准化、技术更新以及人工智能等多方面。为了应对这些挑战，需要不断加强技术研发和创新力度，提高编码技术的安全性和可靠性；同时，也需要加强行业自律和法规建设，为编码技术的健康发展提供有力保障。

1.9　小结

数制与编码带你进入数字的世界。本章首先介绍了数制的基本概念、不同数制之间的转换方法，以及数值编码、字符编码、图像和音视频编码的相关技术，最后介绍了编码技术的发展及其面临的挑战。

1.10　思考与练习

1. 对二进制数 A:1011 和 B:1101 进行以下运算，并给出二进制和十进制的结果：a）加法；b）减法（B-A）；c）乘法；d）除法（B÷A，只要求给出商和余数的二进制表示）。

2. 请将以下十进制数转换为二进制和十六进制表示：233、1024、1567。

3. 请将以下二进制数转换为十进制和十六进制表示：110101、1000000、11110011。

4. 请对二进制数 A:1010、B:1101 进行与（AND）、或（OR）、非（NOT）以及异或（XOR）运算，并给出二进制结果。

5. 用一个 16 位的定点二进制数来表示一个十进制数 251.9375，其中高 12 位表示整数部分，低 4 位表示小数部分。

6. 请写出十进制数 +66 和 -66 的二进制原码、补码、反码和移码。

7. 将十进制数 110.1127 转换为 IEEE 754 单精度浮点数（32 位）。

8. 请谈谈字符编码的作用和意义。

9. 请写出 ASCII 码中，英文大写字母 A ～ Z 的编码结果。

10. 请谈谈视频编码技术对人们日常生活的作用和影响。

11. 请对原始字符串" this is an example for huffman encoding"进行哈夫曼编码，写出详细的编码过程，并给出每个字符对应的哈夫曼编码（哈夫曼编码不唯一）。

12. 请对字符串"AAAAABBBCCDAA"进行游程码编码，并给出编码后的结果。

13. 请举出一个有损压缩的例子，并描述其原理和压缩过程。

14. 请按照 CRC 的编码过程，对以下给定的信息进行编码，并给出详细的编码步骤及最终的 CRC 码。信息位：4 位二进制数 1010。生成多项式：$G(X)=X^3+X^2+1$（对应的二进制表示为 1101）。

15. 请对 8 位数据 11001011 进行汉明码编码，并给出详细的编码步骤及最终的汉明码。

16. 请写出 3 位格雷码从 000 开始的编码内容，并写出具体的编码过程。

17. 请写出十进制数 123456 采用 BCD 码编码后的结果。

18. 除去书上提到的加密算法，你还知道哪些不同的加密算法？请写出 1 ～ 2 个加密算法的原理，并写出加密和解密的过程。

19. 请谈谈你对编码技术未来发展的理解，并重点描述你感兴趣的内容。

20. 请谈谈人工智能对计算机编码技术发展影响的看法。

随着计算机科技的迅速发展，我们的生活、工作和社会活动已经深深依赖于计算机系统。了解计算机组成原理意味着理解现代技术的核心，这不仅对计算机科学相关专业的学生，而且对所有对科技感兴趣的人都至关重要。本章将深入研究计算机组成原理。首先从计算机系统的基本概念出发，介绍软硬件的定义以及计算机系统的层次结构。随后探讨计算机的基本组成，重点介绍冯·诺依曼计算机的特点和工作步骤。接着，研究计算机硬件的主要技术指标并回顾计算机的发展史，从早期到微型计算机和软件技术的兴起。最后，展望计算机技术的未来，讨论可能的发展方向和趋势。

2.1　计算机系统简介

▶ 2.1.1　计算机的软硬件概念

1. 计算机系统由"硬件"和"软件"两大部分组成

所谓"硬件"，是指计算机的实体部分，它由看得见摸得着的各种电子元器件，各类光、电、机设备的实物组成，如主机、外部设备等。

所谓"软件"，它看不见摸不着，由人们事先编制的具有各类特殊功能的程序组成。通常把这些程序存储在各类媒体（如 RAM、ROM、磁带、磁盘、光盘，甚至纸带等）上。由于软件的发展不仅可以充分发挥机器的"硬件"功能，提高机器的工作效率，而且已经发展到能局部模拟人类的思维活动，因此在整个计算机系统内，软件的地位和作用已经成为评价计算机系统性能好坏的重要标志。当然，软件性能的发挥也必须依托硬件的支撑。因此，概括而言，计算机性能的好坏取决于"软""硬"件功能的总和。

2. 计算机的软件通常又可以分为两大类：系统软件和应用软件

系统软件又称系统程序，主要用来管理整个计算机系统、监视服务，使系统资源得到合理调度，高效运行。它包括：标准程序库、语言处理程序（如将汇编语言翻译成机器语言的汇编程序或将高级语言翻译成机器语言的编译程序）、操作系统（如批处理系统、分时系统、实时系统）、服务程序（如诊断程序、调试程序、连接程序等）、数据库管理系统、网络软件等。

应用软件又称应用程序，它是用户根据任务需要所编制的各种程序，如科学计算程序、数据处理程序、过程控制程序、事务管理程序等。

▶ 2.1.2　计算机系统的层次结构

现代计算机的解题过程：通常由用户编写高级语言程序（称源程序），然后将它和数据一起送入计算机内，再由计算机将其翻译成机器能识别的机器语言程序（称目标程序），机器自动运行该机器语言程序，并将计算结果输出。其过程如图 2-1 所示。

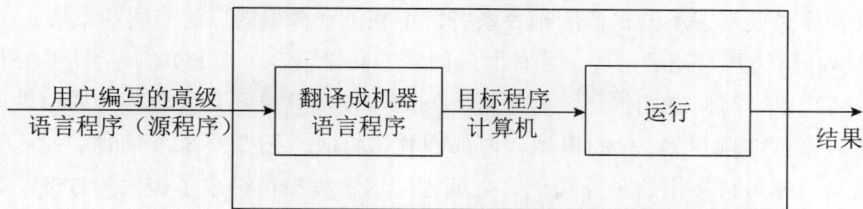

图 2-1　计算机的解题过程

实际上，早期的计算机只有机器语言（用 0、1 代码表示的语言），用户必须用二进制代码（0、1）来编写程序（即机器语言程序）。这就要求程序员对他们所使用的计算机硬件及其指令系统十分熟悉，编写程序难度很大，操作过程也极容易出错。但用户编写的机器语言程序可以直接在机器上执行。直接执行机器语言的机器称为实际机器 M_1，如图 2-2 所示。

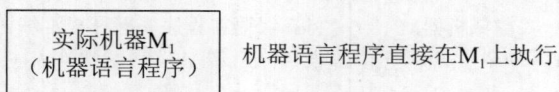

图 2-2　实际机器 M_1

20 世纪 50 年代开始出现了符号式的程序设计语言，即汇编语言。它用符号 ADD、SUB、MUL、DIV 等分别表示加、减、乘、除等操作，并用符号表示指令或数据所在存储单元的地址，使程序员可以不再使用繁杂而又易错的二进制代码来编写程序。但是，实际上没有一种机器能直接识别这种汇编语言程序，必须先将汇编语言程序翻译成机器语言程序，然后才能被机器接受并自动运行。这个翻译过程是由机器系统软件中的汇编程序来完成的。如果把具有翻译功能的汇编程序的计算机看作一台机器 M_2，那么，可以认为 M_2 在 M_1 之上，用户可以利用 M_2 的翻译功能直接向 M_2 输入汇编语言程序，而 M_2 又会将翻译后的机器语言程序输入给 M_1，M_1 执行后将结果输出。因此，M_2 并不是一台实际机器，它只是人们感到存在的一台具有翻译功能的机器，称这类机器为虚拟机。这样，整个计算机系统便具有两级层次结构，如图 2-3 所示。

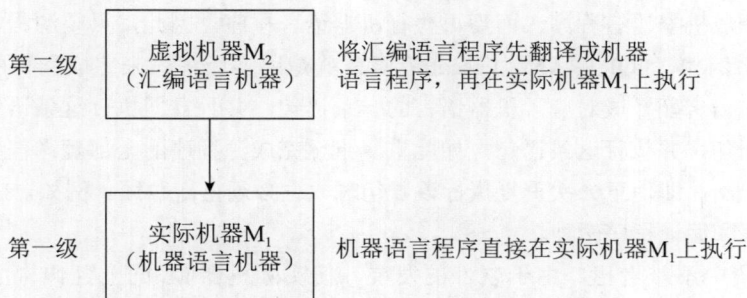

图 2-3　具有两级层次结构的计算机系统

尽管有了虚拟机器 M_2 使用户编程更为方便，但从本质上看，汇编语言仍是一种面向实际机器的语言，它的每一条语句都与机器语言的某一条语句（0、1 代码）一一对应。因此，使用汇编语言编写程序时，仍要求程序员对实际机器 M_1 的内部组成和指令系统非常熟悉，也就是说，程序员必须经过专门的训练，否则是无法操作计算机的。另外，由于汇编语言摆脱不了实际机器的指令系统，因此，汇编语言没有通用性，每台机器必须有一种与之相对应的汇编语言。这使得程序员要掌握不同机器的指令系统，不利于计算机的广泛应用和发展。

20世纪60年代开始先后出现了各种面向问题的高级语言，如FORTRAN、BASIC、Pascal、C等。这类高级语言对问题的描述十分接近人们的习惯，并且还具有较强的通用性。程序员完全不必了解、掌握实际机器M_1的机型、内部的具体组成与指令系统，只要掌握这类高级语言的语法和语义，便可直接用这种高级语言来编程，这给程序员带来了极大的方便。当然，实际机器M_1本身是不能识别高级语言的，因此，在进入实际机器M_1运行前，必须先将高级语言程序翻译成汇编语言程序（或其他中间语言程序），然后再将其翻译成机器语言程序；也可以将高级语言程序直接翻译成机器语言程序。这些工作都是由虚拟机器M_3来完成的，对程序员而言，他们并不知道这个翻译过程。由此又可得出具有三级层次结构的计算机系统，如图2-4所示。

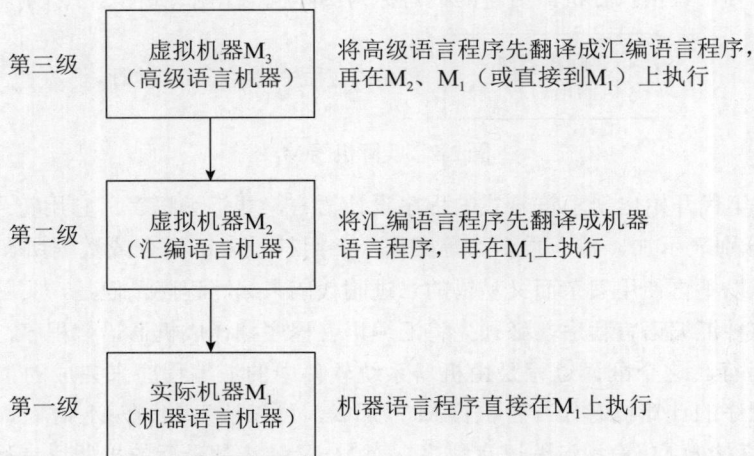

第三级　　　虚拟机器M_3　　　将高级语言程序先翻译成汇编语言程序，
　　　　　　（高级语言机器）　　再在M_2、M_1（或直接到M_1）上执行

第二级　　　虚拟机器M_2　　　将汇编语言程序先翻译成机器
　　　　　　（汇编语言机器）　　语言程序，再在M_1上执行

第一级　　　实际机器M_1　　　机器语言程序直接在M_1上执行
　　　　　　（机器语言机器）

图 2-4　具有三级层次结构的计算机系统

通常，将高级语言程序翻译成机器语言程序的软件称为翻译程序。翻译程序有两种：一种是编译程序，另一种是解释程序。编译程序是将用户编写的高级语言程序（源程序）的全部语句一次全部翻译成机器语言程序，而后再执行机器语言程序。因此，只要源程序不变，就无须再次进行翻译。例如，FORTRAN、Pascal等语言就是用编译程序来完成翻译的。解释程序是将源程序的一条语句翻译成对应于机器语言的一条语句，并且立即执行这条语句，接着翻译源程序的下一条语句，并执行这条语句，如此重复直至完成源程序的全部翻译任务。它的特点是翻译一次执行一次，即使下一次重复执行该语句时，也必须重新翻译。例如，BASIC语言的翻译就有解释程序和编译程序两种。

从上述介绍中不难看出，由于软件的发展，使实际机器M_1向上延伸构成了各级虚拟机器。同理，实际机器M_1内部也可向下延伸而形成下一级的微程序机器M_0。微程序机器M_0是直接将实际机器M_1中的每一条机器指令翻译成一组微指令，即构成一个微程序。微程序机器M_0每执行完对应于一条机器指令的一个微程序后，便由实际机器M_1中的下一条机器指令使微程序机器M_0自动进入与其相对应的另一个微程序的执行。由此可见，微程序机器M_0可看作是对实际机器M_1的分解，即用微程序机器M_0的微程序解释并执行实际机器M_1的每一条机器指令。由于机器M_0也是实际机器，因此，为了区别于实际机器M_1，通常又将M_1称为传统机器，将M_0称为微程序机器。这样又可认为计算机系统具有四级层次结构，如图2-5所示。

第三级	虚拟机器 M_3（高级语言机器）	用编译程序翻译成汇编语言程序或其他中间语言程序
第二级	虚拟机器 M_2（汇编语言机器）	用汇编程序翻译成机器语言程序
第一级	传统机器 M_1（机器语言机器）	用微程序解释机器指令
第零级	微程序机器 M_0（微指令系统）	由硬件直接执行微指令

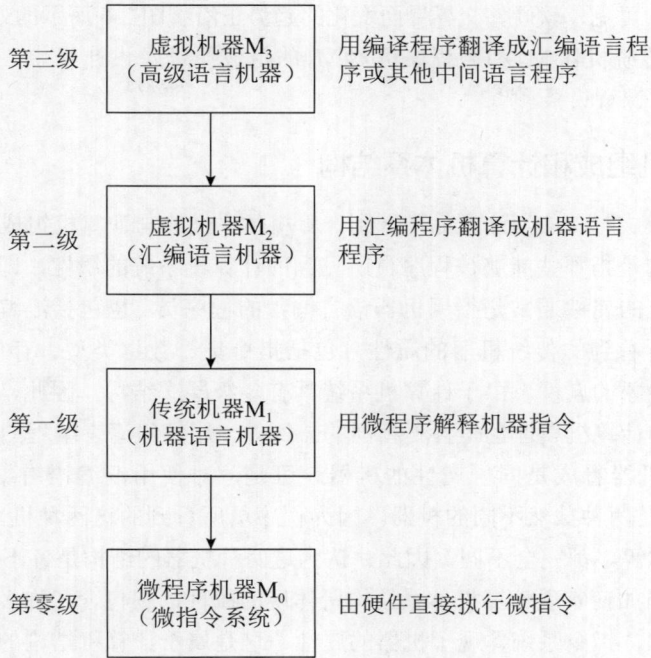

图 2-5 具有四级层次结构的计算机系统

在上述四级层级结构的系统中，实际上在实际机器 M_1 与虚拟机器 M_2 之间还有一级虚拟机器，它是由操作系统软件构成的。操作系统提供了在汇编语言和高级语言的使用和实现过程中所需的某些基本操作，还起到控制并管理计算机系统全部硬件和软件资源的作用，为用户使用计算机系统提供极为方便的条件。操作系统的功能是通过其控制语言来实现的。图 2-6 描绘了一个常见的五级计算机系统的层次结构。

虚拟机器 M_4 还可向上延伸，构成应用语言虚拟机。这一级是为使计算机满足某种用途而专门设计的，该级所用的语言是各种面向问题的应用语言，如用于人工智能和计算机设计等方面的语言。应用语言编写的程序一般由应用程序包翻译到虚拟机器 M_4 上。

从计算机系统的多级层次结构来看，可以将硬件研究的主要对象归结为传统机器 M_1 和微程序机器 M_0。软件的研究对象主要是操作系统级以上的各级虚拟机。值得指出的是，软硬件交界界面的划分并不是一成不变的。随着超大规模集成电路技术的不断发展，一部分软件功能将硬件来实现，例如，目前操作系统已实现了部分固化（把软件永恒地存于只读存储

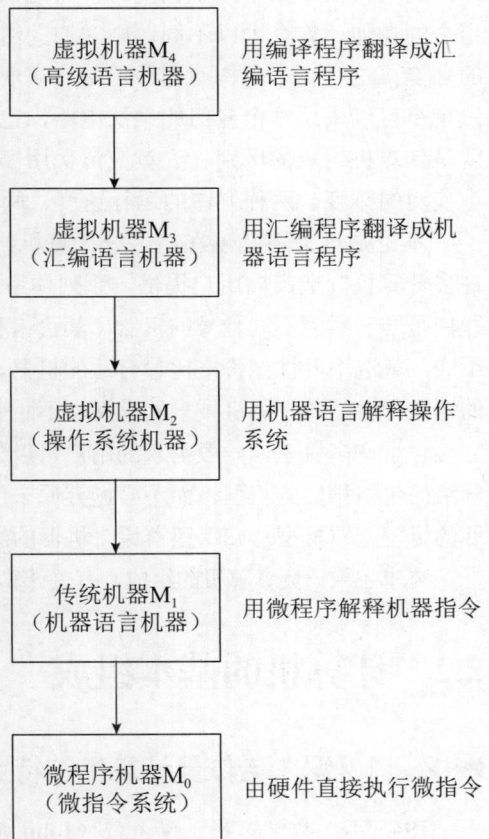

虚拟机器 M_4（高级语言机器）	用编译程序翻译成汇编语言程序
虚拟机器 M_3（汇编语言机器）	用汇编程序翻译成机器语言程序
虚拟机器 M_2（操作系统机器）	用机器语言解释操作系统
传统机器 M_1（机器语言机器）	用微程序解释机器指令
微程序机器 M_0（微指令系统）	由硬件直接执行微指令

图 2-6 多级层次结构的计算机系统

器中），称为固件等。可见，软硬件交界界面变化的趋势正沿着图 2-6 所示的方向向上发展。

本书主要讨论传统机器 M_1 和微程序机器 M_0 的组成原理及设计思想，其他各级虚拟机的内容均由相应的软件课程讲授。

▶ 2.1.3 计算机组成和计算机体系结构

在学习计算机组成时，应当注意如何区别计算机体系结构与计算机组成这两个基本概念。

计算机体系结构是指那些能够被程序员所见到的计算机系统的属性，即概念性的结构与功能特性。计算机系统的属性通常是指用机器语言编程的程序员（也包括汇编语言程序设计者和汇编程序设计者）所看到的传统机器的属性，包括指令集、数据类型、存储器寻址技术、I/O 机理等，大都属于抽象的属性。由于计算机系统具有多级层次结构，因此，站在不同层次上编程的程序员所看到的计算机属性也是各不相同的。例如，用高级语言编程的程序员可以把 IBM PC 与 RS6000 两种机器看成是同一属性的机器。可是，对使用汇编语言编程的程序员来说，IBM PC 与 RS6000 是两种截然不同的机器。因为程序员所看到的这两种机器属性，如指令集、数据类型、寻址技术等，都完全不同，因此，认为这两种机器的结构是各不相同的。

计算机组成是指如何实现计算机体系结构所体现的属性，它包含了许多对程序员来说是透明的硬件细节。例如，指令系统体现了机器的属性，这是属于计算机结构的问题。但指令的实现，即如何取指令、分析指令、取操作数、运算、送结果等，这些都属于计算机组成问题。因此，当两台机器指令系统相同时，只能认为它们具有相同的结构。至于这两台机器如何实现其指令的功能，完全可以不同，则它们的组成方式是不同的。例如，一台机器是否具备乘法指令的功能，这是一个结构问题，可是，实现乘法指令采用什么方式，则是一个组成问题。实现乘法指令可以采用一个专门的乘法电路，也可以采用连续相加的加法电路来实现，这两者的区别就是计算机组成的区别。究竟应该采用哪种方式来组成计算机，要考虑到各种因素，如乘法指令使用的频度、两种方法的运行速度、两种电路的体积、价格、可靠性等。

不论是过去还是现在，区分计算机结构与计算机组成这两个概念都是十分重要的。例如，许多计算机制造商向用户提供一系列体系结构相同的计算机，而它们的组成却有相当大的差别，即使是同一系列不同型号的机器，其价格和性能也是有极大差异的。因此，只知其结构，不知其组成，就选不好性能价格比最合适的机器。此外，一种机器的体系结构可能维持许多年，但机器的组成却会随着计算机技术的发展而不断变化。例如，1970 年首次推出了 IBM System/370 结构，它包含了许多机型。一般需求的用户可以买价格便宜的低速机型；对需求高的用户，可以买一台升级的价格稍贵的机型，而不必抛弃原来已开发的软件。许多年来，不断推出性能更高、价格更低的机型，新机型总归保留着原来机器的结构，使用户的软件投资不致浪费。

本书主要研究计算机的组成，有关计算机体系结构的内容将在"计算机体系结构"课程中讲述。

2.2 计算机的基本组成

2.2

▶ 2.2.1 冯·诺依曼计算机的特点

1945 年，数学家冯·诺依曼（John von Neumann）在研究电子离散变量计算机（Electronic Discrete variable Automatic Computer，EDVAC）时提出了"存储程序"的概念。以此概念为基

础的各类计算机通称为冯·诺依曼机。它的特点可归结如下：

（1）计算机由运算器、存储器、控制器、输入设备和输出设备五大部件组成。

（2）指令和数据以同等地位存放于存储器内，并可按地址寻访。

（3）指令和数据均用二进制数表示。

（4）指令由操作码和地址码组成，操作码用来表示操作的性质，地址码用来表示操作数在存储器中的位置。

（5）指令在存储器内按顺序存放。通常，指令是顺序执行的，在特定条件下，可根据运算结果或根据设定的条件改变执行顺序。

（6）机器以运算器为中心，输入输出设备与存储器间的数据传送通过运算器完成。

▶ 2.2.2　计算机的硬件框图

典型的冯·诺依曼计算机以运算器为中心，如图 2-7 所示。

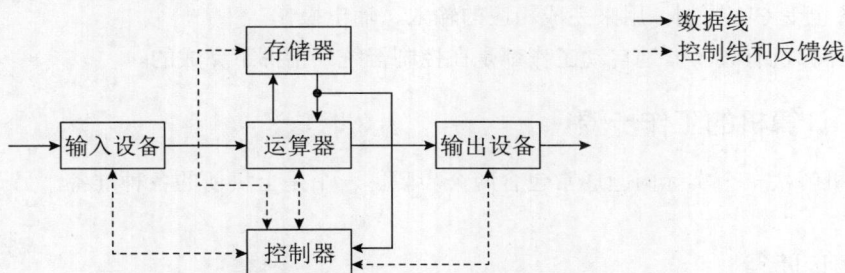

图 2-7　典型的冯·诺依曼计算机结构框图

现代的计算机已转换为以存储器为中心，如图 2-8 所示。

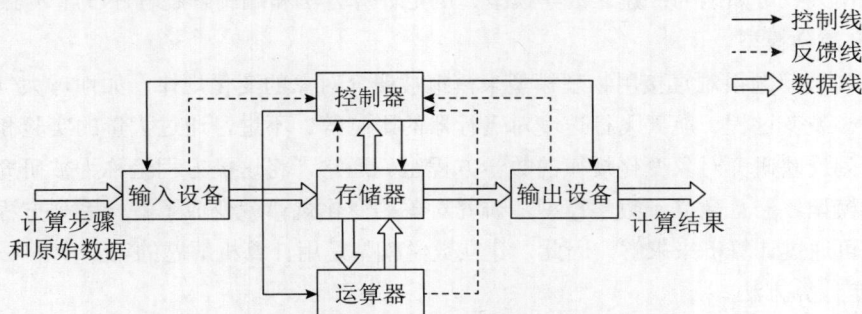

图 2-8　以存储器为中心的计算机结构框图

图 2-8 中各部件的功能如下。

（1）运算器用来完成算术运算和逻辑运算，并将运算的中间结果暂存在运算器内。

（2）存储器用来存放数据和程序。

（3）控制器用来控制、指挥程序和数据的输入、运行以及处理运算结果。

（4）输入设备用来将人们熟悉的信息形式转换为机器能识别的信息形式，常见的有键盘、鼠标等。

（5）输出设备可将机器运算结果转换为人们熟悉的信息形式，如打印机输出、显示器输出等。

计算机的五大部件（又称五大子系统）在控制器的统一指挥下，有条不紊地自动工作。

由于运算器和控制器在逻辑关系和电路结构上联系十分紧密，尤其在大规模集成电路制作工艺出现后，这两大部件往往集成在同一芯片上，因此，通常将它们合起来统称为中央处理器（Central Processing Unit，CPU）。把输入设备与输出设备（Input/Output Equipment），简称为 I/O 设备。

这样，现代计算机可认为由三大部分组成：CPU、I/O 设备及主存储器（Main Memory，MM）。CPU 与主存储器合起来又可称为主机，I/O 设备又可称为外部设备。

主存储器是存储器子系统中的一类，用来存放程序和数据，可以直接与 CPU 交换信息。另一类称为辅助存储器，简称辅存，又称外存，其功能参阅 2.4 节。

算术逻辑单元（Arithmetic Logic Unit，ALU）简称算逻部件，用来完成算术逻辑运算。控制单元（Control Unit，CU）用来解释存储器中的指令，并发出各种操作命令来执行指令。ALU 和 CU 是 CPU 的核心部件。

I/O 设备也受 CU 控制，用来完成相应的输入、输出操作。

可见，计算机有条不紊地自动工作都是在控制器统一指挥下完成的。

▶ 2.2.3　计算机的工作步骤

用计算机解决一个实际问题通常包含两个步骤。一个是上机前的各种准备，另一个是上机运行。

1. 上机前的准备

在许多科学技术的实际问题中，往往会遇到许多复杂的数学方程组，而数字计算机通常只能执行加、减、乘、除四则运算，这就要求在上机解题前，先由人工完成一些必要的准备工作。这些工作大致可归纳为：建立数学模型、确定计算方法和编制解题程序 3 个步骤。

1）建立数学模型

有许多科技问题很难直接用物理模型来模拟被研究对象的变化规律，如地球大气环流、原子反应堆的核裂变过程、航天飞行速度对飞行器的影响等。不过，通过大量的实验和分析，总能找到一系列反映研究对象变化规律的数学方程组。通常，将这类方程组称为被研究对象变化规律的数学模型。一旦建立了数学模型，研究对象的变化规律就变成了解一系列方程组的数学问题，这便可通过计算机来求解。因此，建立数学模型是用计算机解题的第一步。

2）确定计算方法

由于数学模型中的数学方程式往往是很复杂的，欲将其变成适合计算机运算的加、减、乘、除四则运算，还必须确定对应的计算方法。

例如，欲求 $\sin x$ 的值，只能采用近似计算方法，用四则运算的式子来求得（因计算机内部没有直接完成三角函数运算的部件）。

$$\sin x = x - \frac{x^3}{3!} + \frac{x^5}{5!} - \frac{x^7}{7!} + \frac{x^9}{9!} - \cdots$$

又如，计算机不能直接求解开方 x，但可用牛顿迭代公式：

$$y_{n+1} = \frac{1}{2}\left(y_n + \frac{x}{y_n}\right)（n=0，1，2，\cdots）$$

通过多次迭代，便可求得相应精度的 $\sqrt{x}$ 值。

3）编制解题程序

程序是适合于机器运算的全部步骤，编制解题程序就是将运算步骤用一一对应的机器指令描述。

例如，计算 ax^2+bx+c 可分解为以下步骤。

（1）将 x 取至运算器中。

（2）乘以 x，得 x^2，存于运算器中。

（3）再乘以 a，得 ax^2，存于运算器中。

（4）将 ax^2 送至存储器中。

（5）取 b 至运算器中。

（6）乘以 x，得 bx，存于运算器中。

（7）将 ax^2 从存储器中取出与 bx 相加，得 ax^2+bx，存于运算器中。

（8）再取 c 与 ax^2+bx 相加，得 ax^2+bx+c，存于运算器中。

可见，不包括停机、输出打印共需 8 步。若将上式改写成：$(ax+b)x+c$，则其步骤可简化为以下 5 步。

（1）将 x 取至运算器中。

（2）乘以 a，得 ax，存于运算器中。

（3）加 b，得 $ax+b$，存于运算器中。

（4）乘以 x，得 $(ax+b)x$，存于运算器中。

（5）加 c，得 $(ax+b)x+c$，存于运算器中。

将上述运算步骤写成某计算机一一对应的机器指令，就完成了运算程序的编写。

设某机器的指令字长为 16 位，其中操作码占 6 位，地址码占 10 位，如图 2-9 所示。

操作码表示机器所执行的各种操作，如取数、存数、加、减、乘、除、打印、停机等。地址码表示参加运算的数在存储器内的位置。机器指令的操作码和地址码都采用 0、1 代码的组合来表示。表 2-1 列出了某机与上例有关的各条机器指令的操作码及其操作性质的对应关系。

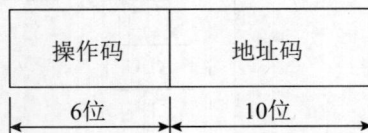

操作码	地址码
6位	10位

图 2-9　某机器指令格式

表 2-1　计算机 ax^2+bx+c 用到的操作码与操作性质的对应表

操作码	操作性质	具 体 内 容
000001	取数	将指令地址码指示的存储单元中的操作数取到运算器的累加器 Accumulator（ACC）中
000010	存数	将 ACC 中的数存至指令地址码指示的存储单元中
000011	加	将 ACC 中的数与指令地址码指示的存储单元中的数相加，结果存于 ACC 中
000100	乘	将 ACC 中的数与指令地址码指示的存储单元中的数相乘，结果存于 ACC 中
000101	打印	将指令地址码指示的存储单元中的操作数打印输出
000110	停机	

此例中所用到的数 a、b、c、x，事先需存入存储器的相应单元内。

按 ax^2+bx+c 的运算分解，可用上述机器指令编写出一份运算的程序清单，如表 2-2 所列。

表 2-2　计算 ax^2+bx+c 程序清单

指令和数据存于主存单元的地址	指　　令		注　　释
	操　作　码	地　址　码	
0	000001	0000001000	取数 x 至 ACC
1	000100	0000001001	乘 a 得 ax，存于 ACC 中
2	000011	0000001010	加 b 得 $ax+b$，存于 ACC 中
3	000100	0000001000	乘 x 得 $(ax+b)x$，存于 ACC 中
4	000011	0000001011	加 c 得 ax^2+bx+c，存于 ACC 中
5	000010	0000001100	存数，将 ax^2+bx+c 存于主存单元
6	000101	0000001100	打印
7	000110		停机
8	x		原始数据 x
9	a		原始数据 a
10	b		原始数据 b
11	c		原始数据 c
12			存放结果

以上程序编完后，便可进入下一步上机工作。

2. 计算机的工作过程

为了比较形象地了解计算机的工作过程，首先分析一个比图 2-9 更细化的计算机组成框图，如图 2-10 所示。

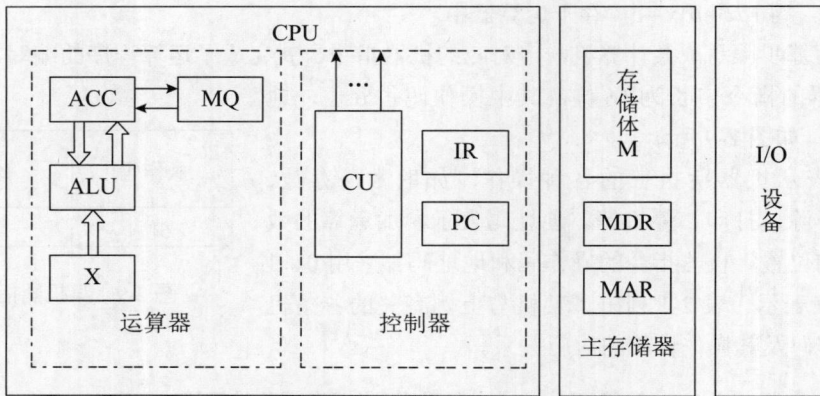

图 2-10　细化的计算机组成框图

1）主存储器

主存储器（简称主存或内存）包括存储体 M、各种逻辑部件及控制电路等。存储体由许多存储单元组成，每个存储单元又包含若干存储元件（或称存储基元、存储元），每个存储元件能寄存一位二进制代码"0"或"1"。可见，一个存储单元可存储一串二进制代码，称这串二进制代码为一个存储字，这串二进制代码的位数称为存储字长。存储字长可以是 8 位、16 位或 32 位等。一个存储字可代表一个二进制数，也可代表一串字符，如存储字为 0011011001111101，既可表示为由十六进制字符组成的 367DH，又可代表 16 位的二进制数，此值对应十进制数为 13949，还可代表两个 ASCII 码："6"和"}"。一个存储字还可代表一条指令。

　　如果把一个存储体看作一幢大楼，那么每个存储单元可看作大楼中的每个房间，每个存储元可看作每个房间中的一张床位，床位有人相当于"1"，无人相当于"0"。床位数相当于存储字长。显然，每个房间都需要有一个房间编号，同样可以赋予每个存储单元一个编号，称为存储单元的地址号。

　　主存的工作方式就是按存储单元的地址号来实现对存储字各位的存（写入）、取（读出）。这种存取方式称为按地址存取方式，即按地址访问存储器（简称访存）。存储器的这种工作性质对计算机的组成和操作是十分有利的。例如，我们只要事先将编好的程序按顺序存入主存各单元，当运行程序时，先给出该程序在主存的首地址，然后采用程序计数器加 1 的方法，自动形成下一条指令所在存储单元的地址，机器便可自动完成整个程序的操作。又如，由于数据和指令都存放在存储体内各自所占用的不同单元中，因此，当需要反复使用某个数据或某条指令时，只要指出其相应的单元地址号即可，而不必占用更多的存储单元重复存放同一个数据或同一条指令，大大提高了存储空间的利用率。此外，由于指令和数据都由存储单元地址号来反映，因此，取一条指令和取一个数据的操作完全可视为是相同的，这样就可使用一套控制线路来完成两种截然不同的操作。

　　为了能实现按地址访问的方式，主存中还必须配置两个寄存器 Memory Address Register（MAR）和 Memory Data Register（MDR）。MAR 是存储器地址寄存器，用来存放欲访问的存储单元的地址，其位数对应存储单元的个数（如 MAR 为 10 位，则有 $2^{10}=1024$ 个存储单元）。MDR 是存储器数据寄存器，用来存放从存储体某单元取出的代码或者准备往某存储单元存入的代码，其位数与存储字长相等。当然，要想完整地完成一个取或存操作，CPU 还得给主存加以各种控制信号，如读命令、写命令和地址译码驱动信号等。随着硬件技术的发展，主存都制成大规模集成电路的芯片，而将 MAR 和 MDR 集成在 CPU 芯片中。

　　早期计算机的存储字长一般和机器的指令字长与数据字长相等，故访问一次主存便可取一条指令或一个数据。随着计算机应用范围的不断扩大，解题精度的不断提高，往往要求指令字长是可变的，数据字长也要求可变。为了适应指令和数据字长的可变性，其长度不由存储字长来确定，而由字节的个数来表示。1 字节被定义为由 8 位二进制代码组成。例如，4 字节数据就是 32 位二进制代码；2 字节构成的指令字长是 16 位二进制代码。当然，此时存储字长、指令字长、数据字长三者可各不相同，但它们必须是字节的整数倍。

　　2）运算器

　　运算器最少包括 3 个寄存器（现代计算机内部往往设有通用寄存器组）和一个算术逻辑单元（ALU）。其中 ACC 为累加器，（Multiplier-Quotient Register，MQ）为乘商寄存器，X 为操作数寄存器。这 3 个寄存器在完成不同运算时，所存放的操作数类别也各不相同。表 2-3 列出了寄存器存放不同类别操作数的情况。

表 2-3　各寄存器所存放的各类操作数

寄存器操作数运算	加　法	减　法	乘　法	除　法
ACC	被加数及和	被减数及差	乘积高位	被除数及余数
MQ			乘数及乘积低位	商
X	加数	减数	被乘数	除数

不同机器的运算器结构是不同的。图 2-10 所示的运算器可将运算结果从 ACC 送至存储器中的 MDR；而存储器的操作数也可从 MDR 送至运算器中的 ACC、MQ 或 X。有的机器用 MDR 取代 X 寄存器。

下面简要地分析一下这种结构的运算器加、减、乘、除四则运算的操作过程。

设：M 表示存储器的任一地址号，[M] 表示对应 M 地址号单元中的内容；X 表示 X 寄存器，[X] 表示 X 寄存器中的内容；ACC 表示累加器，[ACC] 表示累加器中的内容；MQ 表示乘商寄存器，[MQ] 表示乘商寄存器中的内容。

假设 ACC 中已存有前一时刻的运算结果，并作为下述运算中的一个操作数。

（1）加法操作过程为

```
[M] → X
[ACC] + [X] → ACC
```

即将 [ACC] 看作被加数，先从主存中取一个存放在 M 地址号单元内的加数 [M]，送至运算器的 X 寄存器中，然后将被加数 [ACC] 与加数 [X] 相加，结果（和）保留在 ACC 中。

（2）减法操作过程为

```
[M] → X
[ACC] - [X] → ACC
```

即将 [ACC] 看作被减数，先取出存放在主存 M 地址号单元中的减数 [M] 并送入 X，然后 [ACC]-[X]，结果（差）保留在 ACC 中。

（3）乘法操作过程为

```
[M] → MQ
[ACC] → X
0 → ACC
[X] × [MQ] → ACC//MQ
```

即将 [ACC] 看作被乘数，先取出存放在主存 M 号地址单元中的乘数 [M] 并送入乘商寄存器 MQ，再把被乘数送入 X 寄存器，并将 ACC 清 "0"，然后 [X] 和 [MQ] 相乘，结果（积）的高位保留在 ACC 中，低位保留在 MQ 中。

（4）除法操作过程为

```
[M] → X
[ACC] ÷ [X] → MQ
余数 R 在 ACC 中
```

即将 [ACC] 看作被除数，先取出存放在主存 M 号地址单元内的除数 [M] 并送至 X 寄存器，然后 [ACC] 除以 [X]，结果（商）暂留于 MQ, [ACC] 为余数 R。若需要将商保留在 ACC 中，只需做一步 [MQ] → ACC 即可。

3）控制器

控制器是计算机的神经中枢，由它指挥各部件自动、协调地工作。具体而言，它首先要命令存储器读出一条指令，称为取指过程（也称取指阶段）。接着，它要对这条指令进行分析，指出该指令要完成什么样的操作，并按寻址特征指明操作数的地址，称为分析过程（也称分析阶段）。最后根据操作数所在的地址以及指令的操作码完成某种操作，称为执行过程（也称执行阶段）。以上就是通常所说的完成一条指令操作的取指、分析和执行 3 个阶段。

控制器由程序计数器（Program Counter，PC）、指令寄存器（Instruction Register，IR）以及控制单元（CU）组成。PC 用来存放当前欲执行指令的地址，它与主存的 MAR 之间有一条直接通路，且具有自动加 1 的功能，即可自动形成下一条指令的地址。IR 用来存放当前的指令，IR 的内容来自主存的 MDR。IR 中的操作码 (OP(IR)) 送至 CU，记作 OP(IR) → CU，用来分析指令；其地址码 (Ad(IR)) 作为操作数的地址送至存储器的 MAR，记作 Ad(IR) → MAR。CU 用来分析当前指令所需完成的操作，并发出各种微操作命令序列，用以控制所有被控对象。

4）I/O

I/O 子系统包括各种 I/O 设备及其相应的接口。每一种 I/O 设备都由 I/O 接口与主机联系，它接收 CU 发出的各种控制命令，并完成相应的操作。例如，键盘（输入设备）由键盘接口电路与主机联系；打印机（输出设备）由打印机接口电路与主机联系。

下面结合图 2-10 进一步深入领会计算机工作的全过程。

首先按表 2-2 所列的有序指令和数据，通过键盘输入到主存第 0 号至第 12 号单元中，并置 PC 的初值为 0（令程序的首地址为 0）。启动机器后，计算机便自动按存储器中所存放的指令顺序有序地逐条完成取指令、分析指令和执行指令，直至执行到程序的最后一条指令为止。

例如，启动机器后，控制器立即将 PC 的内容送至主存的 MAR（记作 PC → MAR），并命令存储器做读操作，此刻主存 "0" 号单元的内容 "0000010000001000"（表 2-2 所列程序的第一条指令）便被送入 MDR 内。然后由 MDR 送至控制器的 IR（记作 MDRIR），完成了一条指令的取指过程。经 CU 分析（记作 OP(IR) → CU），操作码 "000001" 为取数指令，于是 CU 又将 IR 中的地址码 "0000001000" 送至 MAR（记作 Ad(IR) → MAR），并命令存储器做读操作，将该地址单元中的操作数 x 送至 MDR，再由 MDR 送至运算器的 ACC（记作 MDR → ACC），完成此指令的执行过程。此刻，也即完成了第一条取数指令的全过程，即将操作数 x 送至运算器 ACC 中。与此同时，PC 完成自动加 1 的操作，形成下一条指令的地址 "1" 号。同上所述，由 PC 将第二条指令的地址送至 MAR，命令存储器做读操作，将 "0001000000001001" 送入 MDR，又由 MDR 送至 IR。接着 CU 分析操作码 "000100" 为乘法指令，故 CU 向存储器发出读命令，取出对应地址为 "0000001001" 单元中的操作数 a，经 MDR 送至运算器 MQ，CU 再向运算器发送乘法操作命令，完成 ax 的运算，并把运算结果 ax 存放在 ACC 中。同时 PC 又完成一次 (PC)+1 → PC，形成下一条指令的地址 "2" 号。依次类推，逐条取指、分析、执行，直至打印出结果。最后执行完停机指令后，机器便自动停机。

2.3 计算机发展及主要技术指标

▶ 2.3.1 计算机发展

谁也不曾想到，当初只是当作军事计算工具应用的电子计算机，在半个世纪中竟然会成为改变社会结构，乃至促使人们的工作和生活方式发生惊人变化的宠儿，真可谓 20 世纪下半世纪科技发展最有影响的发明，并且它还将继续影响着未来世界的变化，使数千年人类文明史中曾有过的各种神话般的幻想逐渐变为现实。

1. 计算机的产生和发展

1) 第一代电子管计算机

1943 年，第二次世界大战进入后期，因战争的需要，美国国防部批准了由 Pennsyivania 大学 John Mauchly 教授和 John Presper Eckert 工程师提出的建造一台用电子管组成的电子数字积分机和计算机（Electronic Numerical Integrator And Computer，ENIAC）的计划，用它来解决当时国防部弹道研究实验室（BRL）开发新武器的弹道计算难题。当时，由于运算能力不足，该实验室无法在规定的时间内拿出准确的运算表，严重影响了新武器的研制。

ENIAC 于 1946 年交付使用，其首要任务就是完成了一系列测定氢弹可靠性的复杂运算。ENIAC 采用十进制运算，电路结构十分复杂，使用 18000 多个电子管，运行时耗电量达 150kW，体积庞大，重量达 30t，占地面积约为 $139.35m^2$（1500 平方英尺），而且需用手工搬动开关和拔、插电缆来编制程序，使用极不方便，但它比任何机械计算机快得多，每秒可进行 5000 多次加法运算。

ENIAC 的出现不但实现了制造一台通用计算机的目标，而且标志计算工具进入了一个崭新的时代，是人类文明发展史中的一个里程碑。仅仅半个世纪，计算机已经使人类社会从工业化社会发展到了信息化社会。虽然 ENIAC 于 1955 年正式退役，并陈列于美国国立博物馆供人们参观，但它的丰功伟绩将永远记载在人类的文明史册中。

1945 年，ENIAC 的顾问、数学家冯·诺依曼在为一台新的计算机 EDVAC 所制定的计划中首次提出了存储程序的概念，即将程序和数据一起存放在存储器中，使编程更加方便。这个思想几乎同时被科学家图灵（Turing）想到了。

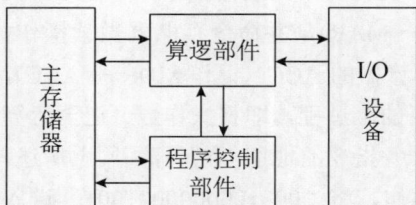

图 2-11　IAS 计算机结构

1946 年，冯·诺依曼与他的同行们在 Princeton Institute 进行高级研究时，设计了一台存储程序的计算机 IAS，可惜因种种原因直到 1952 年 IAS 也未能问世。但 IAS 的总体结构从此得到了认可，并成为后来通用计算机的原型，图 2-11 就是 IAS 计算机的总体结构示意图。它由几部分组成：同时存放指令和数据的主存储器、二进制的算逻运算部件、解释存储器中的指令并能控制指令执行的程序控制部件，以及由控制部件操作的 I/O 设备。

20 世纪 50 年代，美国出现了 Sperry 和 IBM 两大制造计算机的公司，后来又从 Sperry 公司分离出了 UNIVAC 子公司，他们控制着计算机市场。

1947 年，Eckert 和 Mauchly 共同建立了生产商用计算机的计算机公司，他们第一个成功的产品是 UNIVAC I（Universal Automatic Computer），后来 Eckert-Mauchly 公司成为从 Sperry-Rand 公司分离出来的 UNIVAC 子公司，并继续制造了一系列产品，如 UNIVAC II 及 UNIVAC 1100 系列产品，它们成为科学和商用计算机的主流产品。同时 IBM 公司在 1953 年推出了首台存储程序的计算机 701 机，1955 年又推出了 702 机，使之更适用于科学计算和商业应用，后来形成了 700/7000 系列，使 IBM 成为计算机制造商的绝对权威。

自从 ENIAC 问世后，人类为提高电子计算机性能的欲望从未减退过，并在 20 世纪 50 年代初，除美国外，英、法、苏联、日本、意大利等国都相继研制出本国的第一台电子计算机，我国也于 1958 年研制成自己的第一台电子计算机。可是在这十多年的时间里，计算机的性能并未出现奇迹般的提高，它的运算速度每秒仅在数千次至上万次左右，其体积虽然不像

ENIAC 那样庞大，但也占了相当大的空间，耗电量也很大。直到 20 世纪 50 年代末，计算机技术迎来了第一次大飞跃的发展机遇，其性能出现了数十倍以至几百倍的提高，这就是用晶体管替代电子管的重大变革。

2）第二代晶体管计算机

1947 年在贝尔实验室成功地用半导体硅作为基片，制成了第一个晶体管，它的小体积、低耗电以及载流子高速运行的特点，使真空管望尘莫及。进入 20 世纪 50 年代后，全球出现了一场以晶体管替代电子管的革命，计算机的性能有了很大的提高。以 IBM700/7000 系列为例，晶体管机 7094（1964 年）与电子管机 701（1952 年）相比，其主存容量从 2KB 增加到 32KB；存储周期从 30μs 下降到 1.4μs 中指令操作码数从 24 增加到 185；运算速度从每秒上万次提高到每秒 50 万次。7094 机还采用了数据通道和多路转换器等在当时看来是最新的技术。

尽管用晶体管代替电子管已经使电子计算机的面貌焕然一新，但是随着对计算机性能越来越高的追求，新的计算机所包含的晶体管个数已从一万个左右骤增到数十万个，人们需要把晶体管、电阻、电容等一个个元件都焊接到一块电路板上，再由一块块电路板通过导线连接成一台计算机。其复杂的工艺不仅严重影响制造计算机的生产效率，更严重的是，由几十万个元件产生几百万个焊点导致计算机工作的可靠性不高。

随着 1958 年微电子学的深入研究，特别是新的光刻技术和设备的成熟，计算机的发展步入了一个崭新时代——集成电路时代。

3）第三代集成电路计算机

仔细分析就会发现，计算机的数据存储、数据处理、数据传送以及各类控制功能基本上都是由具有布尔逻辑功能的各类门电路完成的，而大量的门电路又都是由晶体管、电阻、电容等搭接而成，因此，当集成电路制造技术出现后，可以利用光刻技术把晶体管、电阻、电容等构成的单个电路制作在一块极小（如几平方微米）的硅片上。进一步发展，实现了将成百上千个这样的门电路全部制作在一块极小（如几平方毫米）的硅片上，并引出与外部连接的引线，这样，一次便能制作成百上千个相同的门电路，又一次大大地缩小了计算机的体积，大幅度下降了耗电量，极大地提高了计算机的可靠性。这就是人们称为小规模集成电路（Small-Scale Integration，SSI）和中规模集成电路（Medium-Scale Integration，MSI）的第三代计算机，其典型代表为 IBM 公司的 System/360 和 DEC 的 PDP-8。1964 年，IBM 公司推出了一个新的计算机系列 System/360，打破了 7000 系列在体系结构方面的一些约束。为了推动集成电路技术，改进原来的结构，IBM 公司投入了大量的人力和物力进行技术开发，作为回报，它最终占领了大约 70% 的市场份额，成为计算机制造的最大制造商。System/360 系列中有不同的机型，但它们又都是互相兼容的，即在某种机型上运行的程序可以在这一系列中的另一种机型上运行。它们具有类似或相同的指令系统（该系列中低档机的指令系统可以是高档机指令系统的一个子集），各机型有类似或相同的操作系统，而且随着机器档次的提高，机器的速度、存储器的容量、I/O 端口的数量以及价格都有所增长。另一种有代表性的机器是 DEC 的 PDP-8，它采用总线结构，有"迷你机"之称。它以低价格小体积吸引了不少用户，售价仅 16000 美元，而当时 System/360 大型机的售价为数十万美元。PDP-8 使 DEC 迅速发展起来，使其成为继 IBM 公司之后的第二大计算机制造商。

从 1946 年的 ENIAC 到 1964 年的 System/360，历时不到 20 年，计算机的发展经历了电子管—晶体管—集成电路三个阶段，通常称为计算机的三代。显然，早期计算机的更新换代主要集中体现在组成计算机基本电路的元器件（电子管、晶体管、集成电路）上。

第三代计算机之后，人们没有达成定义新一代计算机的一致意见。

表 2-4 列出了硬件技术对计算机更新换代的影响。

表 2-4　硬件对计算机更新迭代的影响

发　展　阶　段	时　　间	硬　件　技　术	速度 /（次 /s）
一	1946—1957 年	电子管	40000
二	1958—1964 年	晶体管	200000
三	1965—1971 年	中、小规模集成电路	1000000
四	1972—1977 年	大规模集成电路	10000000
无	1978 年至今	超大规模集成电路	100000000

进入到 20 世纪 70 年代后，把计算机当作高级计算工具的狭隘观念已被人们逐渐摒弃，计算机成为一门独立的学科而迅猛发展，并且影响、改变着人类的生活方式，这是由千微处理器的出现（采用大规模和超大规模集成电路）、软件技术的完善及应用范围的不断拓宽所带来的必然结果。

2. 微型计算机的出现和发展

集成电路技术把计算机的控制单元和算逻单元集成到一个芯片上，制成了微处理器芯片。1971 年，美国 Intel 公司 31 岁的工程师霍夫研制成世界上第一个 4 位的微处理器芯片 4004，集成了 2300 个晶体管。随后，微处理器经历了 4 位、8 位、16 位、32 位和 64 位几个阶段的发展，芯片的集成度和速度都有很大的提高。与此同时，半导体存储器的研制也正在进行，1970 年 Fairchild 制作了第一个存储芯片，该芯片大约只有一个磁心这么大，却能保存 256 位二进制信息，但是每位的价格高于磁心。1974 年后，随着半导体存储器价格的迅速下降，位密度的不断提高，存储芯片的容量经历了 1KB 位、4KB 位、16KB 位、64KB 位、256KB 位、1M 位、4M 位、16M 位、64M 位……1G 位这几个阶段，每个新的阶段都比过去提高到 4 倍的容量，而价格和访问时间都有所下降。

总之，芯片集成度不断提高，从在一个芯片上集成成百上千个晶体管的中、小规模集成电路逐渐发展到能集成成千上万个晶体管的大规模集成电路（Large-Scale Integration circuit，LSI）和能容纳百万个以上晶体管的超大规模集成电路（Very Large-Scale Integration circuit，VLSI）。微芯片集成晶体管的数目验证了 Intel 公司的缔造者之一 Gordon Moore 提出的"微芯片上集成的晶体管数目每三年翻两番"的规律，这就是人们常说的摩尔（Moore）定律。

微处理器芯片和存储器芯片出现后，微型计算机也随之问世。例如，1971 年用 4004 微处理器制成了 MCS-4 微型计算机。20 世纪 70 年代中期，8 位微处理器 8008、8080、R6502、M6800Z80 等相继出现，并用 R6502 制成了 Apple II 微型计算机，用 Z80 制成了 CROMEMCO 80 微型计算机等。

最值得一提的是世界上第一大微处理器的制造商 Intel 公司，其典型产品如下。

（1）8080：世界上第一个 8 位通用的微处理器，1974 年问世。

（2）8086：16 位，2.9 万个晶体管，地址 20 位，采用 6 个字节指令队列，指令系统与 8088 完全兼容，1978 年问世。

（3）8088：集成度达 2.9 万个晶体管，主频 4.77MHz，字长 16 位（外部 8 位），又称准 16

位，地址 20 位，采用 4 个字节指令队列，被 IBM 首台微型计算机（IBM PC）选用，1979 年问世。

（4）80286：80286:16 位，13.4 万个晶体管，6MHz，地址 24 位，可用实际内存 16MB 和虚拟内存 1GB，1982 年问世。

（5）80386：32 位，27.5 万个晶体管，12.5MHz、33MHz，地址 32 位，4GB 实际内存，64TB（1TB＝2^{40}B）虚拟内存，其性能可与几年前推出的小型机和大型机相比，1985 年问世。

（6）80486：32 位，120 万个晶体管，25MHz、33MHz、50MHz，4GB 实际内存，64TB 虚拟内存，引用更加复杂的 Cache 技术和指令流水技术，速度比 80386 快一倍，性能指标比 80386 高出 3～4 倍，1989 年问世。

（7）Pentium：32 位，310 万个晶体管，66MHz、100MHz，4GB 实际内存，64TB 虚拟内存，采用超标量技术，使多条指令可并行执行，速度比 80486 高出 6～8 倍，1993 年问世。

（8）Pentium Pro：64 位，550 万个晶体管，133MHz、150MHz、200MHz，64GB 实际内存，64TB 虚拟内存，采用动态执行 RISC/CISC 技术、分支预测、指令流分析、推理性执行和二级 Cache 等技术，1995 年问世。

（9）Pentium Ⅱ：64 位，750 万个晶体管，200～300MHz，64GB 实际内存，64TB 虚拟内存，融入了专门用于有效处理视频、音频和图形数据的 IntelMMX 技术，1997 年问世。

（10）Pentium Ⅲ：64 位，950 万个晶体管，450～600MHz，64GB 实际内存，64TB 虚拟内存，融入了新的浮点指令，以支持三维图形软件，1999 年问世。

（11）Pentium 4：64 位，4200 万个晶体管，1.3～1.8GHz，64GB 实际内存，64TB 虚拟内存，包括另外的浮点和其他多媒体应用的增强，2000 年问世。

显然，从 20 世纪 70 年代初至今，微型计算机的发展在很大程度上取决于微处理器的发展，而微处理器的发展又依赖于芯片集成度和处理器主频的提高。从 2000 年 IntelPentium4 问世至今的发展历程看，处理器的架构变化不大，主要从提高处理器的主频、增加扩展指令集、增加流水线、提高生产工艺水平（晶体管的线宽从 180nm → 130nm → 90nm → 65nm）等几方面来不断改进处理器的性能。但制造工艺的缺陷，导致了处理器功耗持续上升。大量研究表明，每推出一代新型处理器，它的功耗是上一代处理器功耗的 2 倍，倘若芯片集成度达 10 亿个，处理器的自身功耗将会使人们一筹莫展。可见，有效解决微处理器的功耗和散热问题已成为当务之急。事实上一味追求微芯片集成度的提高，除了引发功耗、散热问题外，还会出现更多的问题，如线延迟问题、软误码率现象等。

为了提高计算机的性能，除了提高微处理器的性能外，人们还努力通过开发指令级并行性来实现。可是在指令级并行性应用中，又受到数据预测精度有限、指令窗口不能过大以及顺序程序固有特性的限制等，使得依靠开发指令级并行性来提高计算机的性能又有很大的局限性。

虽然很多因素阻碍了微型计算机性能的不断提高，可是随着计算机的广泛应用，尤其是网络技术的迅猛发展，人们依然在追求着机器性能的完美。例如，当前网络的环境基本上是让计算机处于桌面固定的状态，而人们更希望机器能围绕人们的需求转，越来越方便地使用计算机，不希望机器局限于固定的桌面式应用，而是以手持式或穿戴式以及其他形式和谐地融合于人们的生活和工作之中。与此相适应的移动计算技术便应运而生。

移动计算模式迫切要求微处理器具有响应实时性、处理流式数据类型的能力、支持数据级和线程级并行性、更高的存储和 I/O 带宽、低功耗、低设计复杂性和设计的可伸缩性。

当前主流商用处理器大部分都是超标量结构，是一种在一个时钟周期内同时发射多条标量指令到多个功能部件以提高处理器性能的体系结构，若每周期发送 4 条指令，已不能满足日渐庞大的应用程序对高性能的需求。而继续开发更大发射带宽的超标量结构将会导致处理器的逻辑设计复杂度大幅增加，正确性验证变得越来越困难。人们开始寻找新的体系结构来适应新的市场和不断变化的应用需要。

从 20 世纪微处理器的发展来看，几乎每三年处理器的性能就能提高 4 ～ 5 倍，但是计算机中一些其他部件性能的提高速度达不到这个水平。因此，必须不断调整计算机的组成和结构，以弥补不同部件性能的不匹配问题。影响它们之间不匹配的主要因素是处理器与主存之间的接口和处理器与外设之间的接口。

处理器与主存之间的接口是整个计算机最重要的通路，因为它要负责在主存与处理器之间传送指令和数据，如果主存或主存与处理器之间的传送跟不上处理器的要求，就会使处理器处于等待的状态。为此，可加宽数据总线的宽度，在主存和处理器之间设置高速缓冲存储器（Cache）并发展成片内 Cache 和分级 Cache，采用高速总线和分层总线来缓冲和分流数据，从而提高处理器和存储器之间的连接带宽。

处理器和外设之间也存在大量的数据传输要求，可通过各种缓冲机制、加上高速互连总线以及更精致的总线结构，来解决它们之间传输速率的不匹配问题。

因此，计算机的设计者们必须不断平衡处理器、主存、I/O 设备和互连结构之间的数据吞吐率和数据处理的需要，使计算机的性能越来越好。

21 世纪初以来，当前通用微处理器的发展重点将在以下几方面。

（1）进一步提高复杂度来提高处理器性能。这种方法沿袭传统的指令级并行方法加速单线程应用，组织更宽的超标量，采用更多的功能部件、多级 Cache 和激进的数据、控制以及指令轨迹预测，达到使用尽可能多的指令级并行（Instruction-Level Parallelism，ILP）。例如，先进超标量处理器（Advanced Superscalar Processor）、超前瞻处理器（Superspeculative Processor）、多标量处理器（Multiscaler Processor）、数据标量处理器（Datascaler Processor）和踪迹处理器（Trace Processor）等。

（2）通过线程/进程级并行性的开发提高处理器的性能，即通过开发线程级并行性（Thread-Level Parallelism，TLP）或进程级并行性（Process-Level Parallelism，PLP）来提高性能，简化硬件设计。例如，多处理器（Multiprocessor）、单芯片处理器 CMP（On-chip Multiprocessor）、多线程处理器（Multi-Threaded Processor）以及同时多线程处理器（Simultaneous Multi-Threading Processor）、动态多线程处理器（Dynamic-Multithreaded Processor）和多路径多线程处理器（Threaded Multipath Processor）等。

（3）将存储器集成到处理器芯片内来提高处理器性能。采用 ILP、TLP、PLP 能大大提高处理器内部指令执行的并行度，而指令和数据的供应是充分发挥这些技术的关键问题。传统上以处理器为中心的设计思想导致处理器把大量的复杂性花在解决访存延迟的问题上。然而处理器和存储器性能的差距仍在以每年 50% 的速度增大，使得访存速度将成为未来提高处理器性能的主要瓶颈。基于此，Processor In Memory（PIM）技术提出将处理器和存储器集成在同一个芯片上，这样可使访存延时缩减 5 ～ 10 倍，存储器带宽可增加 50 ～ 100 倍。大多数情况下，整个应用在运行期间都可放到片上存储器里。将存储器集成到处理器芯片上后，原来用于增加处理器—存储器带宽的大量存储总线引脚可以被节省下来用于增加 I/O 带宽，这将有利于提高未来大量的网络应用性能，并且能减少对片外存储器的访问，使处理器的功耗大大降低。

（4）发展嵌入式处理器。由于嵌入式应用需求的广泛性，以及大部分应用功能单一、性质确定的特点，决定了嵌入式处理器实现高性能的途径与通用处理器有所不同。目前嵌入式处理器大多是针对专门的应用领域进行专门设计来满足高性能、低成本和低功耗的要求。例如，视频游戏控制需要很高的图形处理能力；手持、掌上、移动和网络 PC 要求具备虚存管理和标准的外围设备；手机和个人移动通信设备要求在具有高性能和数字信号处理能力的同时具有超低功耗；调制解调器、传真机和打印机要求低成本的处理器；机顶盒和 DVD 则要求高度的集成性；数字相机要求既有通用性又有图像处理能力。

目前嵌入式处理器的高性能和低成本技术发展趋势是：体系结构需要在新技术与产品、市场和应用需求之间取得平衡；设计方法趋向于走专用、定制和自动化的道路。

3. 软件技术的兴起和发展

计算机刚刚问世时，还未确立"软件"这一概念，随着计算机的发展及应用范围的扩大，逐渐形成了软件系统。

在早期的计算机中，使用者必须根据机器自身能识别的语言——机器语言（机器指令）按解题要求编写出机器可直接运行的程序。由于机器不同，机器语言也不同，因此人们在不同的机器上编程，就需要熟悉不同机器的机器指令，使用极不方便，写出的程序很难读懂。20 世纪50 年代后，逐渐形成了符号语言和汇编语言，这种语言虽然可以不用 0/1 代码编程，改善了程序的可读性，但它们仍是面向机器的，即不同的机器各自有不同的汇编语言。为了使这种符号语言转变成机器能识别的语言，我们又创造了汇编程序，用于把汇编语言翻译成机器语言。

为了摆脱对具体机器的依赖，在汇编语言之后又出现了面向问题的高级语言。使用高级语言编程可以不了解机器的结构，高级语言的语句通常是一个或一组英语词汇，词义本身反映出命令的功能，它比较接近人们习惯用的自然语言和数学语言，使程序具有很强的可读性。高级语言的发展经历了几个阶段。第一阶段的代表语言是 1954 年问世的 FORTRAN，它主要面向科学计算和工程计算。第二阶段可视为结构化程序设计阶段，其代表是 1968 年问世的 Pascal语言，它定义了一个真正的标准语言，按严谨的结构化程序编程，具有丰富的数据类型，写出的程序易读懂、易查错。第三阶段是面向对象程序设计阶段，其代表语言是 C++。近年来随着网络技术的不断发展，又出现了更适应网络环境的面向对象的 Java 语言，而且随着 Internet技术的发展和应用，Java 语言越来越受到普遍欢迎。

为了使高级语言描述的算法在机器上执行，同样需要有一个翻译系统，于是产生了编译程序和解释程序，它们能把高级语言翻译成机器语言。

可见，随着各种语言的出现，汇编程序、编译程序、解释程序的产生，逐渐形成了软件系统。

随着计算机应用领域的不断扩大，外部设备的增多，为了使计算机资源让更多用户共享，又出现了操作系统。操作系统能协调管理计算机中各种软件、硬件及其他信息资源，并能调度用户的作业程序，使多个用户能有效地共用一套计算机系统。操作系统的出现使计算机的使用效率成倍地提高，并且为用户提供了方便的使用手段和令人满意的服务质量。例如，DOS、UNIX 和 Windows 等。

此外，一些服务性程序，如装配程序、调试程序、诊断程序和排错程序等，也逐渐形成。特别是随着计算机在信息处理、情报检索及各种管理系统中应用的发展，要求大量处理某些数据，建立和检索大量的表格。这些数据和表格按一定的规律组织起来，使用户使用更方便，于是出现了数据库。数据库和数据管理软件一起便组成了数据库管理系统。而且随着网络的发展，又产生了网络软件等。

以上所述的各种软件均属于系统软件，而软件发展的另一个主要内容就是应用软件。应用软件种类繁多，它是用户在各自的行业中开发和使用的各种程序。如各种财务软件、办公用的文字处理和排版软件、帮助管理日常业务工作和图文报表的"电子表格"和"数据库"软件、帮助工程设计的 CAD 软件以及各种实用的网络通信软件等。

软件发展的特点有以下几方面。

1）开发周期长

研制一个软件往往因其规模庞大而需较长的开发周期。例如，美国穿梭号宇宙飞船的软件包含 4000 万行目标代码，倘若一个人一年开发一万行程序，则需集中 4000 人花一年时间才能完成，而且要做到 4000 人的默契配合，涉及种种技术问题的协调，如分析方法、设计方法、形式说明方法、版本标准等都得有严格的规范，其难度远远超过自动化程度极高的硬件制造。

2）制作成本昂贵

超大规模集成电路技术给硬件制造业带来巨大利益，使硬件的价格不断下降，使一台普通的微型计算机的价格与一台彩色电视机的价格相当，而且还在下降。可是软件的开发完全依赖于人工，致使软件开发成本不断上涨，在美国，软件成本约占计算机系统总成本的 90%，已成为司空见惯的现象。

3）检测软件产品质量的特殊性

一种软件在刚开始推出时，主要实现其面向领域所需的核心功能，之后逐步集成大量的附加功能。也就是说，要完善一个软件产品，必须在应用过程中不断加以修改、补充。只有使用了一定时间后，才能对软件产品质量进行确定。

尽管软件技术兴起和发展比硬件晚，而且其发展速度没有硬件快（如微处理器的性能以 Moore 定律所述的几何级数增长），但是仍可以说，如果没有当今的软件技术，计算机系统和应用的发展也不会有今天这样的成就。客观地说，软件的发展不断激励着微处理器和存储器性能的增长。

世界各国当前都十分重视软件人才的培养和软件产业的形成，但实际上它们都很难与当前计算机应用普及的广度和深度相适应。也正因为如此，有些软件开发商瞄准了特定的市场，一旦在性能、质量占到上风时，就会很快积聚财富，成为新的世界级富商。例如，美国微软公司十来年的发展就超过传统工业（如汽车制造业），同样微软公司的组建者也很快成为现代世界最大富商之一。

在二三十年软件开发的实践中，人们对软件开发也逐渐有了较深刻的认识，逐渐体会到软件不是简单地编写程序，欲开发成一个优良的软件，和开发其他产品一样，必须明确开发要求，然后做可行性分析，确定基本方法，进行需求分析，再深入用户核准需求，取得一致意见后才能进入软件设计阶段。因此，程序只是完成整个软件产品的一个组成部分，软件生存周期的各个阶段都是以文档资料形式存在。著名软件工程专家 Boehm 曾经指出："软件是程序以及开发、使用和维护程序需要的所有文档。"可见软件开发不是某种个体劳动的神秘技巧，它是一个组织良好、管理严密、各类人员协同配合共同完成软件工程的全过程。只有这样才能保证软件工程的顺利完成，并能节省大量开发费用；否则将会陷入事倍功半、长期无法正常运行的困境。

4. 未来展望

从 1946 年 ENIAC 问世至今，70 多年来计算机技术的进步推动了计算机的发展和广泛的应用，使计算机在人类的全部活动领域里占有极为重要的地位。从超级巨型机到心脏起搏器，从电话网络到汽车的汽化器无处不在，无所不及，几乎能填补甚至取代各类信息处理器，成为人类最得力的助手。

世界上不少科学家预言，到了 2046 年人类社会几乎所有的知识和信息将全部融入于计算机空间，而任何人在任何地方任何时间都可以通过网络，在线获取所有的知识和信息。这个预测是大家所希望的，也是必定会实现的。计算机空间将会为崭新的信息方式、娱乐方式和教育方式提供基础，并会提供新层次的个人服务和健康保健，最大的受益将是人们可以在远距离与他人进行全感知的交流。这种计算机应该具有类似人脑的一些超级智能，具有类似人脑的自组织、自适应、自联想、自修复的能力。人脑的这种功能要求信息处理的计算机速度至少达每秒 10 存储容量至少为 1013 个 KB，当然还需要相应的软件支持。倘若计算机的计算速度和存储容量达不到这个指标，那么所谓超级智能计算机只能是一种幻想。因此，尽管 20 世纪七八十年代，人工智能的研究曾一度出现高潮，特别是日本投入了大量的资金，做了很大的努力，但超级智能计算机的实现远比想象得要艰难得多。

显然，欲实现上述目标，首当其冲的应该是努力提高处理器的主频。硅芯片微处理器主频与其集成度紧密相关，但是实现起来并非易事。其一，硅芯片的集成度又受其物理极限的制约，集成度不可能无止境地提高，当集成电路的线宽达到仅为单个分子大小的物理极限时，意味着硅芯片的集成度已到了穷途末路的境地。其二，由硅芯片集成度提高时，其制作成本也在不断提高，即在微电子工艺发展中还遵循另一规律："每代芯片的成本大约为前一代芯片成本的两倍"。一般来说，建造一个生产 0.25μm 工艺芯片的车间需 20 亿～ 25 亿美元，而使用 0.18μm 工艺时，费用将跃升到 30 亿～ 40 亿美元。按几何级数递增的制作成本情况发展，数年内该费用将达 100 亿美元，致使企业无法承受。其三，正如前述，随着集成度的提高，微处理器内部的功耗、散热、线延迟等一系列问题将难以解决。因此 Intel 公司工程师保罗·帕肯在近年来发表了骇人听闻的预测，认为硅芯片技术 10 年后将走到尽头并非偶然。

尽管如此，人类对美好愿望的追求是无止境的，决不会因硅芯片的终结而放弃超级智能计算机的研制。

那么究竟谁能接过传统硅芯片发展的接力棒呢？多年来，科学家们把眼光都凝聚在光计算机、生物计算机和量子计算机上，而量子计算机被寄托了极大的希望。

光计算机利用光子取代电子进行运算和存储，用不同波长的光代表不同数据，可快速完成复杂计算。然而要想制造光计算机，需开发出可用一条光束控制另一条光束变化的光学晶体管。现有的光学晶体管庞大而笨拙，用其制造台式计算机将有一辆汽车那么大。因此，光计算机短期内难以进入实用阶段。

DNA（脱氧核糖核酸）生物计算机是美国南加州大学阿德拉曼博士 1994 年提出的奇思妙想，它通过控制 DNA 分子间的生化反应完成运算。但目前流行的 DNA 计算技术必须将 DNA 千试管液体中。这种计算机由一堆装有有机液体的试管组成，虽然看起来很神奇，但很笨拙。这一问题得不到解决，DNA 计算机在可预见的未来将难以取代硅芯片计算机。

与前两者相比，量子计算机的前景尤为光明。量子这种常人难以理解的特性，使得具有5000个量子位的量子计算机能在约30内解决传统硅芯片超级计算机要在100亿年才能解决的大数因子分解问题。

量子计算机是利用原子所具有的量子特性进行信息处理的一种全新概念的计算机。原子会旋转，而且不是向上就是向下，正好与数位科技的"0""1"完全吻合。既然原子可以同时向上向下旋转，如果把一群原子聚在一起，它们不会像现在的计算机进行线性运算，而是可以同时进行所有可能的运算。只要有40个原子一起计算，就可达到相当于现在一部超级计算机的同等性能。专家们认为，如果有一个包含全球电话号码的资料库，找出一个特定的电话号码，一部量子计算机只要27min，而同样的工作交付给10台IBM"深蓝"超级计算机同时运作，也至少需要几个月的时间才能完成。量子计算机以处于量子状态的原子作为中央处理器和内存，其运算能力比目前的硅芯片为电路基础的传统计算机要快几亿倍。

当利用高速运行的量子计算机后，再结合现代计算机采用高并行度的体系结构，通过大量高速处理器的高宽带局域网的连接，使它具有类似人脑的高并行性的本质，预计人类级的智能所需的硬件可能在21世纪的前1/4的时间内实现，与20世纪70年代只够得上"昆虫级"智能的计算机硬件能力相比，显然人们对超级智能计算机的研制更充满信心。

超级智能计算机不仅需要有硬件支撑，而且还必须有软件支持。模拟大脑功能创建超级智能计算机，除了通过足够的硬件能力和适应计算机学习的软件外，还需有足够的初始体系结构和丰富的感官输入流。当前的技术对后者已经很容易满足，如采用视觉照相机、扬声器和各类触觉传感器，能保证特定的实时世界信息流流入计算机。而前者则更难实现，因为大脑并非一开始就是一片空白。它有一个遗传可编码的初始结构，存在着神经皮层可塑性、大脑皮层的相似性及进化的论点。这些问题的解决必须随着神经科学的进一步发展，在对人脑的神经结构和它的学习算法了解得足够多的前提下，在具有很强计算能力的计算机上实现复制。科学家估计在今后10多年内，采用当前的设备支持输入输出渠道，对人脑继续研究，发现新的计算机学习方法和对新神经科学的深入研究，超级智能计算机的出现是势不可挡的必然趋势，只是时间问题。

21世纪除了人们继续追求超级智能计算机的问世外，更引起人们注目的是价格低廉、使用方便、体积更小、外形多变、具有人性化的计算机的研究和应用。

虽然计算机强大的功能使它能处理相当多的事务，但至今还存在不尽如人意的缺点。因此，普及面仍未达到应有的程度。其原因主要在于对绝大多数人而言，还不能非常方便地对它进行操作，而且很难适应各种场合的需要。因此，除了继续提高芯片主频外，在输入输出方式上应有更多的性能突破。输入输出方式将更多样化和更人性化。除了手写分辨率和速度进一步提高外，语音输入输出将随时可见，包括汽车、家电、电话、电视、玩具、手表等。而且还可用人的手势、表情、眼睛瞳孔的位置，甚至利用人体的气味、体温来控制输入。三维图像输出将能实时地合成真实的视频图像，包括完整的戏剧电影，还允许计算机合成的图像和人面对面交谈。平面液晶显示器将可以像眼镜一般戴在脸上，构成可移动的计算机。

计算机的外形及尺寸大小将随着不同的对象和环境而变化，甚至朝着个人化量体定做的方向发展。特别是嵌入式的计算机，可以遍及汽车、房间、车站、机场及各种建筑场，使用者利用随身携带的信息操作器具，无须做任何连接方式，利用红外线传输方式，随时从公共场所服务器主机上接收所需的信息，包括个人的电子邮件等。尤其是个人身上穿戴的计算机连同身上网络，可以随时随地照顾用户健康、安全，并帮助用户在复杂的物理空间环境中工作，如汽车、飞机驾驶等。

在普及型的计算机发展同时，大型系统也将获得巨大发展，将来由低价、通用的多处理机组成的群机系统来替代单一的大型系统。在这个群机系统中，每个计算机通过快速的系统级存储区域网络（Storage Area Network，SAN）和其他计算机通信。群机系统可以扩展到上千个节点，对于数据库和联机事务处理（OnLine Transaction Processing，OLTP）的应用，群机能像单机一样运转。群机能开发隐含在处理并行多用户中或在处理包含在多个存储设备的大型查询中的并行性。一个具有几十个节点的 PC 群机系统，每天可执行 10 亿多次事务处理，比目前最大的大型机吞吐量还大。科学计算将在高度专用、类似 CRAY 的多向量结构的计算机上运行。

前面提到的网络带宽问题，到 2046 年，每光波长携带数吉字节的光纤将会很普遍地进入广大家庭用户中，那时带宽将不再是问题。它们将为电话、可视电话、电视、网络访问、安全监控、家庭能源管理以及其他各种设备服务。

虽然不能对未来的计算机预知得那么清晰、那么准确，但是，仅就上述的描述，也就可以想象几十年后，计算机给人类带来的绚丽多彩的生活和人类社会的美好憧憬绝不是幻想。

▶ 2.3.2　计算机硬件主要技术指标

衡量一台计算机性能的优劣是根据多项技术指标综合确定的。其中，既包含硬件的各种性能指标，又包括软件的各种功能。这里主要讨论硬件的技术指标。

1）机器字长

机器字长是指 CPU 一次能处理数据的位数，通常与 CPU 的寄存器位数有关。字长越长，数的表示范围越大，精度也越高。机器的字长也会影响机器的运算速度。倘若 CPU 字长较短，又要运算位数较多的数据，那么需要经过两次或多次的运算才能完成，这样势必影响机器的运算速度。

机器字长对硬件的造价也有较大的影响。它将直接影响加法器（或 ALU）、数据总线以及存储字长的位数。所以机器字长的确定不能单从精度和数的表示范围来考虑。

2）储存容量

存储器的容量应该包括主存容量和辅存容量。

主存容量是指主存中存放二进制代码的总位数。即

$$存储容量＝存储单元个数 \times 存储字长$$

MAR 的位数反映了存储单元的个数，MDR 的位数反映了存储字长。例如，MAR 为 16 位，根据 $2^{16}＝65535$，表示此存储体内有 65536 个存储单元；而 MDR 为 32 位，表示存储容量为 $2^{16}×32＝2^{21}＝2M$ 位（$1MB＝2^{20}B$）。

现代计算机中常以字节数来描述容量的大小，因 1 个字节已被定义为 8 位二进制代码，故用字节数便能反映主存容量。例如，上述存储容量为 2M 位，也可用 218 字节表示，记作 218B 或 256KB。

辅存容量通常用字节数来表示，例如，某机辅存（如硬盘）容量为 80GB（$1GB＝1024MB＝2^{30}B$）。

3）运算速度

计算机的运算速度与许多因素有关，如机器的主频、执行什么样的操作、主存本身的速度

（主存速度快，取指、取数就快）等都有关。早期用完成一次加法或乘法所需的时间来衡量运算速度，即普通法，显然是很不合理的。后来采用吉普森（Gibson）法，它综合考虑每条指令的执行时间以及它们在全部操作中所占的百分比，即

$$T_m = \sum_{i=1}^{n} f_i t_i$$

其中，T_M 为机器运行速度；f_i 为第 i 种指令占全部操作的百分比数；t_i 为第 i 种指令的执行时间。

现在机器的运算速度普遍采用单位时间内执行指令的平均条数来衡量，并用百万条指令每秒（Million Instruction Per Second，MIPS）作为计量单位。例如，某机每秒能执行 200 万条指令，则记作 2MIPS。也可以用 Cycle Per Instruction（CPI）即执行一条指令所需的时钟周期（机器主频的倒数）数，或用浮点运算次数每秒（Floating Point Operation Per Second，FLOPS）来衡量运算速度。

2.4　小结

本章主要介绍计算机的组成概貌及工作原理，旨在使读者对计算机总体结构有一个概括的了解，并简要介绍计算机的发展史以及它的应用领域，展望计算机的未来。

2.5　思考与练习

1. 什么是计算机系统、计算机硬件和计算机软件？硬件和软件哪个更重要？

2. 如何理解计算机系统的层次结构？

3. 说明高级语言、汇编语言和机器语言的差别及其联系。

4. 如何理解计算机组成和计算机体系结构？

5. 冯·诺依曼机的特点是什么？

6. 画出计算机硬件组成框图，说明各部件的作用及计算机硬件的主要技术指标。

7. 解释概念：主机、CPU、主存、存储单元、存储元件、存储基元、存储元、存储字、存储字长、存储容量、机器字长指令字长。

8. 解释英文代号：CPU、PC、IR、CU、ALU、ACC、MQ、X、MAR、MDR、I/O、MIPS、CPI、FLOPS。

9. 指令和数据都存于存储器中，计算机如何区分它们？

10. 什么是指令？什么是程序？

11. 通常，计算机的更新换代以什么为依据？

12. 举例说明专用计算机和通用计算机的区别。

13. 什么是摩尔定律？该定律是否永远生效？为什么？

14. 举 3 个实例，说明网络技术的应用。

15. 举例说明人工智能方面的应用有哪些。

16. 举例说明哪些计算机的应用需采用多媒体技术。

17. 设想一下计算机的未来。

第3章 数据结构

计算机已成为人类求解问题的重要工具，在利用计算机求解问题时，不可避免地要存储和处理该问题所涉及的数据，而这些数据之间是存在一定逻辑关系的。只有合理地组织和存储这些数据，才能设计出高效的算法。数据结构就是研究计算机求解问题时，数据在计算机中的组织和存储方式的。本章介绍数据结构的基本概念，讨论线性表、栈、队列、树、二叉树、图等几种基本数据结构的特点与应用。

3.1 数据结构的基本概念

在利用计算机求解问题时，都会涉及一些数据，这些数据元素之间存在一定的逻辑关系。为了更好地求解问题，需要把问题所涉及的数据按照一定的逻辑关系组织起来，并把这些数据和逻辑关系存储到计算机中。数据结构就是研究利用计算机求解问题时，数据在计算机中的组织和存储形式的。因此，数据结构可以定义为存在一定关系的数据元素的集合，数据结构中的"结构"就是指数据元素之间的关系。

瑞士著名计算机科学家 Niklaus Wirth 教授，1976 年出版了一本书，名字就是 *Algorithm+Data Structure=Programs*，这个公式揭示了程序的本质，说明数据结构和算法是构成程序的 2 个要素，这个公式在计算机科学领域的影响是非常深远的，也体现了数据结构的重要性。

在现实中，数据元素之间存在哪些逻辑结构呢？为了更好地回答这个问题，我们举 3 个例子。

（1）学生信息管理系统。表 3-1 是一份某校某年级的学生基本信息。该表包含 2022 级所有学生的基本信息，每一位同学的信息由 5 个属性组成，分别是学号、姓名、性别、年龄、专业。如果把这些同学的基本信息采用表 3-1 的形式组织起来，每位同学在表中，前面只有一位同学的信息，后面也只有一位同学的信息，数据的这种组织方式，称为线性结构，很容易看出，线性结构中的元素之间的前驱后继关系是一对一的。

表 3-1 学生基本信息表

学　　号	姓　名	性　别	年　龄	专　业
2022310109	章书	女	20	计算机
2022310231	刘错炬	男	21	计算机
2022320119	卢洁	女	21	物理
⋮	⋮	⋮	⋮	⋮
2022370829	林构	男	19	电子信息

（2）家谱中最近公共祖先问题。家谱是记载父系家族世系的历史图籍，家谱最近公共祖先问题是寻找一个家族中两名成员在家谱中的最近的公共祖先。家谱的组织方式是：从该家族的最早祖先成员开始，作为该家族的第一代，其儿子作为家族的第二代，其儿子的儿子作为该家族的第三代，以此类推。图 3-1 是王氏家族家谱成员关系图，图 3-1 中王一为所有子孙的祖先，

也是该家族的第一代，而王一一、王一二和王一三是该家族的第二代。从图 3-1 可以看出，家谱中的每一个成员的后代可以有多个，而其上一代只有一个，这种组织方式看上去像一棵倒长的"树"，树根是该家谱的第一代。元素的这种组织方式，被称为树。树形结构中数据元素之间的前驱后继的关系是一对多的。家谱采用树形结构来组织，寻找最近公共祖先的过程就是从树上两个节点沿树枝往根的方向行进，直至找到最近公共祖先的过程，比如王三六和王三四的公共祖先是王一一。

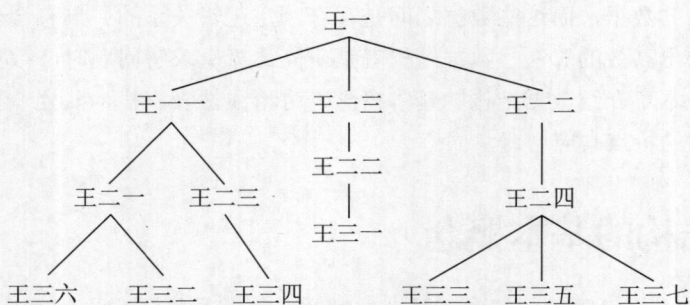

图 3-1　家族宗谱示例

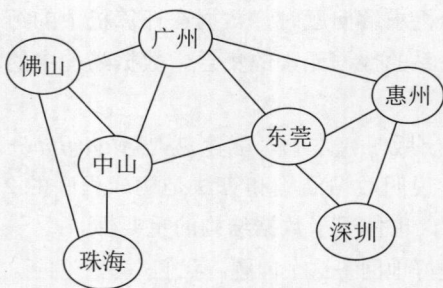

图 3-2　旅游交通网络图

（3）旅游交通规划问题。随着城市间交通网络的发展，旅游交通变得越加方便，从一个城市到另一个城市可以有多条路径，因此当要去多个城市旅游时，需要规划一个合理的旅游路径。在图 3-2 中佛山、广州、珠海、东莞都可以是中山的前驱，也都可以是中山的后继。因此，城市的前驱和后继关系是多对多的，元素的这种组织方式，被称为图。

从以上 3 个例子可以看出，不同的问题，数据元素之间的逻辑关系可能是不一样的，它们可能是一对一的线性关系，也可能是一对多的树形关系，还可能是多对多的图。为了有效地解决问题，需要选择合适的方式来组织这些数据元素，这样才能设计出高效的算法。数据结构就是研究数据元素的组织和存储方式的，包括：数据元素之间的逻辑上是什么关系，该如何把元素以及元素之间的关系存储起来，能施加在这种数据元素上的操作有哪些，以及该数据结构的经典算法有哪些等。

数据结构（Data Structure）是相互之间存在一种或多种特定关系的数据元素的集合，数据结构可以形式化为一个二元组：

$$Data\_Structure = (D, S) \tag{3-1}$$

其中，D 是数据元素的有限集，S 是 D 上关系的有限集。

典型的数据元素间的关系有以下 4 类。

（1）集合关系：数据元素间除"同属于一个集合"外，无其他关系，如图 3-3（a）所示。

（2）线性关系：数据元素之间存在一对一的线性关系，如图 3-3（b）所示。线性表、栈、队列、串等都是典型的线性结构。

（3）树形关系：数据元素之间存在一对多的层次关系，如图 3-3（c）所示。树、二叉树、森林等都是典型的树形结构。

（4）图关系：数据元素之间存在多对多的任意关系，如图 3-3（d）所示。有向图、无向图、有向网、无向网等都是典型的图。

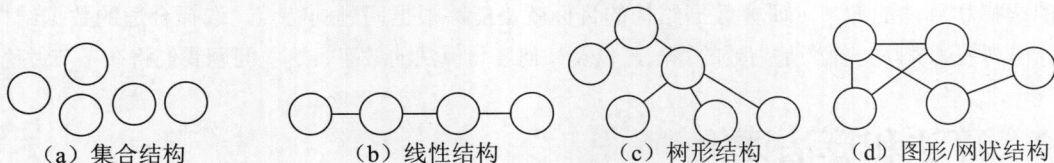

| （a）集合结构 | （b）线性结构 | （c）树形结构 | （d）图形/网状结构 |

图 3-3　基本数据结构示意图

以上 4 类关系反映了数据元素之间逻辑关系，它与数据存储无关，独立于计算机的实现，因此称之为数据的逻辑结构。然而，在解决实际问题时，不但要研究问题所涉及数据的逻辑结构，还要研究如何把这些数据以及数据间的关系存储到计算机中，数据及关系在计算机中的存储方式称为数据的物理结构或存储结构。数据的逻辑结构和物理结构是数据结构的两方面，同一逻辑结构可以用不同的存储结构来存储。

数据的存储结构通常有两种方式——顺序存储和非顺序存储，对应两种不同的存储结构——顺序存储结构和链式存储结构。

（1）顺序存储结构：借助元素在存储器中的相对位置来表示数据元素间的逻辑关系，顺序存储结构通常用数组来实现。例如一个线性表 $\{a_1, a_2, \cdots, a_n\}$ 的顺序存储形式见图 3-4，即用一片地址连续的存储空间依次存储线性表的各个元素。设该线性表在存储器中的起始地址为 L_0，m 为每个元素的存储空间的大小。元素之间的关系是借助于元素的地址来表示的，比如 a_i 元素的地址是 $L_0+(i-1)\times m$，$L_0+(i-2)\times m$ 存储的就是 a_i 的前驱 a_{i-1} 的存储地址，$L_0+i\times m$ 存储的就是 a_i 的后继 a_{i+1} 的存储地址。

L_0	a_1
L_0+m	a_2
$L_0+2\times m$	a_3
	$\vdots$
$L_0+(i-1)\times m$	a_i
	$\vdots$
$L_0+(n-1)\times m$	a_n

图 3-4　线性表的顺序存储形式

（2）链式存储结构：链式存储是借助指针表示数据元素间的逻辑关系，链式存储结构常用各种链表来实现。例如一个 4 个元素的线性表 { 元素 1，元素 2，元素 3，元素 4} 的链式存储结构见图 3-5，该线性表的元素可以存储在内存中的任意存储单元中，为了表示元素之间的逻辑关系，每个元素引入了一个指向后继元素的指针，通过后继指针表示元素之间一对一的关系。树形结构和图结构也可以通过指针来存储元素之间的前驱后继关系，链式存储不要求所有元素存储在一片连续的存储空间，是通过指针来表示元素之间的关系，因此有额外的存储指针的存储开销。

存储地址	存储内容	指针
1345	元素1	1400
1349	元素4	u
$\vdots$	$\vdots$	$\vdots$
1400	元素2	1536
$\vdots$	$\vdots$	$\vdots$
1536	元素3	1349

图 3-5　线性表的链式存储结构

不同的问题，数据组织形式往往是不同的，即使同一问题，不同的数据组织形式也会影响算法的选择和算法的效率。研究数据结构的目标就是能够根据问题的特点，选择合适的数据结构，设计出高效的算法。什么是高效的算法，以及如何度量算法的效率，这些问题我们将在下节讨论。

3.2 算法和算法评价

▶ 3.2.1 算法的基本概念

算法（Algorithm）是对特定问题求解步骤的一种描述，表现为指令的有限序列。例如：求两个整数的最大公因数的算法可以描述如下：

```
输入两个整数赋给变量 m, n;
if (m < n)  swap(m, n)
r = m%n。
while(r != 0)
    { m = n, n = r, r=m%n; }
输出最大公约数 n;
```

算法具有以下 5 个特性，可借助求两个整数的最大公因数的算法，理解一下算法的 5 个特性。

（1）**有穷性**：一个算法必须在执行有穷步骤之后结束，且每一步都可以在有穷时间内完成，任何不会终止的算法都是没有意义的。

（2）**确定性**：算法的每一条指令必须是确切定义的，不能产生二义性。

（3）**可行性**：算法是可以执行的，算法中的每一个步骤可被分解为有限的可执行的操作步骤，即每个计算步骤都可以在有限时间内执行有限次来完成（也称之为有效性）。

（4）**输入**：算法有 0 个或多个输入。

（5）**输出**：算法至少有一个输出。

算法的描述不用依赖于任何一种计算机语言以及具体的实现手段，当然，用某种计算机语言的伪码描述往往使算法更容易理解，例如上面求两个整数最大公因数的算法是采用类 C 语言来描述的。

算法与程序是两个不同的概念，首先程序可以无限运行（例如操作系统），而算法必须在有限步骤后终止；其次程序需要严格满足某种语言的语法要求，才能编译执行；而算法只是问题的求解步骤的描述，无须严格满足某种语言的语法规则。

▶ 3.2.2 算法的评价

同一个问题，往往存在多种求解算法，应该尽量设计出好的算法。那么如何评价一个算法的好与坏呢？简单讲，好的算法应该是消耗计算机资源尽量少的算法，计算机最重要的资源有两个：CPU 资源和存储器资源。算法消耗 CPU 资源的多少，叫作算法的时间开销，通常用时间复杂度 $T(n)$ 来度量；消耗存储器资源的大小，叫作算法的空间开销，通常用空间复杂度 $S(n)$ 来度量。

1. 时间复杂度

度量算法的时间复杂度通常有两种方法：事后统计的方法和事前分析估算的方法。

1）事后统计方法

事后统计是指利用计算机计时功能，运行基于不同算法编写的程序，用一组或多组相同的测试数据作为输入，比较运行时间的差异。但这种方法有两方面的不足：一是必须先依据算法编制程序；二是所得时间统计量依赖于硬件、软件等环境因素，因此在比较算法效率的优劣时，要求两个算法编写的程序运行的软硬件环境一致，才有意义。比如图 3-6 是快速排序和冒泡排序两种算法的效率在不同的数据规模下的比较结果。从运行结果上看，快速排序算法的效率高于冒泡排序算法的效率。

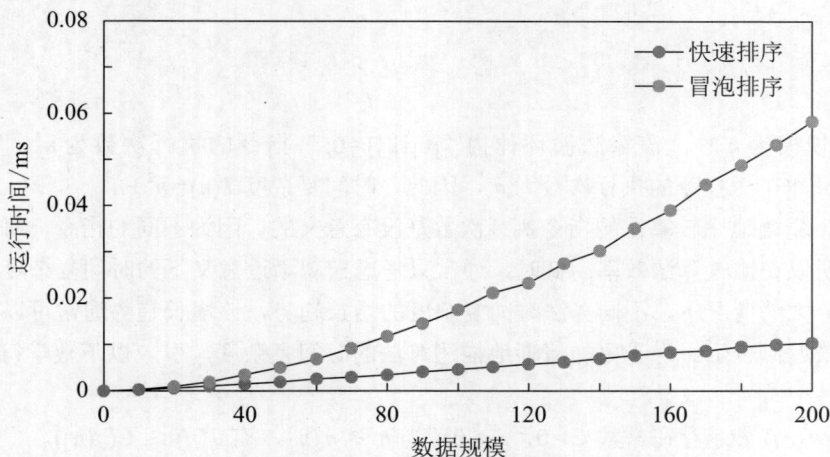

图 3-6　两种排序算法的执行时间比较

C 语言提供了 clock() 函数，该函数可以捕捉从程序开始执行到 clock() 被调用时 CPU 的时钟计时单位数（clock tick 数），该函数返回的数据类型是 clock_t 类型，clock_t 类型其实就是 long 类型，即长整型。clock() 函数的头文件是 time.h。在被测试程序的前后分别调用 clock() 函数，分别记录被测试程序执行前后的 CPU 的时钟单位数，再利用两个值之差除以每秒时钟单位数，就得到了被测试算法的运行时间（单位秒）。C 语言提供了常量 CLK_TCK，该常量给出了 CPU 每秒的时钟单位数，CLK_TCK 在不同机器中值可能不一样。

例如：下面代码能够输出 function() 这个函数的运行时间。

```c
#include <stdio.h>
#include <time.h>
clock_t  start, stop;                    /* clock_t 是 clock() 函数返回的变量类型 */
double  duration;                        /* 记录被测函数运行时间，以秒为单位 */
int main ()
{   /* 不在测试范围内的准备工作写在 clock() 调用之前 */
    start = clock();                     /* 开始计时 */
    function();                          /* 被测函数 */
    stop = clock();                      /* 停止计时 */
    duration = ((double)(stop - start))/CLK_TCK;    /* 计算运行时间（秒） */
    printf("%lf\n", duration);
        /* 其他不在测试范围的处理写在后面，例如输出 duration 的值 */
    return 0;
}
```

2）事前分析估算方法

该方法撇开了与计算机硬件、软件相关的因素，只考虑算法本身的效率高低。算法是指令的序列，因此可以用基本指令在算法中的执行次数来度量算法的时间复杂度。通常，算法基本指令的执行次数是问题规模 n 的函数。

例如：以下为 $n×n$ 矩阵相乘的算法。

```
for (i=1; i<=n; i++)
    for (j=1; j<=n; j++)
    {
        c[i][j] = 0;
        for (k = 1; k <= n; k++)
            c[i][j] = c[i][j] + a[i][k] * b[k][j];
    }
```

当问题规模为 n 时，该算法循环体内 " c[i][j]=0; " 指令的执行次数为 n^2， " c[i][j]=c[i][j]+a[i][k]*b[k][j]; " 指令的执行次数为 n^3，因此，时间复杂度 $T(n)=n^2+n^3$。

事实上，精确地比较算法的指令执行次数是没有意义的，因为不同的指令，每步执行时间可能不同。所以在比较算法效率高低时，通常只考虑宏观渐近意义下的时间复杂度，即考虑问题规模 n 充分大的情况下，不同算法时间复杂度的增长趋势，该增长趋势通常可以用一个简单的函数 $f(n)$ 来近似表示。为了更加清晰地描述算法的时间复杂度，引入以下数学符号 O，O 的含义如下：

$T(n)=O(f(n))$ 表示存在常数 $C>0$，$n_0>0$，当 $n \geqslant n_0$ 时，有 $T(n) \leqslant C(f(n))$。

$T(n)=O(f(n))$ 表示随着问题规模 n 的增大，算法执行时间的增长率和 $f(n)$ 的增长率相同，$f(n)$ 是 $T(n)$ 的上界函数，$f(n)$ 称作算法的渐近时间复杂度，简称时间复杂度。

显然，$T(n)$ 的上界 $f(n)$ 有多个，为了更好地描述算法的复杂度，通常选取最小的上界函数。

在分析算法的时间复杂度时，通常关注 3 种时间复杂度：

（1）最坏时间复杂度 $T_{worst}(n)$；

（2）平均时间复杂度 $T_{avg}(n)$；

（3）最好时间复杂度 $T_{best}(n)$。

通常，$T_{worst}(n) \geqslant T_{avg}(n) \geqslant T_{best}(n)$，对 $T_{worst}(n)$ 和 $T_{best}(n)$ 的分析往往比对 $T_{avg}(n)$ 的分析容易，因为很多情况下"平均"的定义比较复杂。

一个指令的频度是该指令在算法中执行的次数，基于频度的概念，可以得到计算算法时间复杂度的通用方法：

（1）选出算法中频度最大的指令；

（2）计算规模为 n 时，最坏情况、平均情况或最好情况下该指令的频度函数，分别对应算法的最坏时间复杂度、平均时间复杂度、最好时间复杂度；

（3）频度函数中去掉常量及阶小的项。

例如上面 $n×n$ 矩阵相乘的算法，循环体内 " c[i][j]=0; " 指令频度为 $f(n)=n^2$， " c[i][j]=c[i][j]+a[i][k]*b[k][j]; " 指令频度为 $f(n)=n^3$，选取最大频度为 $f(n)=n^3$，所以该算法的时间复杂度为 $T(n)=O(n^3)$。

又如，在下面的选择排序 select_sort() 算法中：

```
void select_sort (int& a[], int n)
{
    for (i=0; i<n-1; ++i)
    {
```

```
        j=i;                                   // 选择第 i 个最小元素
        for(k=i+1; k<n; ++k)
            if(a[k] < a[j])j=k;
        if(j!=i) swap(a[j], a[i]);
    }
}
```

基本操作为" a[k]<a[j]"，可以看出，" a[k]<a[j]"的语句频度为$f(n)=n\times(n-1)/2$，化简后，时间复杂度为$T(n)=O(n^2)$。

再如，在下面的冒泡排序 bubble_sort() 算法中：

```
void bubble_sort (int& a[], int n)
{
    for (i=n-1, change=TRUE; i>1 && change; --i)
    {
        change = FALSE;                         // change 为元素进行交换标志
        for(j=0; j<i; ++j)
            if (a[j] > a[j+1])
                {   swap(a[j], a[j+1]); change=TRUE;   }
    }
}
```

该算法的基本操作为" swap(a[j], a[j+1])"，此函数最坏和平均时间复杂度为$O(n^2)$，最好时间复杂度为$T_{best}(n)=O(n)$。

常见的算法时间复杂度有$O(1)$、$O(\log n)$、$O(n)$、$O(n\log n)$、$O(n^k)$、$O(a^n)$、$O(n!)$和$O(n^n)$等形式。其中，$O(1)$表示算法的时间复杂度为常数，被称为常数复杂度，即算法操作执行次数与n无关。$O(n)$的时间复杂度被称为线性复杂度，其运行时间和n成正比。时间复杂度为$O(\log n)$的算法运行时间与$\log n$成正比，被称为对数复杂度。

图 3-7 给出了几种典型的时间复杂度函数的算法执行时间随着问题规模n增大的变化情况。不难看出，随着n值的不断增大，各种时间复杂度函数增长速度不相同。易知，当n值增大到一定程度之后，各种不同的时间复杂度函数对应的值存在如下关系：

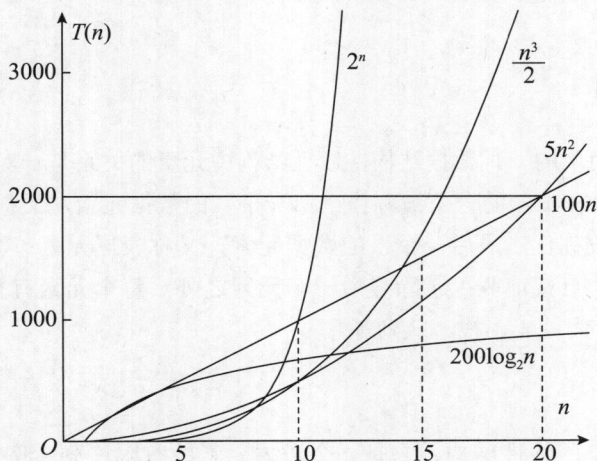

图 3-7　常见函数的增长率

$$O(1) < O(\log n) < O(n) < O(n\log n) < O(n^2) < O(n^3) < O(2^n) < O(3^n)$$

表 3-2 统计了几种时间复杂度的算法随着问题规模变大的时间花销情况，从表中可以看出，随着问题规模的变大，算法的时间花销都会增加，$O(n^k)$ 时间复杂度的算法时间花销增长的速度与 k 有关，k 越大增长的越快。而 $O(a^n)$ 指数级别的时间复杂度的算法，n 增长到 50 以上，几乎不可解了。

表 3-2 时间复杂性函数不同的算法随问题规模变化的用时情况

时间复杂度	问题 规 模					
	10	**20**	**30**	**40**	**50**	**60**
n	10^{-5}	2×10^{-5}	3×10^{-5}	4×10^{-5}	5×10^{-5}	6×10^{-5}
n^2	10^{-4}	4×10^{-4}	9×10^{-4}	16×10^{-4}	25×10^{-4}	36×10^{-4}
n^3	10^{-3}	8×10^{-3}	27×10^{-3}	64×10^{-3}	125×10^{-3}	216×10^{-3}
n^5	10^{-1}	3.2	23.3	1.7 分	5.2 分	13.0 分
2^n	0.001 秒	1.0 秒	17.9 分	12.7 天	35.7 年	366 世纪
3^n	0.059 秒	58 分	6.5 年	3855 世纪	2×10^8 世纪	1.3×10^{13} 世纪

2. 空间复杂度

算法的空间复杂度是指算法从开始到结束所需的存储空间的大小。算法占用的存储空间包括：

（1）输入 / 输出数据；

（2）算法本身；

（3）额外需要的辅助空间。

输入 / 输出数据占用的空间是必需的，算法本身占用的空间可以通过精简算法来缩减，但这个压缩的量是很小的，可以忽略不计。而在运行时使用的辅助变量所占用的空间，即辅助空间是衡量空间复杂度的关键因素。

类似于算法的时间复杂度，空间复杂度可以用一个问题规模的函数来度量，记作 $S(n) = O(f(n))$，其中 n 为问题的规模。

3.3 线性结构

线性结构是最为简单的一种数据结构，线性结构中元素的关系是一对一的。线性结构的特点是：①线性结构中存在唯一的一个被称作"第一个"的数据元素，又称表头元素；②线性结构中存在唯一的一个被称作"最后一个"的数据元素，又称表尾元素；③除第一个元素之外，每个元素有且只有一个直接前驱；④除最后一个元素之外，每个元素有且只有一个直接后继。典型的线性结构包括：线性表、栈、队列等。

▶ 3.3.1 线性表

线性表是一种典型的线性结构，它是 n 个数据元素的有限序列。例如，英文字母表（A，

B，C，…，Z）是一个线性表，表中的数据元素是单个字母字符。再如，某校的学生健康情况登记表，如表 3-3 所示。

表 3-3　学生健康情况登记表

姓　名	学　号	性　别	年　龄	健 康 情 况
王小林	790631	男	18	健康
陈红	790632	女	20	一般
刘建平	790633	男	21	健康
张立立	790634	男	17	神经衰弱
…	…	…	…	…

线性表中的元素可以是各种各样的，但同一线性表中的元素具有相同的特性和结构。若将线性表记为 $(a_1, a_2, \cdots, a_{i-1}, a_i, a_{i+1}, \cdots, a_n)$，$a_i$ 是线性表中第 i 个元素。当 $1 < i < n$ 时，a_i 的直接前驱是 a_{i-1}，a_i 的直接后继是 a_{i+1}。a_1 无直接前驱，a_n 无直接后继。表中的元素个数 n 定义为表的长度，$n=0$ 时称该线性表为空表。当线性表非空时，表中的每一个元素都有确定的位置，i 为数据元素 a_i 在线性表中的位序。

线性表的顺序存储形式称为顺序表，顺序表是采用一组连续的存储单元依次存储线性表中的元素；线性表的链式存储形式称为链表，链表是采用一组任意的存储单元存储线性表中的元素。

例如，一元多项式 $P_n(x)$ 可按升幂写成：

$$p_n(x) = p_0 + p_1 x + p_2 x^2 + \cdots + p_n x^n$$

可以用线性表来表示一个一元多项式，可以只考虑一元多项式的非零项，每一个非零项 $p_i x^i$ 涉及两个信息：指数 i 和系数 p_i。因此，可以将多项式转为由 (p_i, i) 二元组组成的线性表。例如，$S(x) = 2x^{20000} + 3x^{1000} + 1$ 对应的线性表为 $((2, 20000), (3, 1000), (1, 0))$。一元多项式在计算机中的存储既可以采用顺序存储结构，也可以采用链式存储结构。下面分别讨论。

1）一元多项式的顺序存储结构

采用顺序表来存储一个一元多项式，就是在内存中申请一片连续的存储空间，依次来存储一元多项式各个非零项的元素值。类似于采用结构体数组来存储。比如上述的 $S(x)$ 多项式顺序存储形式如图 3-8 所示。

a_0	2	20000
a_1	3	1000
a_2	1	0

图 3-8　$S(x)$ 的顺序存储结构

2）一元多项式的链式存储结构

一元多项式 $S(x)$ 也可以采用单链表来存储，如图 3-9 所示。

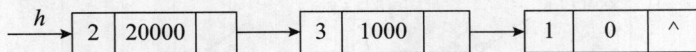

图 3-9　$S(x)$ 的链式存储结构

▶ 3.3.2　栈

栈（Stack）是仅在表尾进行插入或删除的线性表。因此，对于栈来说，表尾端称为栈顶，

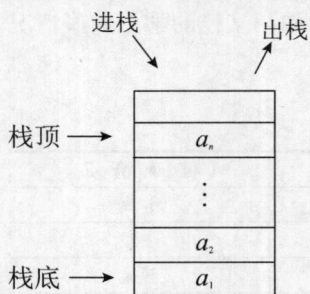

图 3-10　栈的示意图

表头端称为栈底。

栈的插入操作通常称为进栈或入栈（Push），栈的删除操作通常称为出栈或退栈（Pop）。每次出栈总是当前栈中"最新"的元系，即最后入栈的元素，而最先入栈的元素总是放在栈底，最后才能删除。因此，栈被称为先进后出（First In Last Out，FILO）的线性表。如图 3-10 所示，假设栈 $S=(a_1, a_2, \cdots, a_n)$，则称 a_1 为栈底元素，a_n 为栈顶元素。栈中元素按 $a_1, a_2, \cdots, a_n$ 顺序进栈，n 个元素全部进栈后，退栈的第一个元素应为栈顶元素 a_n，退栈的顺序为：$a_n, a_{n-1}, \cdots, a_1$。

在日常生活中，还有很多类似栈的例子。例如，单列停车的车库，如图 3-11 所示。车辆入库时总是逐个停在前一辆车的后面，而出库时从后往前逐个开出车库。

图 3-11　单列停车道的车库

栈在计算机算法中有很广泛的应用，比如：编译系统中的算符优先算法、括号匹配算法、函数调用时的现场保护等。图 3-12 是一个函数嵌套调用的示意图。当 main() 函数调用函数 a 时，系统将 main() 函数的局部变量及调用 a() 函数指令的下一条指令的地址（返回地址）保存在栈中，程序控制转移到 a() 函数，a() 函数调用 b() 函数时，系统又将 a() 函数的局部变量及调用 b() 函数指令的下一条指令的地址保存栈（返回地址）中，程序控制转移到 b() 函数，开始执行 b() 函数。b() 函数执行结束后，利用栈恢复 a() 函数的现场，并取出返回地址，程序控制返回到 a() 函数中调用 b() 函数指令的下一条指令开始执行。a() 函数执行结束后，再到栈中取出返回地址，程序控制返回到 main() 函数中调用 a() 函数指令的下一条指令的开始执行，函数嵌套调用和返回的过程是先调用的后返回，符合栈的先进后出的存储策略。

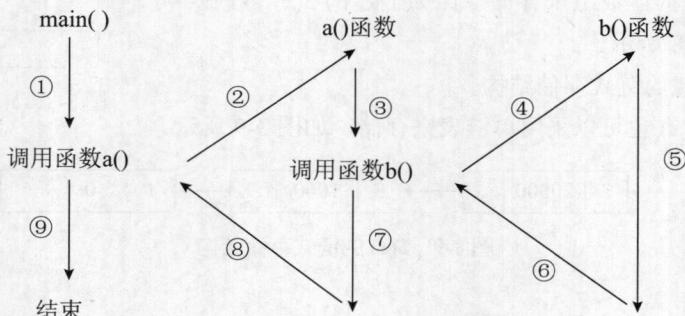

图 3-12　函数调用返回示意图

栈的存储策略是后进先出（或者先进后出），入栈相同的序列，可能会产生不同的出栈序列。如 1，2，3 三个数从空栈开始依次进行进栈、进栈、出栈、进栈、出栈、出栈的操作，得到的出栈序列为 2，3，1。

思考一个问题，1~N 这 N 个数按照以 1，2，3，…，N 的顺序进线，通过 N 次进栈和 N 次出栈操作，最后得到 1~N 的出栈序列，每一个出栈序列都是 1~N 的一个排列，思考一下这样的出栈序列有多少种？1~N 的全排列中哪些排列不会在出栈序列中？针对这个问题，引入以下两个结论。

结论 1：后进栈的元素如果出栈，此时若部分先进栈的元素还没出栈，则这些元素一定以入栈相反的顺序出栈。

结论 2：n 个不同元素进栈，出栈产生的不同排列的个数为 $\dfrac{1}{n+1}C_{2n}^{n}$，这个公式称为卡特兰（Catalan）数，可以采用数学归纳法证明。

与线性表一样，栈的存储结构也有顺序存储和链式存储两种，栈的顺序存储方式，称为顺序栈，顺序栈是用一片连续的存储空间来依次存储栈中的元素；栈的链式存储方式，称为链栈，链栈就是用链表来存储栈中的元素。

▶ 3.3.3 队列

队列（Queue）是只能在表的一端进行插入，在表的另一端进行删除的线性表。允许插入的一端称为队尾（Rear），允许删除的一端称为队头或队首（Front）。

队列跟我们日常生活中的排队购物、排队就医等是一致的，最早进入队列的元素最早离开队列。如图 3-13 所示，假设队列 $Q=(a_1, a_2, \cdots, a_n)$，那么 a_1 就是队头元素，a_n 则是队尾元素。向队列中插入新元素称为进队或入队（Enqueue），新元素进队后就成为新的队尾元素；从队列中删除元素称为出队或离队（Dequeue），元素出队后，其直接后继元素就成为队首元素。队列中的元素是按照 a_1，a_2，…，a_n 的顺序入队的，出队也只能按照这个顺序。因此，队列又被称为先进先出（又称 FIFO 结构）的线性表。

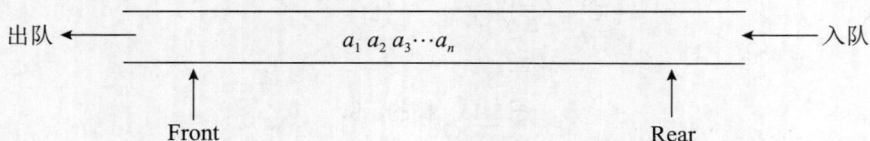

图 3-13 队列的示意图

计算机资源管理通常采用队列来管理，比如，打印队列、缓存队列等。

与栈一样，队列的存储结构也有顺序存储和链式存储两类，队列的顺序存储方式，称为顺序队列，为了优化顺序队列的存储空间，可以采用循环队列；队列的链式存储方式，称为链队列。

3.4 树形结构

现实世界中许多事物之间是层次关系的，例如，人类社会的家族谱、国家的行政组织、图书馆中的图书分类等。图 3-14 为动物界分类情况图，动物界可分为脊索动物门和原生动物门，而脊索动物门又可以分为哺乳纲、鸟纲、爬行纲及两栖纲等。这种自上而下形成的层次结构，类似一棵倒立的树，最上面的是树根，最下面是树叶，这样的结构，称为树形结构。典型的树

3.4

形结构包括树、二叉树、森林等。树形结构中除树根外的元素的前驱只有一个元素，后继可以有多个元素，因此，树形结构中元素间的关系是一对多的。

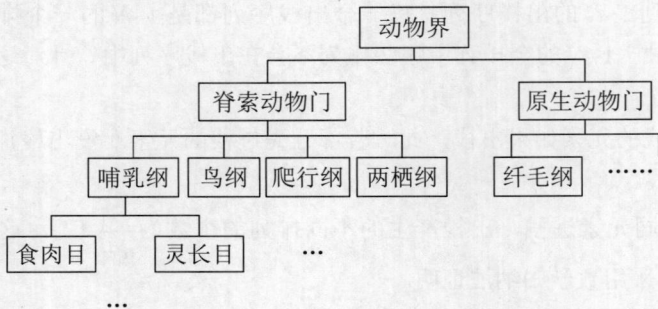

图 3-14　动物界分类情况

▶ 3.4.1　树的定义

树（Tree）是 $n(n \geqslant 0)$ 个节点的有限集 T，其中：①$n=0$ 称为空树；②当 $n>0$ 时，有且仅有一个特定的节点，称为树的**根**（Root）；③当 $n>0$ 时，除了根外的其余的节点可划分为 $m(m \geqslant 0)$ 个互不相交的有限集 T_1，T_2，$\geqslant$，T_m，其中每一个集合本身又是一棵树，称为根的**子树**（Subtree），如图 3-15 所示。

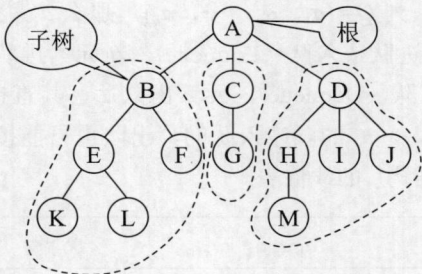

图 3-15　树的示例

下面给出树形结构的基本概念和术语。

（1）**双亲节点（或父节点）**：孩子节点的直接上层节点称为该节点的双亲（Parents），如图 3-15 中 A 是 B、C、D 的双亲节点。

（2）**孩子**：节点子树的根称为该节点的**孩子**（Child），如图 3-15 中 B、C、D 是 A 的孩子。

（3）**兄弟**：具有相同双亲的所有节点互称为**兄弟**（Sibling），如图 3-15 中 B、C、D 是兄弟。

（4）**祖先**：从某节点出发，顺着某条路径向上走到根节点，这条路径上经过的所有节点，都是该节点的**祖先**，如图 3-15 中 A 是所有节点的祖先。

（5）**子孙**：以某节点为根的子树中任一节点都称为该节点的子孙。如图 3-15 中，所有节点都是 A 节点的**子孙**。

（6）**叶子**：不存在孩子的节点称为**叶子**（Leaf）或**终端节点**，如图 3-15 中 K、L、F、G、M、I、J 均是叶子节点。

（7）**节点的度**：节点拥有的子树的个数称为该**节点的度**（Degree），叶子节点度为 0，如图 3-15 中 A 的度为 3，B 的度为 2。

（8）**树的度**：树的度是指一棵树中最大的节点度数，如图 3-15 中树的度为 3。

（9）**节点的层次（或节点深度）**：节点的层次（Level）是从根节点算起，根为第 1 层，根的孩子为第 2 层，以此类推。

（10）**树的深度（或树的高度）**：树中节点的最大层次数称为**树的深度（或树的高度）**，如图 3-15 中树的高度为 4。

（11）**堂兄弟**：双亲不同且在同一层的节点互称为**堂兄弟**，如图 3-15 中节点 F 和 G 就互为堂兄弟。

（12）**森林**（Forest）表示 $m(m \geqslant 0)$ 棵互不相交的树的集合。

对树中每个节点而言，其子树的集合即为森林。由此，任何一棵非空树可以由一个二元组来表示，即，Tree=(root, F)，其中 root 为根节点，F 为子树森林，如图 3-15 中根为 A 节点，B、C、D 为根的 3 个子树构成一个子树森林。

下面是树的性质。

（1）树中的节点是连通的，任意两个节点之间存在且只存在一条路径；

（2）一棵拥有 n 个节点的树，必然存在 $n-1$ 条边；

（3）树不存在回路，删除树中任意一条边都会导致树中某些节点不连通。

▶ 3.4.2　二叉树

1. 二叉树的定义

二叉树是一种特殊的树形结构，它是 $n(n \geqslant 0)$ 个节点的有限集，或为空树 $(n=0)$，或由一个根节点和两棵分别称为左子树和右子树的互不相交的二叉树构成。二叉树是一种特殊的树，其特点是每个节点至多有两棵子树（即二叉树中不存在度大于 2 的节点），并且其子树有左、右之分。基于以上定义可知，二叉树可能存在 5 种基本形态，如图 3-16 所示。

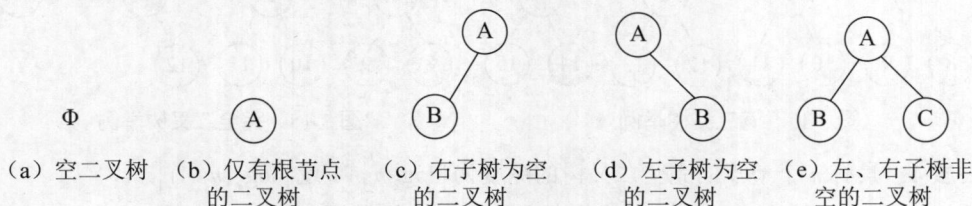

图 3-16　二叉树的 5 种基本形态

2. 二叉树的性质

二叉树具有下列重要特性。

性质 1：在二叉树的第 i 层上至多有 2^{i-1} 个节点 $(i \geqslant 1)$。

证明：可用归纳法证明：

$i=1$ 时，只有一个根节点，$2^{i-1} = 2^0 = 1$，性质 1 成立。

假设对所有 $j(1 \leqslant j < i)$，性质 1 成立，即第 j 层上至多有 2^{j-1} 个节点，那么，第 $j=i-1$ 层至多有 2^{i-2} 个节点，又因为二叉树每个节点的度至多为 2，所以第 i 层上最大节点数是第 $i-1$ 层的 2 倍，即 $2 \cdot 2^{i-2} = 2^{i-1}$。

故性质 1 得证。

性质 2：深度为 k 的二叉树至多有 $2^k - 1$ 个节点，$(k \geqslant 1)$。

证明：由性质 1，可知深度为 k 的二叉树最大节点数为

$$\sum_{i=1}^{k}(第i层的最大节点数) = \sum_{i=1}^{k} 2^{i-1} = 2^k - 1$$

性质 3：对任何一棵二叉树 T，如果其终端节点数为 n_0，度为 2 的节点数为 n_2，则 $n_0 = n_2 + 1$。

证明：设 n_1 为二叉树 T 中度为 1 的节点数，因为二叉树中所有节点的度均小于或等于 2，所以二叉树 T 节点总数：

$$n = n_0 + n_1 + n_2$$

再看二叉树的分支数，二叉树中，除根节点外，其余节点都只有一个分支进入，设 B 为分支总数，则 $n = B + 1$，又因为分支是由度为 1 和度为 2 的节点射出的，所以 $B = n_1 + 2n_2$。

于是可得

$$n = B + 1 = n_1 + 2n_2 + 1 = n_0 + n_1 + n_2$$

化简得

$$n_0 = n_2 + 1$$

完全二叉树和满二叉树是两种特殊形态的二叉树。

一棵深度为 k 且有 $2^k - 1$ 个节点的二叉树称为满二叉树，如图 3-17 所示是一棵深度为 4 的满二叉树。满二叉树的特点是每一层上的节点数都是最大节点数。而在一棵二叉树中，除最底一层外，其余层都是满的，并且最后一层或者是满的，或者是在右边连续缺少若干个节点，此二叉树称为完全二叉树，如图 3-18 所示是一棵完全二叉树。

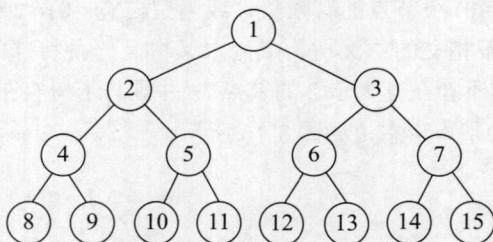

图 3-17　满二叉树举例　　　　图 3-18　完全二叉树举例

性质 4：具有 n 个节点的完全二叉树的深度为 $\lfloor \log_2 n \rfloor + 1$ 或 $\lceil \log_2(n+1) \rceil$。

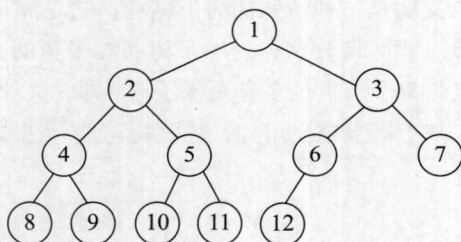

例如，图 3-18 的完全二叉树，其节点个数为 12，则其深度为 $\lfloor \log_2 12 \rfloor + 1 = \lfloor 3.58 \rfloor + 1 = 4$。

性质 5：若将完全二叉树的每个节点从上至下，从左至右进行编号，那么，对标号为 i 的节点，若 i 存在左孩子，则左孩子的编号为 $2i$；若 i 存在右孩子，则右孩子的编号为 $2i+1$。若 i 有双亲（根节点无双亲），则双亲的编号为 $i/2$ 向下取整。

例如，图 3-18 中，编号为 5 的节点，其双亲编号为 $5/2 = 2$，其左孩子节点编号 $2 \times 5 = 10$，其右孩子编号为 $2 \times 5 + 1 = 11$。

（性质 3 和性质 4 证明略）

3. 二叉树的遍历

二叉树的遍历就是按某条搜索路径访问树中每个节点，使得每个节点有且仅有一次被访问。这里"访问"的含义很广，可以是输出节点的信息或判定节点满足某些条件等。"遍历"对线性结构而言，只有一条搜索路径（因为每个节点均只有一个后继）。而二叉树每个节点可能有两个后继，则存在按照什么样的搜索路径遍历的问题。

二叉树是由三部分组成：根节点、左子树和右子树。因此，若能依次遍历这三部分，就可以遍历整个二叉树。假如以 L、D、R 分别表示遍历左子树、访问根节点和遍历右子树，则可有 DLR、LDR、LRD、DRL、RDL、RLD 这 6 种遍历二叉树的方案；若限定先左子树后右子树，则二叉树的遍历方案只有 3 种，分别称为先（根）序遍历（DLR）、中（根）序遍历（LDR）和后（根）序遍历（LRD）。基于二叉树的递归定义，可得下述遍历二叉树的递归算法定义。

（1）先（根）序遍历二叉树可定义为：

若二叉树为空，则返回；否则：

访问根节点；

先序遍历左子树；

先序遍历右子树。

（2）中（根）序遍历二叉树可定义为：

若二叉树为空，则返回；否则：

中序遍历左子树；

访问根节点；

中序遍历右子树。

（3）后（根）序遍历二叉树可定义为：

若二叉树为空，则返回；否则：

后序遍历左子树；

后序遍历右子树；

访问根节点。

除了以上三种遍历方法外，对二叉树还可以进行层次遍历，层次遍历二叉树就是对整个二叉树从上到下、从左到右依次访问各节点。

例如，图 3-19 是表达式 a+b*(c−d)−e/f 的语法树，该二叉树的 4 种遍历序列如下：

先序遍历序列为：−+a*b−cd/ef。

中序遍历序列为：a+b*c−d−e/f。

后序遍历序列为：abcd−*+ef/−。

层次遍历序列为：−+/a*efb−cd。

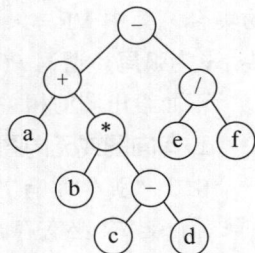

图 3-19　二叉树遍历举例

3.5　图

现实生活中很多问题中数据元素之间的关系更为复杂，无法用线性结构和树形结构很好地表示，比如：各个城市之间的交通网络、计算机网络、社会网络等，这些问题中数据元素之间的关系是多对多的，我们把这种数据结构称为图。

图论是以图为研究对象的数学分支，图论的创始人是欧拉。欧拉是人类历史上最伟大的数学家之一，被认为是 18 世纪数学界最杰出的人物之一。欧拉在 1736 年访问普鲁士的哥尼斯堡（现俄罗斯加里宁格勒），发现当地的市民正从事一项非常有趣的消遣活动。哥尼斯堡城中有一条河，河中有两个小岛，连接

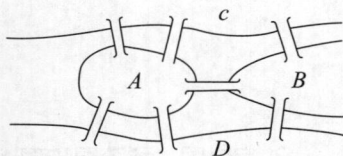

图 3-20　哥尼斯堡七桥问题

两岸和两个小岛有七座小桥，见图 3-20。这项有趣的消遣活动是在星期六进行一次走过所有七座桥的散步，每座桥只能经过一次而且起点与终点必须是同一地点，这就是著名的哥尼斯堡七桥问题。人们经过了很多尝试，都没有成功。欧拉把这个问题几何化，把每一块陆地用一个顶点表示，连接陆地的小桥用连接顶点的边表示。这样，哥尼斯堡七桥问题就转换为由 4 个顶点和 7 条边组成的图的一笔画问题。通过研究欧拉发现，一个图存在一笔画的解，需要当通过一条边到达一个顶点后，一定要通过另一个边离开这个顶点，所以每个顶点连接的边数应该是偶数。而哥尼斯堡七桥问题中的顶点连接的边数都是奇数个，所以是无解的。1736 年 29 岁的欧拉向圣彼得堡科学院提交了一篇《哥尼斯堡的七座桥》的研究报告，开创了数学的一个新的分支——图论与几何拓扑，也由此展开了数学史上的新历程。为纪念欧拉在这个问题上的贡献，将连通图中从一个顶点出发经过一次所有的边的路径称为欧拉路径，将连通图中从一个顶点出发经过所有的边一次又回到起点的回路称为欧拉回路，欧拉也被公认为图论的创始人。针对哥尼斯堡七桥问题，欧拉得出以下结论。

结论 1：连通图存在欧拉路的条件：有且只有 2 个奇点（顶点的度为奇数）。

结论 2：连通图存在欧拉回路的条件：有 0 个奇点。

▶ 3.5.1 图的定义和术语

图（Graph）是由一个有限非空顶点集 V 和一个有限弧集 R 构成的数据结构，因此图可以表示为一个 2 元组：

$$\text{Graph} = (V, \text{VR})$$

其中，V 是图的顶点集，在图中的数据元素通常称作顶点（Vertex），VR 是两个顶点之间关系的集合。其中 $\text{VR} = \{<v,w> | v,w \in V \text{ 且 } P(v,w)\}$，$<v,w>$ 表示从 v 到 w 的一条弧，并称 w 为**弧头**，v 为**弧尾**。谓词 $P(v,w)$ 定义了弧 $<v,w>$ 的意义或信息。

下面给出图的相关术语。

1. 有向图或无向图

由于"弧"是有方向的，因此称由顶点集和弧集构成的图为**有向图**。对于一个图，若存在 $<v,w> \in \text{VR}$ 必有存在 $<w,v> \in \text{VR}$，则称 (v,w) 为顶点 v 和顶点 w 之间存在一条边。由顶点集和边集构成的图称作**无向图**。弧或边带权的图分别称作**有向网**或**无向网**。

2. 子图

设图 $G_1 = (V, \text{VR})$ 和图 $G_1' = (V', \text{VR}')$，且 $V' \subseteq V$，$\text{VR}' \subseteq \text{VR}$，则称 G_1' 为 G_1 的**子图**。例如，图 3-21 中，图 3-21 中的（b）（c）（d）（e）均为图 3-21（a）的子图。

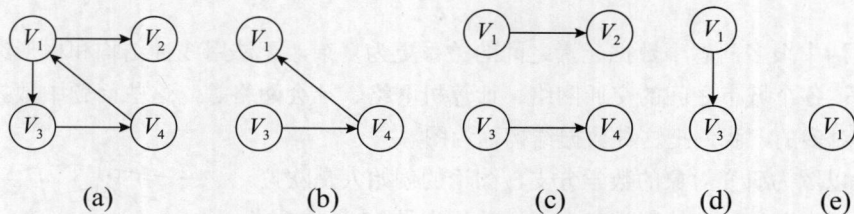

图 3-21 子图示例

3. 完全图、稀疏图和稠密图

完全图是指图中任意两个顶点都有边或双向弧相连的图。假设图 G 中有 n 个顶点，e 条边，由于无向完全图任何两个顶点都有边相连，边数应该是顶点数 n 中取 2 的组合数，即边数为：$e=n(n-1)/2$；有向图由于任何两个节点之间都有双向的弧，因此弧数为：$e=n(n-1)$；图中边（或弧）的个数比较少的图称为稀疏图，边（或弧）的个数比较多的图称为稠密图，一般认为，若边或弧的个数 $e<n\log_2 n$，则称作稀疏图，否则称作稠密图。

4. 邻接点、度、入度、出度

在无向图中，若顶点 v 和顶点 w 之间存在一条边，则称顶点 v 和 w 互为邻接点；边（v, w）和顶点 v 和 w 相关联，顶点 v 的度是指和顶点 v 相关联的边的数目。对有向图而言，顶点的出度是以顶点 v 为弧尾的弧的数目；顶点的入度是以顶点 v 为弧头的弧的数目；顶点的度 = 出度 + 入度。例如，图 3-21（a）中 V_1 的入度为 1，出度为 2，度为 3。由于每条边或弧都连接 2 个顶点，所以每条边或弧对总度数的贡献为 2，所以，图的总度数 = 边数（或弧数）×2。

5. 路径、路径长度、简单路径、简单回路

图 $G=(V$, VR) 中从顶点 u 到顶点 w 的路径是一个顶点序列 $\{u=v_0$, v_1, $\cdots$, $v_m=w\}$，其中 $<v_{j-1},v_j>\in$VR，$1\leq j\leq m$。路径上边或弧的数目称作路径长度。例如，图 3-22（a）其中路径 $\{V_3$, V_4, $V_1\}$ 的路径长度为 2。简单路径指路径序列中顶点不重复出现的路径。简单回路（或简单环）指路径序列中只有第一个顶点和最后一个顶点相同，其他顶点不重复出现的路径。例如，图 3-21（a）中 $\{V_1$, V_3, V_4, $V_1\}$ 就是一条简单回路。

6. 连通图、连通分量、强连通分量

对无向图，若图中任意两个顶点之间都有路径相通，则称此图为**连通图**，图 3-22（a）中的 G_2 就是一个连通图；若无向图是非连通图，如图 3-22（b）所示，则图中各个极大连通子图称作此图的连通分量。例如，图 3-22（c）是图 3-23（b）的两个连通分量。

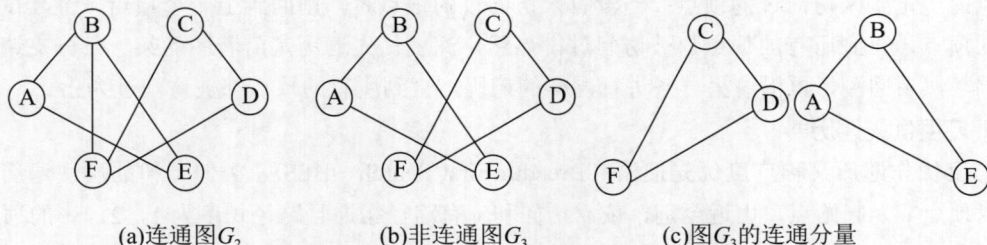

图 3-22 无向图及其连通分量

7. 强连通图、强连通分量

对有向图，若任意两个顶点之间都存在一条有向路径，则称此有向图为**强连通图**，例如，图 3-23（a）中的 G_4 就是一个强连通图。对非强连通有向图，其各个极大强连通子图称作它的**强连通分量**。例如，图 3-23（c）是图 3-23（b）的两个强连通分量。

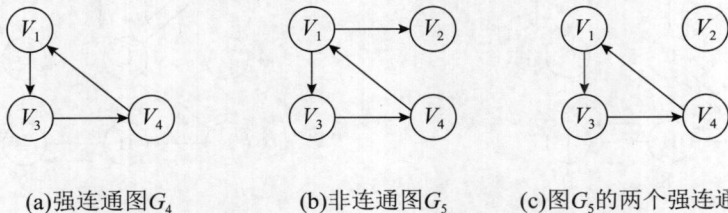

图 3-23 有向图及其强连通分量

8. 生成树、生成森林

设一个连通图有 n 个顶点和 e 条边，则由 n 个顶点和 $n-1$ 条边构成的连通子图称为此连通图的生成树。对于非连通图，各个连通分量生成树的集合称为此非连通图的生成森林。

▶ 3.5.2 图的遍历

图的遍历是从图中某个顶点出发，访问图中所有顶点，并且图中的每个顶点仅被访问一次的过程。图遍历的方式有两种，分别为深度优先遍历和广度优先遍历。

1. 深度优先遍历

深度优先遍历也叫深度优先搜索（Depth First Search，DFS）或深搜。深度优先遍历的过程如下。

（1）从图中某个顶点 V_0 出发，访问此顶点；

（2）依次从 V_0 的每个未被访问的邻接点出发，深度优先遍历图；

（3）直至图中所有和 V_0 有路径相通的顶点都被访问到。

以图 3-24 为例，该图的深度优先搜索遍历图的过程：从顶点 A 出发进行遍历，在访问了顶点 A 之后，选择邻接点 B，因为顶点 B 未被访问，则从顶点 B 出发对图进行深度优先遍历。以此类推，接着从顶点 E、顶点 G 出发对图进行深度优先遍历。在访问了顶点 G 之后，由于顶点 G 的邻接点都已经被访问，则回溯到顶点 E，继续回溯到顶点 B，此时由于顶点 B 的另一个邻接点 C 还未被访问，则又从顶点 B 到顶点 C，再继续进行下去。由此可以得到的顶点访问序列为 A->B->E->G->C->F->D->H->I。

可见，深度优先遍历的主要思想就是：首先以一个未被访问过的顶点作为起始顶点，沿当前顶点的边走到未访问过的顶点；当没有未访问过的顶点时，则回到上一个顶点，继续试探访问别的顶点，直到所有的顶点都被访问过。显然，深度优先遍历是沿着图的某一条分支遍历直到末端，然后回溯，再沿着另一条进行同样的遍历，直到所有的顶点都被访问过为止。

2. 广度优先遍历

广度优先遍历又称广度优先搜索（Breadth First Search，BFS），类似于树的层次遍历的过程，以顶点 v 为起始点，由近至远，依次访问和 v 有路径相通且路径长度为 1，2，…的顶点。

以图 3-25 为例，广度优先搜索遍历图的过程：从顶点 A 出发进行遍历，访问顶点 A 后，依次访问顶点 A 的邻接点 B、C、D，然后依次访问 B 的邻接点 E 和 C，D 的邻接点 F，再访问 E 的邻接点 G 和 F 的邻接点 H，最后访问 H 的邻接点 I。由此完成了图的遍历。得到的顶点访问序列为 A->B->C->D->E->F->G->H->I。

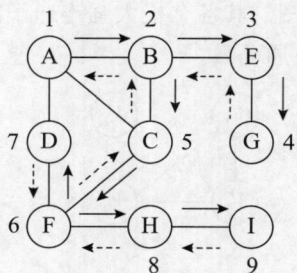

图 3-24 深度优先搜索遍历图的过程　　图 3-25 广度优先搜索遍历图的过程

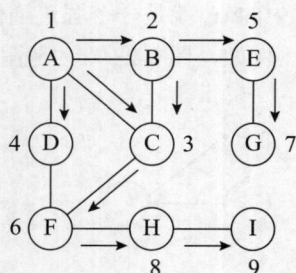

3.6　小结

本章介绍了数据结构的基本概念，算法的基本概念以及算法的 5 个特点，总结了算法分析的方法。然后介绍了线性结构、树形结构、图等基本数据结构的基本概念。通过本章的学习，学生应达到以下学习目标。

（1）了解数据结构的研究内容和研究目标。

（2）掌握数据结构的基本概念以及相关名词术语，数据结构包括数据的逻辑结构、存储结构及操作三部分。数据的逻辑结构分为线性结构和非线性结构两种；数据的存储结构分为顺序存储和链式存储两种。

（3）理解算法的特性及算法的评价标准，了解算法的时间复杂度和空间复杂度的分析方法。

（4）掌握线性结构、树形结构、图状结构的基本概念。

3.7　思考与练习

1. 简述算法及其特点。

2. 简述线性表、栈和队列的异同。

3. 指出如图习题 3 所示的树的根节点、深度、度和树的叶节点。指出 G 节点的孩子和双亲。指出树中各节点的度。

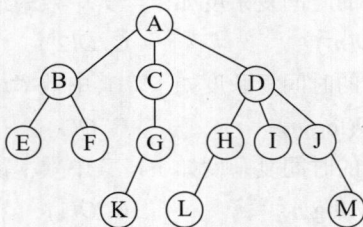

图　习题 3

4. 若把图习题 3 看作一个无向图，则写出该图的深度优先遍历和广度优先遍历的序列。

5. 选择题。

（1）下列程序段的时间复杂度是（　　　）。

```
count=0;
for(k=1;k<=n;k*=2)
    for(j=1;j<=n;j++)
        count++;
```

A. $O(\log_{2n})$　　　　　B. $O(n)$　　　　　C. $O(n\log_{2n})$　　　　　D. $O(n^2)$

（2）下列函数的时间复杂度是（　　　）。

```
int func(int n){
    int i=0, sum=0;
    while(sum<n)  sum+=++i;
    return i;
}
```

A. $O(\log n)$　　　　　B. $O(n^{1/2})$　　　　　C. $O(n)$　　　　　D. $O(n\log n)$

（3）有以下算法，其时间复杂度为（　　　）。

```
void fun(int n){
    int i=0;
    while(i*i*i<=n)
        i++;
}
```

A. $O(n)$　　　　　　B. $O(n\log n)$　　　　　　C. $O(n^{1/3})$　　　　　　D. $O(n^{1/2})$

（4）下面程序段的时间复杂度是（　　　）。

```
for( i =0; i<n; i++)
   for(j=0; j<m; j++)
       A[i][j] = 0;
```

A. $O(2n)$　　　　　　B. $O(n*m)$　　　　　　C. $O(n^2)$　　　　　　D. $O(\log n)$

（5）算法指的是（　　　）。

A. 计算机程序　　　　　　　　　　　　B. 解决问题的计算方法

C. 搜索和排序方法　　　　　　　　　　D. 解决问题的有限运算序列

（6）一个完整的算法应该具有（　　　）等特性。

A. 可执行性、可修改性和可维护性　　　B. 可行性、确定性和有穷性

C. 确定性、有穷性和可靠性　　　　　　D. 正确性、可读性和有效性

（7）解决某问题的若干算法的时间复杂度如下，其中效率最低的算法是（　　　）。

A. $O(n)$　　　　　　B. $O(n^2)$　　　　　　C. $O(2^n)$　　　　　　D. $O(n!)$

（8）解决某问题的若干算法的时间复杂度如下，其中效率最高的算法是（　　　）。

A. $O(n)$　　　　　　B. $O(\log_2 n)$　　　　　　C. $O(1)$　　　　　　D. $O(n^{1/2})$

（9）解决某问题的若干算法的时间复杂度如下，其中效率最低的算法是（　　　）。

A. $O(n)$　　　　　　B. $O(\log_2 n)$　　　　　　C. $O(1)$　　　　　　D. $O(n^{1/2})$

（10）一个算法必须满足有限性、确定性、（　　　）、输入和输出五个重要特性。

A. 高效性　　　　　　B. 稳定性　　　　　　C. 可行性　　　　　　D. 可读性

（11）图形结构中元素之间存在（　　　）关系。

A. 一对一　　　　　　B. 一对多　　　　　　C. 多对多　　　　　　D. 多对一

（12）数据的（　　　）包括集合、线性结构、树形结构和图形结构四种基本类型。

A. 存储结构　　　　　　B. 逻辑结构　　　　　　C. 基本运算　　　　　　D. 算法描述

（13）（　　　）中任何两个节点之间都没有逻辑关系。

A. 树形结构　　　　　　B. 集合　　　　　　C. 图形结构　　　　　　D. 线性结构

（14）数据在计算机内存中的表示是指（　　　）。

A. 数据的存储结构　　　　　　　　　　B. 数据结构

C. 数据的逻辑结构　　　　　　　　　　D. 数据元素之间的关系

（15）在数据结构中，从逻辑上可以把数据结构分成（　　　）。

A. 动态结构和静态结构　　　　　　　　B. 紧凑结构和非紧凑结构

C. 线性结构和非线性结构　　　　　　　D. 内部结构和外部结构

（16）算法分析的两个主要方面是（　　）。

A. 空间复杂性和时间复杂性　　　　　　　B. 正确性和简明性

C. 可读性和文档性　　　　　　　　　　　D. 数据复杂性和程序复杂性

（17）在数据结构中，与所使用的计算机无关的数据结构是（　　）。

A. 逻辑结构　　　　　　　　　　　　　　B. 存储结构

C. 逻辑结构和存储结构　　　　　　　　　D. 物理结构

（18）3 个不同元素依次进栈，能得到（　　）种不同的出栈序列。

A. 4　　　　　　　B. 5　　　　　　　C. 6　　　　　　　D. 7

（19）设 a，b，c，d，e，f 以所给的次序进栈，若在进栈操作时，允许出栈操作，则下面得不到的序列为（　　）。

A. fedcba　　　　　B. bcafed　　　　　C. dcefba　　　　　D. cabdef

（20）二叉树第 10 层的节点数的最大数目为（　　）。

A. 10　　　　　　　B. 100　　　　　　C. 512　　　　　　D. 1024

（21）一棵深度为 K 的满二叉树有（　　）个节点。

A. 2^K-1　　　　　B. 2^K　　　　　C. $2*K$　　　　　D. $2*K-1$

（22）对任何一棵二叉树 T，设 $n0$、$n1$、$n2$ 分别是度数为 0、1、2 的顶点数，则下列判断中正确的是（　　）。

A. $n0=n2+1$　　　B. $n1=n0+1$　　　C. $n2=n0+1$　　　D. $n2=n0+1$

（23）一棵 n 个节点的完全二叉树，则该二叉树的高度 h 为（　　）。

A. $n/2$　　　　　　B. $\log(n)$　　　　C. $\log(n)/2$　　　　D. $[\log(n)]+1$

（24）无向图 $G=(V, E)$，其中 $V=\{a, b, c, d, e, f\}$，$E=\{(a, b), (a, e), (a, c), (b, e), (c, f), (f, d), (e, d)\}$，对该图从 a 开始进行深度优先遍历，得到的顶点序列正确的是（　　）。

A. a, b, e, c, d, f　　　　　　　　　　B. a, c, f, e, b, d

C. a, e, b, c, f, d　　　　　　　　　　D. a, e, d, f, c, b

（25）在有 n 个顶点的有向图中，每个顶点的度最大可达（　　）。

A. n　　　　　　　B. $n-1$　　　　　C. $2n$　　　　　　D. $2n-2$

计算机应用已经渗透到了人们生产和生活的各个领域。为了提高系统资源的利用率、增强处理能力，计算机都配置了一种软件系统，该软件系统称为操作系统。如果计算机没有操作系统，普通用户将无法操控计算机完成各项指定的任务。本章将阐述什么是操作系统，操作系统发展至今经过了哪些变化，操作系统有哪些功能和特征，以及什么是当前主流的操作系统。

4.1　操作系统概述

▶ 4.1.1　什么是操作系统

4.1.1

计算机由硬件和软件两大部分构成，操作系统是紧挨着硬件的第一个软件，也是计算机系统中最大的系统软件。图 4-1 是计算机软件系统的构成。

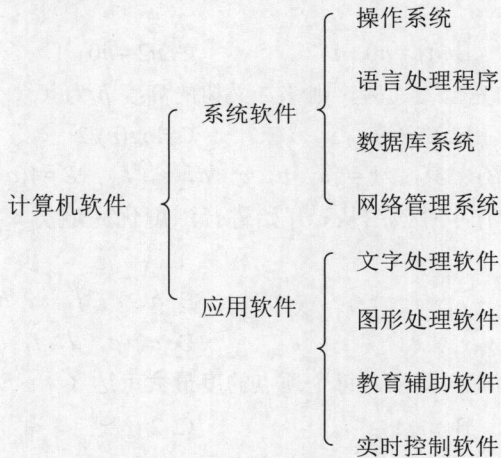

图 4-1　计算机软件系统的构成

计算机软件是指由计算机硬件执行完成特定任务的程序及文档数据。程序是计算任务的处理对象和处理规则的描述，而文档则是为了便于了解程序所需的阐明性资料。计算机软件可分为系统软件和应用软件两大部分。用户通过应用软件访问并使用计算机，应用软件也可以通过系统软件管理、控制和使用计算机的硬件设备。

系统软件是一种负责管理计算机系统中各种硬件并使其协调工作的软件，其主要功能是简化程序设计，扩大计算机处理能力，提高计算机使用效率，充分发挥各种资源功能的作用。系统软件是应用软件与计算机硬件之间的接口，它可以把计算机硬件看作一个黑盒子，提供给计算机用户和其他应用软件，使得它们在使用或访问过程中，不需要考虑每个底层计算机硬件设备是如何具体工作的。

系统软件主要包括操作系统和系统应用软件。操作系统是紧挨着硬件的第一层软件，直接控制和管理硬件设备，也是对硬件功能的首次扩充，其他软件则建立在操作系统之上。系统应用软件由一系列的语言处理程序和系统服务程序构成，以扩充计算机系统的功能。通常情况下，它们存放在磁盘或其他外部存储设备上，仅当需要运行时，才被装入内存。系统应用软件主要为用户编制应用软件、加工和调试程序以及处理数据提供必要服务。常用的系统应用软件包括语言处理程序、编译软件，以及各种服务程序等。

应用软件是处于计算机层次结构的最外层的应用程序。它们是计算机用户为了使用计算机完成某一特定工作，或者解决某一具体问题而编制的程序，以满足应用要求，服务于特定的用户。应用软件主要通过调用系统软件所提供的接口服务，实现自己的特定功能。常见的应用软件包括办公软件、售票系统、浏览器、聊天软件、游戏软件、杀毒软件等。

计算机系统中，硬件和软件是相辅相成、缺一不可的。计算机硬件是计算机的躯体和基础，计算机软件是计算机的头脑和灵魂，即计算机硬件是构成计算机系统所必须配置的设备，而计算机软件则指挥计算机系统按照指定的要求进行工作。因此，没有软件的计算机和缺少硬件的计算机都不能称为完整的计算机系统。

操作系统在计算机系统中具有举足轻重的作用，它不仅是硬件与所有其他软件直接的接口，而且任何电子计算机都必须配置相应的操作系统，才能构成一个可以协调运转的计算机系统。只有在操作系统的指挥控制下，各种计算机资源才能被分配给用户使用，也只有在操作系统支撑下，其他软件才得以正常运行。没有操作系统，任何应用软件无法运行。由此可见，操作系统实际上是一个计算机系统中硬件和软件资源的总指挥部。

操作系统与软件、硬件的关系如图 4-2 所示，其中裸机是指没有配备任何软件的计算机，它是构成计算机系统的物质基础，不能直接被用户使用；操作系统是靠近硬件的软件层，其功能是直接控制和管理系统各类资源。在操作系统的管理和控制下，计算机硬件的功能才能充分发挥。

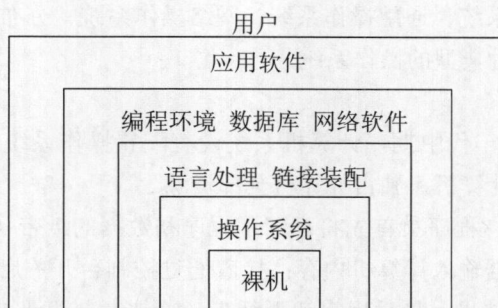

图 4-2　操作系统与软件、硬件的关系

综上所述，操作系统是控制和管理计算机系统硬件和软件资源、合理地组织计算机工作流程，以方便用户使用的程序的集合。

▶ 4.1.2　操作系统的发展

操作系统的形成迄今已有 60 多年历史，其发展历程与硬件系统结构的发展有着密切的联系。电子计算机最初（真空管时代）没有配备操作系统，20 世纪 50 年代中期（晶体管时代）出现了第一个简单的批处理操作系统，60 年代中期（集成电路时代）产生了多道程序批处理系统，随后（大规模和超大规模集成电路时代）出现了基于多道程序的分时系统，70 年代（微机

4.1.2-1

和网络的出现）产生了微机操作系统和网络操作系统，之后又出现了分布式操作系统。在这短短的60多年中，操作系统经历了从无到有、从简单到复杂的过程，其主要动力归结为以下4方面。

（1）不断提高计算机资源利用率的需求。

计算机发展初期，计算机系统特别昂贵，因此需要千方百计提高计算机系统中的各种资源的利用率，推动了人们不断发展操作系统的功能，由此产生了批处理系统。

（2）方便用户操作的需求。

资源利用率不高的问题解决后，人们想方设法改善用户上机操作和调试程序的条件。由此，操作系统逐渐由命令行方式发展到图形用户界面，也形成了允许人机交互的分时系统，使之变得更加的友好、易用。

（3）计算机的硬件不断更新换代。

硬件的不断更新，使得计算机性能不断提高，推动操作系统的性能和功能不断改进和完善，如微机操作系统也从8位，发展到16位、32位、64位。

（4）计算机体系结构的不断发展。

计算机体系结构的发展也推动了操作系统的发展，如操作系统也由单处理机操作系统发展到多处理机操作系统；随着网络的发展，操作系统也出现了网络操作系统和分布式操作系统。

目前，操作系统的种类繁多，根据应用领域，可分为桌面操作系统、服务器操作系统、主机操作系统、嵌入式操作系统；根据所支持的用户数目，可分为单用户操作系统、多用户操作系统；根据源代码的开放程度，可分为开源操作系统和不开源操作系统；根据硬件结构，可分为网络操作系统、分布式系统、多媒体系统；根据使用环境和对作业的处理方式，可分为批处理系统、分时系统、实时系统。

操作系统的发展过程经历了手工阶段（无操作系统）、批处理操作系统、多道程序系统、分时操作系统、实时操作系统、通用操作系统、网络操作系统、分布式操作系统和嵌入式操作系统等。下面简单介绍几种典型的操作系统。

1. 手工操作阶段

20世纪40年代至50年代中期，计算机系统没有配置操作系统，也没有任何的软件，用户通过手工操作方式操控计算机，独占计算机全部资源。

手工操作的处理过程：程序员首先将存储了程序和数据的纸带（或卡片）装入输入机，然后启动输入机把程序和数据输入计算机内存；接着通过控制台开关启动并运行程序，计算过程完成后，打印机输出计算结果；最后用户卸下纸带（或卡片），并取走结果。整个过程完成后，才允许下一位用户使用计算机。

手工操作的特点：用户只能串行工作，工作时独占计算机，导致资源利用率低。此外，CPU等待手工操作，因而CPU利用率低。

早期的计算机运算速度相对较慢，手工操作方式是可行的。随着晶体管时代的到来，计算机的运算速度得到了很大提升，手工操作的慢速度和计算机的高速度不匹配，严重降低了系统资源的利用率，出现了所谓的人机矛盾。

2. 脱机输入输出阶段

为了解决高速CPU与慢速输入输出（I/O）设备之间速度不匹配的矛盾，20世纪50年代末出现了脱机输入输出技术。该技术通过控制外围机方式，完成程序和数据的输入输出，即脱离主机进行程序和数据的输入输出操作，因而称为脱机输入输出方式；反之，程序和数据的输入输出是在主机控制下进行的，称为联机输入输出方式。

脱机输入输出的处理过程：事先将装有用户程序和数据的纸带放入纸带输入机，在一台外围机的控制下，把纸带（卡片）上的数据（程序）输入到磁带上。当 CPU 需要这些数据（程序）时，直接从高速的磁带上调入内存，从而大大加快了数据（程序）输入过程，减少了 CPU 等待输入的时间。类似地，当 CPU 需要输出时，并不是把计算结果直接送至输出设备，而是高速输出至磁带上，然后在另一台外围机的控制下，把磁带上的计算结果送到相应的输出设备上，因而也大大加快了输出过程。

脱机输入输出的特点：由于输入输出均由外围机控制完成，不占用 CPU 时间，因此减少了 CPU 的空闲等待时间。此外，CPU 需要输入或输出数据时，可从高速磁带上获取，因而提高了 I/O 速度。

3. 批处理系统

批处理系统主要利用批处理技术，对系统中的一批作业自动进行处理，它包括单道批处理系统和多道批处理系统。

1）单道批处理系统

单道批处理系统是 20 世纪 50 年代中期在 IBM701 计算机上实现的第一个操作系统。单道批处理系统就是在监督程序的控制下，计算机系统能够自动地、成批地处理一个或多个用户的作业，其中作业是指将用户在一次事务处理过程中要求计算机系统所完成的工作（包括程序、数据和命令）的集合。

单道批处理系统的处理过程：首先由监督程序将磁带（盘）上的第一道作业装入内存，并把控制权交给该作业；当作业处理完成时，控制权重新交给监督程序，由监督程序将磁带（盘）上的第二道作业调入内存，再将控制权转交给第二道作业，如此反复进行，直到这批作业全部运行完成。虽然作业处理是成批进行的，但内存中始终保持一道作业，故称为单道批处理系统。

单道批处理系统大大地减少了人工操作的时间，提高了计算机的利用率，但由于内存仅存放一道作业，导致每次发出输入 / 输出（I/O）请求后，高速的 CPU 便处于等待低速的 I/O 完成状态，使得 CPU 处于空闲状态。

2）多道批处理系统

为了解决单道批处理中 CPU 利用率低的问题，20 世纪 60 年代中期引入了多道程序设计技术，形成了多道批处理系统。多道程序设计技术是指同时将多个程序装入内存，并允许它们交替运行，共享系统中的各种硬件和软件资源。当某个程序因 I/O 请求而暂停运行时，CPU 便立即去运行另一个程序。

多道批处理系统的主要优点：

（1）资源利用率高。由于内存中的多道程序可以共享资源，使资源尽可能处于忙碌状态，从而提高了资源的利用率。

（2）系统吞吐量大。系统吞吐量是指单位时间内所完成的工作总量。由于 CPU 和其他资源都保持着忙碌状态，且程序运行切换时代价较小，从而提高了系统的吞吐量。

多道批处理系统的主要缺点：

（1）无交互能力。作业一旦提交给系统，直至作业完成，用户不能与自己的作业交互。

（2）平均周转时间长。平均周转时间是指作业从提交给系统开始，直至完成并退出系统所经历的时间。由于多道程序共享 CPU 等资源，因此，每道程序在整个运行期间"走走停停"，当资源被占用时，必须等待，直至资源被释放后，才能获得所需的资源，进而继续运行。

4. 分时系统

为了解决多道批处理系统无交互能力的问题，满足人机交互的需求，20 世纪 60 年代推出了分时操作系统。分时系统是指一台主机连接了多个配有显示器和键盘的终端，由此所组成完整的系统，同时允许多个用户通过自己的终端，以交互方式使用计算机，共享主机中的资源。分时系统的结构如图 4-3 所示。

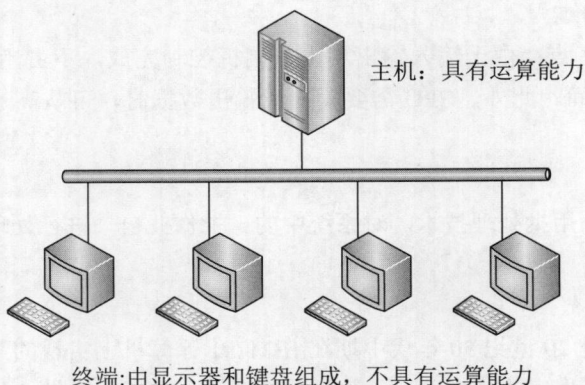

主机：具有运算能力

终端:由显示器和键盘组成，不具有运算能力

图 4-3　分时系统结构图

分时系统的处理过程：假设系统中的主机连接了 k 台终端，系统利用分时技术，将 CPU 的运行时间分成 k 个很短的时间片，首先将第一个时间片分配给第一个终端，执行第一个终端的作业或程序，待该时间片使用完后，系统则将第二个时间片分配给第二个终端，执行第二个终端作业或程序，此过程依次重复，待第 k 个时间片结束后，系统结束此轮循环，进入新的一轮循环，直至所有作业或程序结束。由于一台计算机可同时连接多个用户终端，且 CPU 速度不断提高，时间间隔（时间片）很短，每个用户均可在自己的终端上联机使用计算机，感觉自己独占计算机一样。

分时系统中的关键问题：

（1）及时接收与处理。产系统应及时接收用户通过终端发出的请求、命令等，并能快速处理该请求，使得用户感觉所花费时间较少。

（2）时间片的设置。若时间片太长，则用户感觉系统很慢，无法忍受；若时间片太短，则无法及时处理完成用户请求，且系统将疲于作业的切换过程，没有时间处理请求。通常，时间片的大小与用户终端数量、CPU 的性能相关，常设置为 2 ～ 3s。

5. 实时系统

多道批处理系统和分时系统能获得较令人满意的资源利用率和系统响应时间，但不能满足实时控制与实时信息处理两个应用领域的需求，为此产生了实时系统。实时系统是指能够及时响应随机发生的外部事件，在严格的时间范围内，完成对该事件的处理，并控制所有实时任务协调一致地运行。特定的应用中实时系统常作为一种控制设备来使用。

根据控制对象的不同，实时系统可以分成两大类：

1）实时控制系统

以计算机为中心的生产控制系统和武器控制系统等，系统应能实时采集现场数据，并对采集的数据进行及时处理，进而自动控制相应的执行机构，使之按预定的规律变化，确保产品的质量。实时控制系统常用于工业控制、军事控制等领域，如飞机自动驾驶系统、火箭飞行控制系统、导弹制导系统等。

2）实时信息处理系统

接收从远程终端上发来的服务请求，根据用户的请求对信息进行检索和处理，并向用户做出及时正确的回答。典型的实时信息处理系统包括飞机或火车的订票系统、银行系统、情报检索系统等。

实时系统的主要特点：

（1）及时性。对及时性的要求很高，特别是实时控制系统中的信息接收、分析处理和发送程序必须在严格的时间限制内完成，一般为秒级、毫秒级，甚至微秒级。

（2）交互性。实时信息处理系统中允许用户输入数据，提出系统中有限的服务请求，但交互性比分时系统弱。

（3）独立性。实时信息处理系统中用户在各自终端上请求系统服务，彼此独立、互不干扰，实时控制系统多个控制对象或多路现场信息采集是互相独立的。

（4）高可靠性。采取一定的容错或冗余措施，保证系统具有非常高的可靠性，否则可能带来灾难性的后果。

6. 通用操作系统

为了进一步提高计算机系统的适应能力和使用效率，20 世纪 60 年代后期，产生了具有多种功能用途、多种类型操作特征的通用操作系统。该系统可以同时兼有多道批处理、分时、实时处理的功能，或其中两种以上的功能。构造通用操作系统的目的是为用户提供多模式的服务，同时进一步提高系统资源的利用效率。

由于通用操作系统具有规模庞大、功能强大、构造复杂等特点，实际应用中同时具有实时、分时、批处理三种功能的操作系统并不常见。因此，通常将实时与批处理结合起来，或者将分时与批处理结合起来，构成前后台系统。实时批处理系统兼有实时系统和多道批处理系统功能，它保证优先处理实时任务，插空进行批处理作业，故而该系统中实时任务常称为前台作业，而批处理作业称为后台作业。分时批处理系统则是具有分时系统和多道批处理系统功能，即时间要求不强的作业作为批处理处理，而频繁交互的作业则采取分时处理，CPU 优先运行分时作业。

7. 网络操作系统

随着 20 世纪 80 年代网络的迅速发展，计算机网络正在改变人们的观念和社会能力。网络操作系统是指具有网络通信和网络服务功能的操作系统。它是在一般操作系统功能的基础上通过提供网络通信和网络服务功能而形成的，以方便网上计算机进行有效的网络资源共享，提供网络用户所需各种服务的软件和相关协议的集合。

网络操作系统主要包括客户机 / 服务器（Client-Server，C/S）模式和对等模式（Peer-to-Peer，P2P）这两种工作模式。客户机 / 服务器模式是目前仍广泛流行的网络工作模式，它将网络中计算机分成两类：服务器和客户机，其中服务器是网络的控制中心，为用户提供文件打印、通信传输、数据库等各种服务，而客户机是用于本地处理和访问服务器的计算机。对等模式则将网络中的计算机对等看待，每台计算机都是对等的，既可以作为服务器，又可以作为客户机。

网络操作系统的功能：

（1）网络通信：实现源计算机和目标计算机之间无差错的数据传输；

（2）资源管理：管理网络中共享（硬、软件）资源，协调用户使用共享资源，保证数据的安全、一致性；

（3）网络管理：通过存取控制确保存取数据的安全性，通过容错技术保证系统出现故障时数据的安全性；

（4）网络服务：为方便用户使用网络而提供的多项有效服务，如电子邮件、文件传输、设备共享、存取和管理服务等。

主流的计算机网络操作系统包括 UNIX、Netware 和 Windows NT 系列，其中 UNIX 是唯一能跨多种平台的操作系统，Netware 是早期面向微机的网络操作系统，Windows NT 则既可适用于微机，也可适用于工作站。

8. 分布式操作系统

以往的计算机系统中处理和控制功能高度地集中在一台计算机上，所有的任务都由它来完成，这种系统称为集中式计算机系统。集中式计算机系统的缺点是，若管理控制计算机出现故障，则整个系统将瘫痪。针对这种问题，计算机网络发展为分布式结构，即系统的处理和控制功能分散在系统的各个处理单元，系统中的任务也可动态分配到各个处理单元，并使它们并行执行，实现分布式处理。

分布式系统是指通过通信网络方式，将地理上分散的、具有自治功能的多台分散的计算机通过互联网连接而成的系统，以实现信息交换和资源共享，协作完成指派的任务。分布式系统中，每台计算机既高度自治，又互相协同，能在系统范围内实现资源管理、任务分配，能并行地运行分布式程序。

分布式操作系统是指能管理分布式计算机系统的操作系统。

分布式操作系统的特点：

（1）分布性：分布式操作系统不是驻留某一个节点上，而是分布在各个节点上，其处理和控制是分布式的。

（2）并行性：任务被分配到多个处理单元（节点）上，这些任务可并行执行，从而提高了处理速度。

（3）透明性：系统隐藏了内部细节，使得用户无须了解具体情况，而系统故障、并发控制和对象位置等对用户则是透明的。

（4）共享性：所有分布在各节点的软件、硬件资源均可供系统中所有用户共享访问，并能以透明的方式使用。

（5）健壮性：系统中任何节点故障不会造成太大影响，若某个节点出现故障，可通过容错技术实现重构，因而具有更强的容错能力。

分布式操作系统与网络操作系统的区别：

（1）系统的配置不同：网络操作系统可在不同的本机操作系统上，通过网络协议实现网络资源统一配置管理，从而构成网络操作系统；但分布式操作系统则各个节点上配置相同的系统。

（2）资源访问方式不同：网络操作系统中访问资源时，需提供资源的位置及类型等，且本地资源和异地资源的访问要区别对待；而分布式操作系统中，所有资源都使用统一方式进行管理和访问。

（3）管理控制方式不同：网络操作系统的管理控制功能集中在服务器；而分布式操作系统则分散在各个分布式节点中。

▶ 4.1.3　操作系统的功能和特征

4.1.3

操作系统是计算机系统的资源管理者，其主要任务是对系统中的硬件、软件实施有效的管理，以提高系统资源的利用率。计算机硬件资源主要包括中央处理器、主存储器、磁盘存储器、打印机、显示器、键盘和鼠标等；软件资源指的是存放于计算机内的各种文件信息。

1. 操作系统的功能

操作系统的主要功能包括处理器管理、存储器管理、设备管理和文件管理。此外，操作系统还提供用户接口，以方便用户使用操作系统。

1）处理器管理

处理器管理是操作系统的基本管理功能之一，它所关心的是处理器的分配问题。也就是说，把 CPU（中央处理器）的使用权分给某个程序，通常把这个正准备进入内存的程序称为作业，当这个作业进入内存后我们把它称为进程。处理器管理分为作业管理和进程管理两个阶段去实现处理器的分配，常常又把直接实行处理器时间分配的进程调度工作作为处理器管理的主要内容。进程通常具有三种状态：运行状态（正在使用 CPU）、阻塞状态（等待 I/O）和就绪状态（等待分配 CPU）。

CPU 是计算机系统中最宝贵的硬件资源。处理器管理主要任务是对 CPU 进行高效分配，并对其运行状况进行有效的控制与管理。为了提高资源的利用率，操作系统中采用了多道程序技术。多道程序环境下，CPU 的分配和运行都是以进程为基本单位，因而处理器管理可最终归结为对进程的管理。

处理器管理的主要功能包括进程控制和管理、进程同步与互斥、进程通信、进程调度、进程死锁。

2）存储器管理

存储器可分为内部存储器（内存）和外部存储器（外存），存储器管理主要是指对内存的管理。存储器管理的主要任务是方便用户存取内存中的程序和数据；提供数据存储保护，保证数据不被破坏或非法访问；借助多道程序技术，提高内存利用率；内存容量不足时能从逻辑上扩充内存。

存储器管理的主要功能包括存储分配、存储共享、存储保护、地址转换、存储扩充。

3）设备管理

设备管理是对计算机系统中各种输入、输出设备进行管理和控制。由于硬件设备种类繁多，且工作原理和操作特性各不相同，因而设备管理和控制十分复杂。设备管理的主要任务是完成用户提出的 I/O 请求，为用户分配 I/O 设备；提高 CPU 和 I/O 设备的利用率；提高 I/O 设备的运行速度；方便用户使用 I/O 设备。

设备管理的主要功能包括设备控制与处理、设备分配与回收、设备独立性、缓冲管理和虚拟设备。

4）文件管理

计算机系统中程序和数据通常以文件形式存储在外部存储器（外存）上。文件管理是对系统中信息资源（程序和数据）进行有效管理，为用户提供方便快捷、共享、安全、保护的使用环境。文件管理的主要任务是对用户文件和系统文件进行管理，方便用户使用，实现文件共享访问，保证文件的安全。

文件管理的主要功能包括文件存储空间管理、目录管理、文件读写管理、文件共享保护和存取控制。

2. 操作系统的特征

操作系统是一个相当复杂的系统软件，不同的操作系统具有不同的特征。总体而言，计算机操作系统具有以下几个基本特征。

1）并发性

并发性是指两个或两个以上的事件在同一时间间隔内发生。多道程序环境下，计算机系统中同时存在多个进程，宏观上，这些进程同时执行，同时向前推进；微观上，单处理机中任何时刻只有一个进程在执行，多个进程之间是交替执行的，多处理机中这些进程被分配到多处理机上并行执行。并发的目的是提高系统资源的利用率和系统的吞吐量。

并发和并行是两个既相似又有区别的概念。并行是从某一时刻去观察，两个或多个事件都在运行。

2）共享性

共享性是指计算机系统中的资源可被多个并发执行的进程使用，而不是被其中某个进程独占使用。根据资源的属性，共享可分为互斥共享和同时共享。

（1）互斥共享。系统中的资源，如打印机、扫描仪等，在一段时间内只允许一个进程使用。当某个进程使用该资源时，其他进程必须等待，只有当该进程使用完并释放后，其他进程才可以使用该资源，即进程之间排他、互斥地使用共享的资源。

（2）同时共享。系统中有些资源在同一段时间内允许多个进程同时访问。这里的同时访问是宏观意义上的。

并发性和共享性是操作系统的两个最基本特征，它们互为存在条件。一方面，资源共享是以进程的并发执行为存在条件，若系统不允许并发，就不存在资源共享问题；另一方面，若系统不能有效管理共享资源，则将影响进程的并发执行。

3）虚拟性

虚拟性是指通过某种技术，将一个物理实体虚拟成若干逻辑对应物。物理实体是实际存在的，而逻辑对应物则是虚构的，用户使用时感觉有多个实体可供使用。操作系统中采用了多种虚拟技术，如利用多道程序设计技术实现虚拟 CPU、通过请求调入调出技术实现虚拟存储器、通过 SPOOLing 技术实现虚拟设备。

4）异步性

异步性是指在多道程序环境下，由于资源的共享性和有限性，并发执行的进程之间产生相互制约的关系，它们的运行过程有可能不是一气呵成的，有可能是走走停停的，从而导致多个程序的运行顺序、运行时间都是不确定的，即各个进程何时执行、何时暂停以及以怎样的速度向前推进、什么时候完成都是不可预知的。操作系统必须保证在环境相同的情况下，进程经多次运行，均会得到相同的结果。

▶ 4.1.4 操作系统接口

为了方便用户快速、有效地使用计算机系统。操作系统向用户提供了一系列接口。用户通过这些接口与计算机进行交互，告知计算机系统所需完成的任务或需求，计算机进而完成相应的操作和处理。

操作系统为用户提供了命令和系统调用两种方式使用计算机系统。前者为用户提供了各种控制命令，方便组织和控制程序的执行或管理计算机系统，故又称命令接口；后者为编程人员提供了各种控制函数，方便程序请求访问操作系统提供的服务，故又称程序接口。随着用户使用习惯的进一步改善，命令接口发展演变为图形接口。

1. 命令接口

为了便于用户直接或间接地控制自己的作业，操作系统向用户提供了各种命令接口。用户可以借助命令接口，通过输入设备（键盘、鼠标、触摸屏、声音等）向系统发出字符命令，及时与自己的作业交互，控制作业的运行。命令接口又可进一步分为联机命令接口和脱机命令接口。

联机命令接口：由一组键盘命令及命令解释程序组成，每当用户在终端或控制台的键盘上输入一条命令，系统便立即转入相应的命令解释程序，对该命令进行处理和执行，命令完成后，返回到终端或控制台，等待下一条命令。

脱机命令接口：由一组作业控制语言（Job Control Language，JCL）组成，用户在向批处理系统提交作业时，必须先使用 JCL 将用户的控制意图编写成作业说明书，然后将作业连同作业说明书一起提交给系统。系统调度该批处理作业时，对作业说明书上的命令逐条地解释并执行。

2. 程序接口

程序接口由一组系统调用命令组成，用户通过在程序中使用这些系统调用命令，请求操作系统提供服务。程序接口一般通过系统调用来实现。

系统调用是操作系统为了扩充机器功能、增强系统能力而提供给用户使用的具有一定功能的程序段。具体地，系统调用就是通过系统调用命令中断现行程序，转去执行相应子程序，以完成特定的系统功能。完成后，返回到当前程序继续往下执行。用户程序通过系统调用可以访问系统资源，调用操作系统功能，而不必了解具体的内部结构和硬件细节。它是用户程序获得操作系统服务的唯一接口。

不同的操作系统具有不同的系统调用命令，或是相同的系统调用命令，但格式和执行功能可能不相同。系统调用按功能可大致分为设备管理、文件管理、进程管理、进程通信和存储管理。

操作系统的内核中设置了一组专门用于实现各种系统功能的子程序，即系统调用函数。系统调用函数执行时 CPU 处于系统态（即管态）。当 CPU 执行用户程序中的系统调用函数时，由特定的硬件或软件指令实现对操作系统某个功能的调用，CPU 在执行到系统调用函数时产生访问中断，通过中断机制自动将 CPU 的状态由用户态转换为系统态，然后执行系统的服务程序，完成后再中断返回，将 CPU 的状态转换回用户态，返回用户程序被中断的地方继续执行。

3. 图形化接口

操作系统图形用户接口（Graphics User Interface，GUI）可被看作是命令接口的图形化表现。它采用了 WIMP（Windows、Icons、Menus、Pointing Devices）技术，将窗口、图标、菜

单、鼠标（或其他指向设备）和面向对象技术等集成在一起，用非常容易识别的各种图标来直观、逼真地表示出系统的各项功能、各种应用程序和文件。

用户可以通过窗口、图标、菜单、对话框以及鼠标和键盘，更轻松地完成对应用程序和文件的操作。这种图形化的操作界面使得用户无须记忆复杂的命令，只需通过简单地单击和拖曳即可完成操作，大大降低了使用难度，提高了用户体验。

4.2 常见的操作系统

▶ 4.2.1 Windows

Windows 操作系统是由美国微软公司开发的窗口化操作系统，采用了 GUI 的图形化操作模式，与它之前使用的指令操作系统（如 DOS）相比显得更为友好和人性化。Windows 是目前世界上使用最广泛的操作系统。

微软公司成立于 1975 年，最初只有一个 BASIC 编译程序和比尔·盖茨、保罗·艾伦两个人。现在微软公司已成为世界上最大的软件公司，其产品涵盖操作系统、开发系统、数据库管理系统、办公自动化软件、网络应用软件等各个领域。

Microsoft Windows，是美国微软公司研发的一套操作系统，它问世于 1985 年，起初仅是 Microsoft-DOS 模拟环境，后续的系统版本由于微软不断地更新升级，不但易用，也慢慢地成为人们最喜爱的操作系统。

Windows 采用了图形化模式 GUI，比起从前的 DOS 需要键入指令使用的方式更为人性化。随着计算机硬件和软件的不断升级，微软公司的 Windows 也在不断升级，从架构的 16 位、32 位再到 64 位，系统版本从最初的 Windows 1.0 到大家熟知的 Windows 95、Windows 98、Windows ME、Windows 2000、Windows 2003、Windows XP、Windows Vista、Windows 7、Windows 8、Windows 8.1、Windows 10、Windows 11 和 Windows Server 服务器企业级操作系统，不断持续更新。

▶ 4.2.2 Linux

Linux 是由芬兰籍科学家 Linus Torvalds 于 1991 年编写完成的一个操作系统内核。当时他还是芬兰首都赫尔辛基大学计算机系的学生，在学习操作系统课程中，自己动手编写了一个操作系统原型，从此新的操作系统诞生了。Linus 把这个系统放在 Internet 上，允许自由下载，许多人对这个系统进行改进、扩充、完善，并作出了关键性贡献。

Linux 是一套免费使用和自由传播的类 UNIX 操作系统，是一个基于 POSIX 和 UNIX 的多用户、多任务、支持多线程和多 CPU 的操作系统。它能运行主要的 UNIX 工具软件、应用程序和网络协议。它支持 32 位和 64 位硬件。这个系统是由全世界各地的成千上万程序员设计和实现的，其目的是建立不受任何商品化软件的版权制约的、全世界都能自由使用的 UNIX 兼容产品。Linux 在继承了历史悠久和技术成熟的 UNIX 操作系统的特点和优点外，还作了许多改进，成为一个真正的多用户、多任务的通用操作系统。

Linux 以它的高效性和灵活性著称，Linux 模块化的设计结构，使得它既能在价格昂贵的工作站上运行，也能够在廉价的个人计算机（PC）上实现全部的 UNIX 特性，具有多任务、多用户的能力。Linux 操作系统软件包不仅包括完整的 Linux 操作系统，而且还包括文本编辑器、高级语言编译器等应用软件。它还包括带有多个窗口管理器的 X-Windows 图形用户界面，如同使用 Windows 一样，它允许使用窗口、图标和菜单对系统进行操作。

Linux 存在着许多不同的 Linux 版本，但它们都使用了 Linux 内核。Linux 可安装在各种计算机硬件设备中，如手机、平板电脑、路由器、视频游戏控制台、台式计算机、大型机和超级计算机。严格来讲，Linux 这个词本身只表示 Linux 内核，但实际上人们已经习惯了用 Linux 来形容整个基于 Linux 内核，并且使用 GNU 工程各种工具和数据库的操作系统。

▶ 4.2.3 UNIX

UNIX 操作系统，是一个强大的多用户、多任务操作系统，支持多种处理器架构，按照操作系统的分类，属于分时操作系统，是美国的 AT & T 公司的贝尔实验室于 1969 年开发成功的操作系统，其首先在 PDP-11 上运行。

UNIX 系统问世以后，很快在大学和研究单位中受到重视和欢迎，在短短的十余年中安装在从巨型机到微型计算机的各种计算机中，UNIX 操作系统目前主要运行在大型计算机或各种专用工作站上，其版本有 AIX（IBM 公司开发）、Solaris（SUN 公司开发）、HP-UX（HP 公司开发）、IRIX（SGI 公司开发）、Xenix（微软公司开发）和 A/UX（苹果公司开发）等。Linux 也是由 UNIX 操作系统发展而来的。UNIX 操作系统成为世界影响最大、应用范围最广、适合机型最多的通用操作系统。

UNIX 的核心代码 95% 是由 C 语言编写的，故容易编写和修改，可移植性好。其外围系统支持程序也几乎全部用 C 语言编写，容易开发。由于操作系统使用高级语言编写，在前期又是以源码形式发布，系统短小精悍，便于理解和学习。

UNIX 操作系统提供了丰富的系统调用，整个系统的实现十分紧凑、简洁。UNIX 操作系统提供了功能强大的可编程的 Shell 语言作为用户界面，具有简洁、高效的特点。UNIX 系统具有逻辑上无限层次的树状分级文件系统，提供文件系统的装卸功能，提高了文件系统的灵活性、安全性和可维护性。系统采用进程对换（Swapping）的内存管理机制和请求调页的存储管理方式，实现了虚拟内存管理，大大提高了内存的使用效率。UNIX 系统提供了众多的本地进程和远程主机间进程通信手段，如管道、共享内存、消息、信号灯、软中断等。

UNIX 系统还具有良好的用户界面，使得用户 C 程序和系统外围程序可以通过系统调用使用操作系统内核提供的各种系统服务。交互式用户可以在 Shell 界面上通过一些众多的使用命令同系统交互。用户也可以在 Shell 环境下编制一些控制灵活、功能强大的作业控制程序，以高效、自动化地完成复杂的任务。

▶ 4.2.4 其他操作系统

1. macOS

macOS 是一套由苹果公司开发的运行于 Macintosh 系列计算机上的操作系统。macOS 是首个在商用领域成功的图形用户界面操作系统。macOS 是基于 XNU 混合内核的图形化操作系统，一般情况下在普通 PC 上无法安装。

macOS 的特点和优势：稳定性方面，macOS 因其与苹果硬件的紧密结合而具有很高的稳定性。这种紧密结合确保了硬件和软件的兼容性，减少了崩溃和错误的可能性。安全性方面：

macOS 采用了多种安全机制来保护用户的数据和隐私。这包括内置的防火墙、实时病毒和恶意软件扫描、沙盒隔离以及文件加密等功能。这使得 macOS 相对于其他操作系统更不易受到病毒和恶意软件的攻击。用户体验方面：macOS 注重细节和用户友好的交互体验。它拥有独特的 Dock 栏、Launchpad 启动器和 Mission Control 多任务管理功能，使用户能够快速方便地查找和切换应用程序。此外，macOS 还支持手势操作，如滑动、缩放等，提供了更加直观自然的操作方式。

2. 鸿蒙操作系统（HarmonyOS）

HarmonyOS 是华为公司精心打造的全场景分布式操作系统，旨在实现万物互联的新时代。该系统不仅支持手机、平板电脑、智能穿戴以及智慧屏等多种终端设备的顺畅运行，更为开发者们提供了一站式的应用开发与设备开发平台。

HarmonyOS 独特的分布式架构是其核心优势之一，这种架构能够无缝连接各类设备，实现设备间的互联互通和数据即时共享。这种设计赋予了 HarmonyOS 极高的灵活性和可扩展性，使它能够轻松适应各种复杂场景和多样化需求。HarmonyOS 采用了微内核技术，将操作系统的主要功能进行模块化处理，每个模块都拥有独立的运行空间和权限范围。这种创新的设计不仅提升了系统的安全性和稳定性，还有效降低了功耗和占用的存储空间。

HarmonyOS 以开放性和可扩展性著称，它积极鼓励第三方开发者的参与，提供了丰富的开发工具和应用程序编程接口（Application Programming Interface，API），让开发者们能够轻松构建出各种智能设备所需的应用程序。这种开放生态的构建，进一步丰富了 HarmonyOS 的应用场景和功能。

此外，HarmonyOS 还具备强大的多终端支持能力，无论是手机、平板电脑、智能穿戴设备还是智慧屏，都能在该系统上稳定运行。更重要的是，这些设备之间能够实现无缝的互联互通和数据共享，为用户带来了前所未有的便捷体验。在安全性方面，HarmonyOS 同样表现出色。它采用了包括身份验证、数据加密、访问控制在内的多种安全机制，确保用户的数据和隐私得到全方位的保护。

3. 统信 UOS

统信 UOS 是由包括中国电子集团（CEC）、武汉深之度科技有限公司、南京诚迈科技、中兴新支点在内的多家国内操作系统核心企业自愿发起"统一操作系统筹备组"（Unity Operating System，UOS）共同打造的中文国产操作系统。它基于 Linux 内核，并致力于为用户提供安全、稳定、易用且兼容广泛的操作系统体验。

统信 UOS，以其卓越的功能、严密的安全防护和出色的兼容性，为用户带来了一流的计算机使用体验。该系统不仅采用了多重安全技术，如文件加密、权限控制及安全启动，以保障用户数据的安全和隐私，同时兼容主流应用软件和硬件设备，支持多样化的 CPU 平台，满足用户全方位的需求。此外，统信 UOS 针对国产芯片进行了深度优化，确保系统在各种使用场景下都能流畅运行，为用户提供卓越的性能体验。其界面设计简洁明了，操作人性化，让用户能够轻松上手并快速掌握各项功能。更值得一提的是，统信 UOS 还支持云端服务，通过云计算技术为用户提供强大的安全保护能力，确保数据的安全可靠。作为国产操作系统的佼佼者，统信 UOS 积极推动国产化进程，支持国产硬件和软件，为中国操作系统产业的发展贡献力量。

4.3　小结

　　本章概述了操作系统的核心知识，包括其定义、功能、特征、发展史和接口。操作系统是计算机系统的关键软件，负责管理硬件和软件资源。它具备进程管理、内存分配、文件存储等功能，并具备并发性、共享性等特征。其发展经历了从手工操作到分布式系统的演变，适应了硬件的进步和用户的需求。同时，操作系统提供了多种用户接口，包括命令、程序和图形接口，以满足不同用户的需求。最后，本章还介绍了常用的操作系统，如 Windows、Linux、UNIX 和 macOS 等。这些内容为理解操作系统的基本概念和实际应用提供了精简而全面的介绍。

4.4　思考与练习

　　1. 什么是操作系统？操作系统的特征有哪些？

　　2. 操作系统是如何将一个 CPU 虚拟成多个 CPU 的？

　　3. 并发和并行有什么区别？

　　4. 结合互联网回答除了本章介绍的操作系统还有哪些计算机操作系统。

在学习数据库原理及应用课程之前，在计算机导论课程中先行学习数据库的基础知识、核心概念和技能要点，包括数据库概述、数据库课程教学组织和学习方法、课程内容、核心概念和技能等。本章围绕数据库原理及应用，简单介绍以下内容。

5.1　数据库技术应用概述

数据库技术是信息系统核心技术的组成部分。利用数据库技术可以组织和存储数据、高效地获取和处理数据。通过数据库课程的学习，理解数据库的结构、存储、设计、管理以及应用的基本理论和实现方法，实现对数据库中的数据进行处理、分析和理解。以下就数据库技术的发展历史和应用领域做简单的介绍。

▶ 5.1.1　数据库技术发展历史

数据库是一种用于存储、组织和管理数据的技术，其发展经历了三个阶段：人工管理阶段、文件系统阶段和数据库系统阶段。

1. 人工管理阶段

在 20 世纪 50 年代中期以前，计算机主要用于科学计算，使用磁带进行数据的存储。数据处理方式采用批处理方式为主，计算机从一个或多个磁带上读取数据或将数据写到新的磁带上。人工管理阶段有如下特点。

（1）磁带只能顺序读取。

（2）数据量较少，数据不永久保存。

（3）数据不具有独立性，完全依赖于应用程序。数据面向应用程序，一组数据只能对应一个应用程序，数据须由应用程序自己设计及管理。应用程序中不仅要规定数据的逻辑结构，还要设计数据的物理结构，当数据的逻辑结构或物理结构发生变化，必须对应用程序作相应的修改。这种状况对程序编写及维护都造成很大麻烦。

（4）存在大量冗余数据。由于数据依赖于应用程序，程序之间数据不共享，不同程序之间也不能直接交换数据，当多个应用程序涉及相同的数据时必须各自定义，因此程序之间存在大量的冗余数据。

人工管理阶段中应用程序与数据之间的对应关系如图 5-1 所示。

2. 文件系统阶段

20 世纪 50 年代后期到 60 年代中期，计算机主要应用于科学计算和信息管理。此时硬件方面出现了磁盘、磁鼓等存储设备，硬盘允许直接对数据进行访问，它的出现极大改变了数据处理的情况，摆脱了数据只能顺序访问的限制。软件方面出现了专门管理数据的软件，即文件系统。数据处理方式有批处理和联机处理。文件系统阶段有如下特点。

（1）数据由文件系统管理，数据可长期保留在外部存储设备上。文件系统解决了应用程序和数据之间的公共接口问题，使得应用程序可以采用统一的存取方法来操作数据——文件系统把数据组织成相互独立的数据文件，程序可以按文件名称来访问，以记录为单位存取。

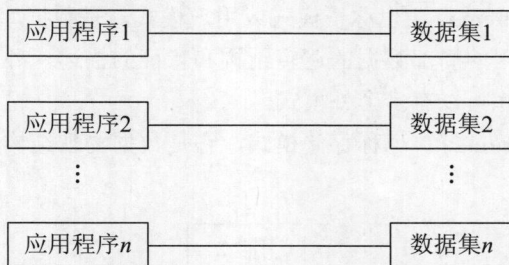

图 5-1　人工管理阶段应用程序与数据之间的关系

（2）数据共享性和一致性较差，存在较多冗余数据。在文件系统中，一个（或一组）文件基本上对应一个应用程序，即文件是面向应用的。当不同的应用程序具有部分相同的应用数据时，也只能保存到每个应用程序相应的数据文件里，而文件之间是孤立无联系的。应用程序必须建立各自的数据文件，而不能共享相同的数据，因此存在较多冗余数据。同时，由于相同的数据重复存储，各自管理，易造成数据的不一致性，给数据的修改和维护带来困难。

（3）数据独立性较差。数据与应用程序之间存在一定独立性，但文件仍然是面向特定应用程序，一旦文件的逻辑结构改变，应用程序的结构须随之改变，反之亦然。

文件系统阶段应用程序与数据之间的关系如图 5-2 所示。

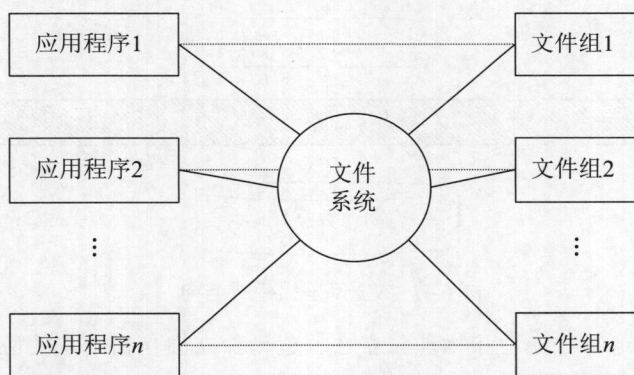

图 5-2　文件系统阶段应用程序与数据之间的关系

3. 数据库系统阶段

20 世纪 60 年代后期以来，涉及计算机的应用领域越来越广泛，数据规模越来越大，文件系统已不能满足数据管理的需要，在此背景下数据库技术诞生了。目前，数据库技术是应用范围最广的计算机技术之一，数据库系统有以下特点。

（1）数据实现了整体数据的结构化。数据库技术采用复杂的数据模型表示数据结构，不仅描述数据本身的特点还描述了数据之间的关系。

（2）数据面向全组织，共享性好，冗余数据较少。数据不再面向某个特定应用，而是面向不同的应用系统。

（3）数据独立性高。数据独立性得益于数据库的三级模式结构。图 5-3 是数据库三级模式结构示意图。

模式（Schema）：也称概念模式或逻辑模式，是数据库中全体数据的逻辑结构和特征的描述，是所有用户的公共数据视图。一个数据库只有一个模式。

外模式（External Schema）：也称子模式或用户模式，是数据库用户（包括应用程序员和最终用户）能够看见和使用的局部数据的逻辑结构和特征的描述。外模式是保证数据安全性的一个有力措施，一个数据库可以有多个外模式。

内模式（Internal Schema）：也称存储模式，它是数据物理结构和存储方式的描述。一个数据库只有一个内模式。

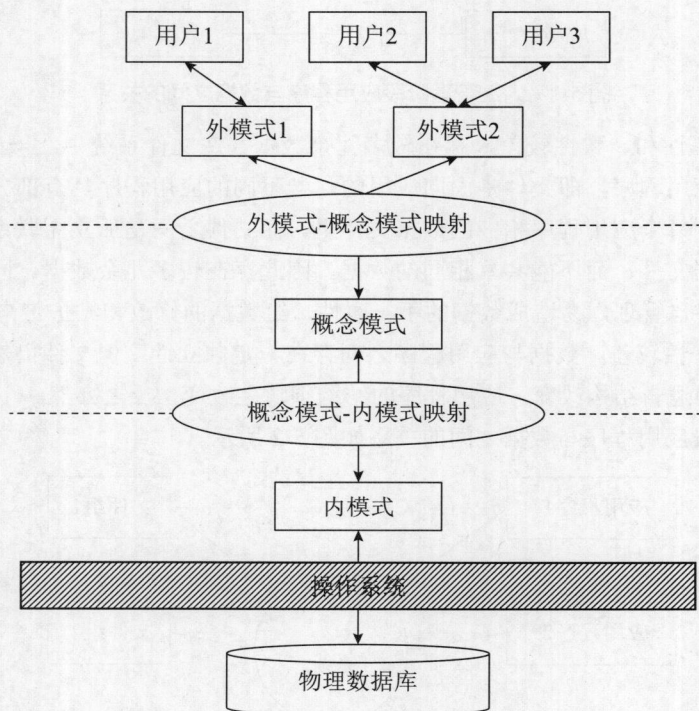

图 5-3　数据库三级模式结构

数据独立性包括逻辑独立性和物理独立性。逻辑独立性是指用户的应用程序与数据的逻辑结构是相互独立的，即使数据的逻辑结构发生改变，只要相应修改外模式与逻辑结构的映射关系，应用程序即可保持不变。物理独立性是指用户的应用程序与数据库中存储的数据是相互独立的，数据的存储方式由数据库系统的内模式管理，与应用程序不直接相关，当存储方式改变的时候，只要相应修改模式与内模式的映射，则数据库的逻辑结构和应用程序都不需要改变。

▶ 5.1.2　数据库技术应用领域

随着信息技术的快速发展，数据库技术已经成为各种应用系统的关键组成部分，广泛应用于各个领域。图 5-4 是基于数据库的应用程序与数据库管理系统之间的关系，应用通过数据库管理系统访问数据库。

在教育领域中，数据库技术可用于管理教师信息、学生信息、课程信息、教学资源等。通过对这些数据的分析，可以帮助教育工作者更好地了解学生的学习情况和需求，优化教学资源分配，提高教育质量和效果。数据库技术还可以用于在线学习平台，为老师和学生提供个性化教育服务。

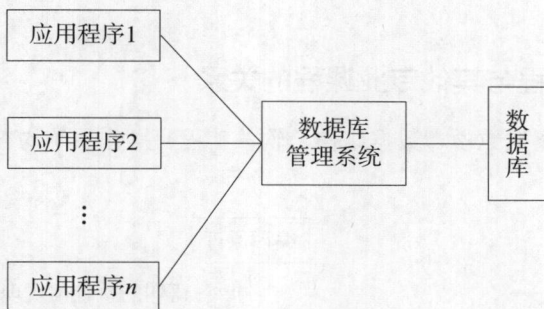

图 5-4　应用程序与数据库管理系统之间的关系

在医疗领域中，数据库技术可用于管理患者病历、医生信息、医疗图像、药物信息等，还可用于医疗研究和临床试验，帮助医生做出更准确的诊断和治疗方案。

在生产制造业中，数据库技术可用于管理供应链，跟踪货物流动，预测需求，以提高供应链效率，降低成本。

在银行和金融领域中，数据库技术可用于管理客户账户信息、交易记录、风险管理数据等。数据库的高可靠性和安全性对于金融服务行业至关重要。

在企业管理中，数据库技术可用于管理员工信息、客户信息、产品信息等，实现数据的集中管理和快速检索，提高工作效率和决策的准确性。

在基于互联网的服务业中，数据库技术可用于管理用户信息、帖子、评论等，还可用于个性化推荐、广告定向投放、产品建议等。

数据库在各个领域都有着重要的应用，为各行各业的信息管理、决策支持和业务发展提供了关键性的支持。随着数据规模的不断增长和技术的不断进步，以及大数据和人工智能技术的不断发展，基于各个种类的数据的应用领域也将继续扩展和深化。

5.2　课程教学组织及与其他专业课程的关系

▶ 5.2.1　数据库课程开设目标

数据库原理及应用是计算机科学中发展最快的领域之一，也是应用最广的技术之一，它已成为计算机信息系统与应用系统的核心技术和重要基础。本课程是计算机专业、软件工程专业的必修课程，也是专业核心课程。据不完全统计，几乎超过 90% 的软件类计算机专业和软件工程本科毕业设计都需要使用数据库，绝大多数的软件项目都需要数据存储和处理，在数据库课程学习的基础上，后续继续学习软件工程、大数据、区块链等相关的专业课程。这门课一般安排在大学二年级开设，课程课时通常为 48 课时授课、16 课时内实验和 40 课时课后自学，学分为 3.5 分。

通过本课程的教学，使学生理解数据库系统的基本原理，包括数据库的一些基本概念、各种数据模型的特点，特别是关系数据库的基本概念，包括结构化查询语言（Structured Query Language，SQL）、关系数据理论、关系数据库的设计理论；使学生掌握数据库应用系统的设计方法、了解数据库技术的发展动向，能够根据复杂工程问题进行数据抽象、设计和操作，培养学生运用数据库技术解决实际问题的能力，激发在此领域中继续学习和研究的意愿和动力。

▶ 5.2.2 数据库课程与其他专业课程的关系

数据库系统课程与离散数学、数据结构、软件工程、操作系统均存在关联，它们之间的关系如图 5-5 所示。

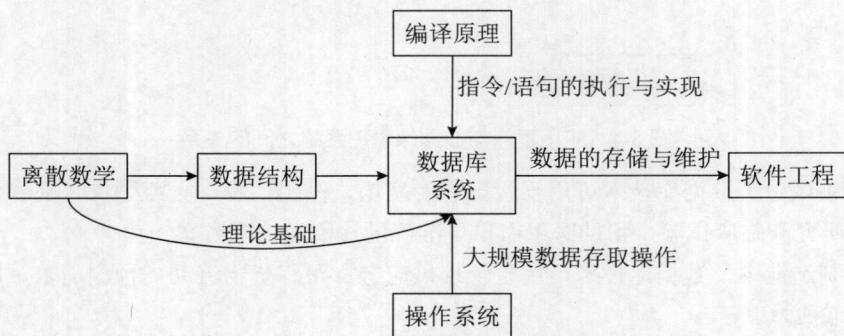

图 5-5 数据库系统课程与其他专业课程的关系

离散数学是现代数学的一个重要分支，主要研究离散对象和离散结构的性质和关系，关注的是离散的、不连续的数学对象，在各学科领域都有十分广泛的应用。对于"数据库原理及应用"课程，离散数学为其提供了理论基础及方法论。具体来说，数据库中的关系数据模型引用了离散数学中集合论中的相关概念和运算，比如集合的并、交、差、笛卡儿积、等值连接、自然连接等。离散数学中的图论和树结构等概念在数据库中有着广泛的应用。例如，数据库中的索引结构可以基于树结构实现，图论中的路径和连通性概念可以用于数据库中的数据查询和优化。数据库的设计、实现和优化都离不开离散数学。

数据结构是计算机中存储和组织数据的方式，是计算机科学的基础，几乎所有的软件系统都需要合理地组织和管理数据。对于"数据库原理及应用"课程，数据库系统需要有效地在外存存储和管理大量数据，而数据结构提供了各种数据存储和组织方式。在数据库中，数据结构如树、哈希表、链表等被广泛应用于存储和索引数据，以提高数据的检索和操作效率。数据库中的索引结构通常基于数据结构的概念设计，例如 B 树、B+ 树等数据结构被用于加速数据库中数据的查找和访问。索引的设计和实现离不开对数据结构的理解和应用。此外，在设计数据库模式时，需要考虑数据结构的选择和设计，以满足数据存储、检索和操作的需求，合理的数据结构设计可以提高数据库的性能和可维护性。因此，数据结构与数据库之间的关系是密不可分的。

编译原理是将高级程序语言翻译成机器语言的科学技术，对于"数据库原理及应用"课程，数据库系统通常使用 SQL 来操作和管理数据，编译原理的语法分析和语义分析技术可以应用于解析和执行 SQL 语句，实现数据库查询等功能。了解编译原理对从事数据库系统开发和优化的专业人员是非常有益的。

操作系统是计算机系统中的基本软件之一，学习操作系统可以培养学生的计算机系统思维和解决问题的能力。对于"数据库原理及应用"课程，数据库系统是建立在操作系统之上的应用系统，数据库系统需要操作系统提供资源管理、文件系统、进程管理等功能支持。因此，学习操作系统为理解数据库系统的底层原理和实现提供了必要的基础。操作系统课程中涉及的进程管理、内存管理等概念和技术在数据库系统中也有广泛的应用。比如数据库系统中的并发控制和事务管理就涉及进程同步、内存管理等操作系统相关知识。

软件工程是一门研究如何系统化、规范化、可靠化、高效化地开发和维护软件的学科。它涉及软件开发的整个生命周期，包括需求分析、设计、编码、测试、部署和维护等阶段。对于"数据库原理及应用"课程，数据库是软件系统中用于存储和管理数据的核心组件，几乎所有的软件系统都需要与数据库进行交互，相关人员需要了解数据库的设计原理、操作技术和优化方法，以便在开发过程中合理地设计数据库结构，进行数据操作和实现数据持久化。

▶ 5.2.3　数据库原理及应用的课程教学组织

1. 教学理念：实验驱动、理论与实验相结合

为了达到教学目标，除了对数据库系统的基本概念、原理和方法进行讲授和学习之外，本课程的一个最大的特点就是强调课程的实践性，结合典型的数据库应用实例，选择流行的关系数据库管理系统 MySQL 数据库，讲解数据库查询、维护、设计的过程，要求学生利用学习的数据库基本概念原理和 DBMS 动手进行数据库的设计与数据库应用系统的设计。

2. 教学环境及过程

为了强化学生的实践性，教学讲授地点直接设在实验室，确保每个学生人手一台计算机，通过授课并且随时进行实验演示来有效指导学生的学习过程，并在课堂内直接安排学生的实验任务。整个课程学习过程，以学生为中心，围绕教学中遇到的问题持续改进；本课程最终的考核包括实验和平时、期中考试、期末考试三部分，所占的比例分别为 30%、20% 和 50%。

3. 学习目标与学习方法

本课程理论与应用并重，注重理论联系实践，以实践内容带动和加深对理论和概念的理解。课前教师会先给学生提供授课大纲、参考书、实验指导书等教学资源，提供给学生自行学习的方式和途径；课堂中教师会选择一些典型的实验问题进行模拟操作，通过极域课堂让每个学生的计算机上能清晰地看到演示过程，并把演示操作的指令和结果发给学生，教师也可以在课堂留有一定的实验时间给学生进行课堂实验；学生在课后以实验指导书的实验任务为实验线索，完成实验。该模式有助于加深对讲授内容的理解，掌握并巩固基本概念和理论知识点。

4. 教学内容章节组织

"数据库原理及应用"课程的内容通过以下章节来组织教学：

（1）数据库与数据库用户；

（2）数据库系统概念与体系结构；

（3）基本 SQL-1；

（4）基本 SQL-2；

（5）MySQL 基本操作与授权；

（6）关系数据模型和关系数据库约束；

（7）存储过程与触发器；

（8）事务与并发控制；

（9）数据库备份与还原；

（10）E-R 模型；

（11）函数依赖与关系规范化；

（12）E-R 模型与关系模式映射；

（13）数据库设计与实现。

5.3　数据库原理及应用课程内容

关系数据库的原理及应用是数据库课程的主要学习内容，如图 5-6 所示，包括关系数据库的重要概念、关系数据库管理系统应用、关系数据理论及数据库设计方法。关系数据库的重要概念包括关系、关系数据库、键、外键、完整性约束、事务、数据库备份等，以下对关系数据库的核心概念、理论与技能分别做简单的引入式的介绍。

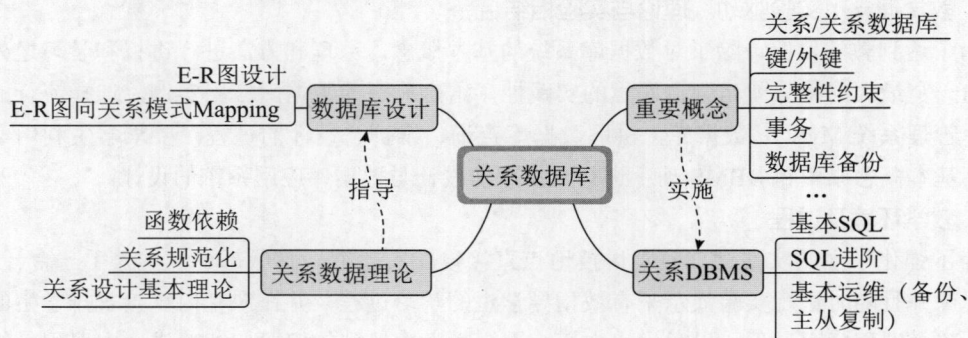

图 5-6　关系数据库

▶ 5.3.1　关系数据库的重要概念

1. 数据库（Database）

按一定的数据模型组织、描述和存储在计算机内的、有组织的、可共享的数据集合。它的目的是让用户能够高效地访问和管理数据。在数据库中，数据可以以多种形式存储，例如文本、数字、图片等。在计算机世界里，数据库扮演着极其重要的角色。无论是社交媒体平台存储用户信息，电商网站管理商品目录，还是银行系统跟踪客户的交易记录，数据库几乎无处不在。比如你是一名学生，需要管理你的课程表、成绩单和图书馆借阅记录。如果将这些信息都记录在不同的纸张上，那么随着时间的推移，这些纸张可能会丢失或损坏。而如果使用数据库来管理这些信息，你不仅可以轻松地更新和查询数据，还可以通过计算机或手机随时随地访问这些信息。数据库还支持高效的数据检索和更新操作，使数据管理变得既简单又可靠。再比如一个图书管理数据库，每本书就是数据库中的一条记录。图书馆通过数据库管理系统来组织书籍，使得任何人都可以快速找到他们想要的书。同样，在数据库中，数据被组织得井井有条，无论数据量有多大，用户都可以通过查询操作快速找到他们需要的信息。

2. 关系（Relation）

数据库关系是关系数据库管理系统（Relational Database Management System，RDBMS）中的核心概念之一。它指的是一个二维表格，用于存储和组织具有相同属性组的数据集合。在数据库中，关系通常对应一个具体的表，表中的每一列代表一个属性或字段，而每一行则代表一个特定的记录或实体。

关系具有如下基本特性。

（1）原则和属性次序无关性：表中的行和列的次序是无关的。

（2）唯一性：关系中的每一行都是唯一的，可以通过主键来唯一标识。主键是关系中的一个或多个字段的组合，其值在关系中是唯一的，用于区分不同的记录。

（3）元组分量的原子性：每个元组的分量（列）是不可再分的基本单元。

（4）属性名唯一性：每个属性（列）的名称都不相同。

（5）分量值域的统一性：每个属性的分量具有与该属性相同的值域。

在关系数据库中，关系不仅是一个静态的数据集合，它还支持通过定义各种约束来维护数据的完整性和准确性。例如，可以定义外键约束来确保一个关系中的字段值引用另一个关系的有效值，从而保持数据的一致性。

此外，关系还是数据库查询操作的基础。用户可以通过编写 SQL（结构化查询语言）查询来检索和操作关系中的数据。例如，可以使用 SELECT 语句从关系中检索数据，使用 JOIN 操作来合并多个关系中的数据，或者使用 UPDATE 和 DELETE 语句来修改或删除关系中的数据。总之，数据库关系是关系数据库中的基本构造单元，它用于组织和存储具有相同属性的数据集合，并通过定义约束和执行查询操作来维护数据的完整性和准确性。

3. 数据库管理系统

数据库管理系统（Database Management System，DBMS）是位于用户和操作系统之间的一层数据管理软件，用于创建、管理和操作数据库，包括数据的存储、检索、更新和删除。用户通过 DBMS 可以方便地与数据库中存储的数据进行交互，而不需要深入了解背后复杂的数据存储细节。DBMS 的出现极大地简化了数据管理工作。在 DBMS 出现之前，数据通常以文件系统的形式存储，这种方式不仅效率低下，而且数据一致性、安全性和数据恢复等方面存在很大的问题。DBMS 的使用，提供了一种既灵活又可靠的方法来管理大量的数据。可以把 DBMS 看作一个超级图书管理员，它不仅知道每本书的具体位置，还能帮你找到与某个主题相关的所有书籍，甚至还能告诉你哪些书是最近才加入图书馆的。就像这位图书管理员能够高效管理图书馆的所有书籍一样，DBMS 也能高效管理数据库中的所有数据。DBMS 不仅是数据存储的基础，它还支持事务处理、并发控制、数据安全性和完整性验证等高级功能，确保数据的准确性和可靠性。

4. 数据库用户

数据库用户是指有权限访问数据库以及数据库中数据的人或系统。用户可以执行各种操作，包括但不限于查询、更新、插入和删除数据。在更复杂的场景中，数据库用户还可能涉及数据库的设计、配置和管理。在数据库中，不同的用户可能拥有不同的权限。例如，一位数据库管理员（Database Administrator，DBA）可能拥有访问数据库所有功能的权限，包括修改数据库结构、管理用户权限等。而一个普通用户可能只能查询和更新自己的数据。这种权限的划分，确保了数据库的安全性和数据的完整性。比如一个在线图书馆数据库，其中包含了数以万计的书籍记录。数据库管理员负责维护这个数据库，包括添加新书籍记录，更新现有记录，管理图书馆用户的权限等；而图书馆的会员（即数据库用户）可以搜索图书、借阅书籍和写书评。在这个例子中，管理员和会员就是不同类型的数据库用户，他们根据自己的权限执行不同的操作。

5. 键（Key）

用于标识数据的属性或属性组。键是一个或多个字段的集合，这些字段用于在数据库表中唯一标识记录或建立记录之间的关系。键有不同的类型，每种类型都有其特定的用途：主键（Primary Key），一个表中的唯一标识符，用于唯一地标识表中的每条记录。每个表只能有一个主键，而且主键的值不能重复，也不能为空；候选键（Candidate Key），表中那些可以作为唯一标识符的字段集合，但不是主键的其他键。

6. 外键（Foreign key）

用来建立与其他表关联的属性或属性组。外键是一个表中的一个或多个字段，它们对应于另一个表的主键。外键的主要目的是确保不同关系数据之间的参照完整性，即确保从一个表到另一个表的关联是有效和一致的。通过外键约束，数据库可以确保只有在关联表中存在的数据才能被引用，从而防止了无效数据的产生。在关系数据库中，保持数据的完整性是非常重要的。通过使用外键，我们可以建立表之间的逻辑联系。这些联系不仅有助于保持数据的一致性，而且还使数据查询变得更加灵活和强大。比如一个包含"学生"和"班级"两个表的简单数据库，每个学生属于一个班级，而每个班级可以有多个学生。在学生表中，我们可以添加一个叫作"班级 ID"的字段作为外键，它指向班级表中的主键（即每个班级的唯一标识符）。这样，就可以轻松地找出每个学生所属的班级，以及每个班级包含哪些学生。可以将外键比作一本引用指南或地图。假设在阅读一本书时遇到了某个不太熟悉的概念，为了更好地理解这个概念，可能需要参考书后的索引或引用其他书籍。在这里，书中提到的概念就像是一个表中的数据，而为了获得更多信息而参考的索引或其他书籍就像是外键，它指导你找到更多的相关信息息。通过外键，可以有效地在不同的表之间导航，它不仅保证了数据的一致性，还提高了查询和分析数据的能力。

7. 完整性约束（Integrity Constraints）

数据库存储的数据或操作的约束条件，包含实体完整性、参照完整性和用户定义的完整性。完整性约束是施加在数据库表中的一组规则，用于限制存储在数据库中的数据类型、格式、范围和联系，以保持数据的准确性和一致性。这些约束是数据库设计的重要部分，有助于避免数据冗余和错误，确保数据完整性。在 RDBMS 中，完整性约束通常包括以下几种类型：实体完整性（Entity Integrity），确保每个表的主键是唯一的，且不含有空值，保证了表中每条记录的唯一性；参照完整性（Referential Integrity），通过外键约束保证，确保一个表中的外键值要么为空，要么是另一个表中主键的有效值，保持了表之间的一致关系；用户定义的完整性（User-Defined Integrity），指定数据必须满足的特定业务规则，例如员工的工资不能为负。

▶ 5.3.2　关系数据库系统概念与关系数据理论

为了保证数据库系统在多用户应用环境下正确地运行，关系数据库系统（如 MySQL、Oracle 等）需要引入事务的概念，并基于事务具备并发控制、数据库备份还原等系统性机制。以下对数据库事务、并发控制和数据库备份还原进行简单的叙述。

1. 事务（Transaction）

事务，是逻辑上一个完整的对数据库的操作序列，这组操作要么全部完成，要么全部不做，不允许只做其中的一部分操作。事务具有 4 个基本特性，通常被称为 ACID 属性。原子性

5.3.2

（Atomicity）——事务是不可分割的最小操作单位，其内的所有操作要么全部完成，要么一个都不做；一致性（Consistency）——事务执行前后，数据库从一个一致性的状态转换到另一个一致性的状态；隔离性（Isolation）——并发执行的事务彼此隔离，事务的执行不会被其他事务干扰；持久性（Durability）——一旦事务被提交，它对数据库的改变就是永久性的，即使系统发生故障也不会丢失。事务是数据库操作的基本单位，尤其是在处理财务信息、订单管理和其他需要高度数据完整性的应用中。通过事务机制，数据库管理系统能够保证即使在系统故障、电力中断或其他异常情况下，数据也能保持一致和安全。比如一个在线购物的场景，当用户完成购买时，会涉及几个步骤：扣减库存、更新用户订单记录、调整账户余额等，这些操作构成了一个事务，它们必须一起成功完成，以确保数据的一致性。如果在这个过程中发生故障导致某一步失败，事务管理机制将回滚所有已经完成的操作，恢复到事务开始前的状态，就好像这个事务从未发生过一样。

以下是事务的控制语句。

（1）事务开始（Start Transaction）：在数据库事务方案中，事务的开始标志着后续有一系列数据库操作。在 MySQL 或 Oracle 中，通常使用 Start Transaction 或类似的命令来开始一个事务。

（2）事务执行阶段：在事务执行阶段，数据库系统执行事务中包含的一系列操作，包括读取和写入数据库的数据。这可能涉及对一个或多个表的查询、插入、更新或删除操作。

（3）事务提交（Commit）：一旦所有的数据库操作成功执行，并且没有发生错误，事务可以被提交。提交操作将事务中的所有修改永久保存到数据库中，并结束事务。

（4）事务回滚（Rollback）：如果在事务执行过程中发生了错误或者事务无法成功完成，可以选择回滚事务。回滚操作撤销事务中的所有修改，将数据库恢复到事务开始之前的状态。

（5）事务日志（Transaction Log）：事务日志是记录事务执行过程中的所有修改操作的关键组成部分。事务日志记录了事务的开始、提交、回滚等信息，以及对数据库数据的实际修改。在故障恢复过程中，事务日志用于还原事务的执行状态。

2. 并发控制（Concurrency Control）

并发控制是多用户并发访问数据库的控制方法，可以使用锁、时间戳等技术。它是一种机制，使得来自不同用户的多个数据库事务能够并发运行，而不会互相干扰，保证数据库事务的正确性和隔离性。通过并发控制，数据库系统能够处理多个同时发生的数据操作请求，而不产生如数据损坏或读写冲突等问题。在多用户环境中，数据库系统必须能够有效地处理并发操作，如果不能有效地进行多用户并发控制，通常会产生以下几个数据问题：脏读（Dirty Reads），即一个事务读取到另一个事务未提交的数据；不可重复读（Non-repeatable Reads），在同一事务中，两次读取同一数据得到不同的结果；幻读（Phantom Reads），在同一事务中用某一个筛选条件进行两次筛选，在两次筛选之间其他事务进行了插入或删除数据，导致两次查询得到的结果集不一致。

使用锁（Locking）来进行并发控制：数据库系统对正在访问的数据进行锁定，防止其他事务同时访问同一数据。在数据库管理中，封锁协议（Locking Protocols）是用来控制多个事务同时访问数据库时如何防止数据不一致的一种机制。数据不一致主要是由于不同事务的冲突操作引起的，会引起丢失更新、读脏数据和不可重复读等不一致性问题，通过实施一级封锁协议、二级封锁协议和三级封锁协议可以解决它们。

3. 数据库备份与恢复（Backup & Restore）

（1）数据库备份（Backup）是指创建数据库的一个或多个副本的过程，以便在原始数据丢失、损坏或被误删除时可以使用这些副本恢复数据。

（2）数据库恢复（Restore）是指使用备份文件将数据库数据恢复到某个特定时间点的状态的过程。数据库系统故障发生前要进行周期性的备份，一旦故障发生后可以利用最新的备份进行数据的恢复。备份和恢复是数据库管理员日常工作中非常重要的部分，这不仅涉及数据的物理安全，也关乎数据的完整性和可用性。

备份策略通常包括完全备份、增量备份和差异备份等多种形式，以应对不同的恢复需求和减少存储空间的占用。完全备份是指备份数据库中的所有数据和结构，是最基本但也是存储需求最大的备份类型。增量备份仅备份自上次备份以来发生变化的数据，这种方法减少了备份所需的时间和存储空间，但恢复数据时需要最近的全备份和所有后续的增量备份。差异备份（Differential Backup）备份自上次全备份以来所有变化的数据。恢复时需要最近的完全备份和最近的差异备份。

假设一家公司的数据库每天晚上都进行一次完全备份，并在工作日的每 4 小时进行一次增量备份。如果业务数据库在周三下午发生故障，数据库管理员可以先使用最近的周二晚上的完全备份恢复数据库，然后依次使用周二晚上完全备份以后到周三下午的所有增量备份来恢复数据。

4. 关系数据理论

关系数据库设计的好坏直接影响后续的程序设计是否能满足功能和数据的需求，为了能衡量数据库设计好坏程度，在关系数据理论中给出基于不同数据依赖的评判标准（范式）用于评判设计的关系所满足的规范化程度。其中函数依赖是一种最基本的数据依赖，基于函数依赖的各种范式满足不同条件。

函数依赖：函数依赖和别的数据依赖一样是语义范畴的概念，只能根据语义确定一个函数依赖。函数依赖不是指关系模式 R 的某个或某些关系满足的约束条件，而是指 R 的一切关系均要满足的约束条件。函数依赖 A → B，即在关系模式 R 的任意一个关系 r 中，给定 A 属性或属性组的一个值，相应的 B 属性的值也唯一确定，则称 B 函数依赖于 A。函数依赖分为完全函数依赖、部分函数依赖和传递函数依赖几类。

如果 A → B，并且对于 A 的任何一个真子集，都不能函数确定 B，则称 B 完全函数依赖于 A。例如，选课表中 { 学号，课程代码 } → 课程成绩是成立的，如果只知道学生 ID 或者课程代码，我们无法唯一确定学生的课程成绩，因为同一个学生可能注册了多门课程，或者多个学生可能注册了同一门课程。如果 A → B，但存在 A 的一个真子集能够确定 B，则称 B 部分函数依赖于 A。例如，{ 学号，年级 } → 姓名，姓名对于 { 学号，年级 } 的依赖是部分的，只需要学号即可函数确定姓名的值。如果 A → B，B → C，并且 A 不直接函数依赖于 C，则称 C 传递函数依赖于 A。如员工号→部门号，部门号→部门预算，则部门预算传递函数依赖。

5. 规范化

根据属性间的依赖情况来区分关系的规范化程度为第一范式、第二范式、第三范式和第四范式等。数据依赖的类型有函数依赖（Functional Dependency，FD）和多值依赖（Multi-Value Dependency，MVD）。从低一级范式转变为高一级范式的过程称为规范化。

▶ 5.3.3　数据库设计

1. 数据库设计的基本概念

数据库设计：指对于一个给定的应用环境，构造（设计）优化的数据库逻辑模式和物理结构，并据此建立数据库及其应用系统，使之能够有效地存储和管理数据，满足各种用户的应用需求，包括信息管理要求和数据操作要求。

数据库设计的目标：为用户和各种应用系统提供一个信息基础设施和高效率的运行环境。

数据库设计的基本任务：根据用户的信息需求、处理需求和数据库的支持环境（包括硬件、操作系统和 DBMS），设计出数据库模式（包括外模式、逻辑模式和内模式）及其典型的应用程序。

2. 数据库设计的方法

直观设计法（手工试凑法）：该数据库设计方法只是一种经验的反复实施，而不能称为是一门科学，缺乏科学分析理论基础和工程手段的支持，因为设计质量与设计人员的经验和水平有直接关系，所以设计质量很难保证。具有周期短、效率高、操作简便、易于实现等优点。主要用于简单小型系统。

规范设计法：将数据库设计分为若干阶段，明确规定各阶段的任务，采用"自顶向下、分层实现、逐步求精"的设计原则，结合数据库理论和软件工程设计方法，实现设计过程的每一细节，最终完成整个设计任务。例如，新奥尔良方法、基于实体 – 关系（E-R）模型的数据库设计方法、基于第三范式（3NF）的设计方法、面向对象的数据库设计方法、统一建模语言（Unified Modeling Language，UML）方法。

计算机辅助设计法：在数据库设计的某些过程中，利用计算机和一些辅助设计工具，模拟某一规范设计方法，并以人的知识或经验为主导，通过人机交互方式实现设计中的某些部分。如 Oracle 公司开发的 Designer、Sybase 公司开发的 PowerDesigner。

3. 数据库设计的基本步骤

（1）数据库规范设计：该部分包括设计规范、命名规范、类型规范、索引规范、SQL 规范和 ORM 规范。

（2）需求分析：通过详细调查现实世界要处理的对象（组织、部门、企业等），充分了解原系统（手工系统或计算机系统）工作概况，明确用户的各种需求。

（3）概念结构设计：通过对用户需求进行综合、归纳与抽象，形成一个独立于具体数据库管理系统的概念模型。

（4）逻辑结构设计：将概念结构转换为某个数据库管理系统所支持的数据模型，并对其进行优化。

（5）物理结构设计：为逻辑数据结构选取一个最适合应用环境的物理结构，包括存储结构和存取方法。

（6）数据库实施和维护：根据逻辑设计和物理设计的结果构建数据库，编写与调试应用程序，组织数据入库并进行试运行，以及经过试运行后即可投入正式运行，在运行过程中必须不断对其进行评估、调整与修改。

其中，需求分析和概念设计独立于任何数据库管理系统；逻辑设计和物理设计与选用的数据库管理系统密切相关。

表 5-1 所示是数据库设计各个阶段对应的数据与处理设计相关内容汇总。

表 5-1　数据库设计各个阶段对应的数据与处理的设计

设计阶段	设 计 描 述	
	数 据	处 理
数据库规范设计	需要处理的一切数据	设计规范、命名规范、类型规范、索引规范、SQL 规范和 ORM 规范
需求分析	数据字典、数据项、数据流、数据存储的描述	数据流图和判定树、数据字典中处理过程的描述
概念结构设计	概念模型（E-R 图）、数据字典	系统说明书（系统要求、方案、概图、数据流图）
逻辑结构设计	某种数据模型（如关系）	系统结构图（模块结构）
物理结构设计	存储安排、方法选择、存取路径建立	模块设计
数据库实施和维护	编写模式、装入数据、数据库试运行、性能监测、转储/恢复、数据库重组和重构	程序编码、编译联结、测试；新旧系统转换、运行、维护

需求分析就是分析用户的需求，是设计数据库的起点，结果是否准确地反映了用户的实际要求，将直接影响到后面各个阶段的设计，并影响到设计结果是否合理和实用。需求分析的任务是由数据库设计人员和用户双方共同收集信息需求和处理需求；通过仔细分析，将这些需求按一定的规范要求以用户和设计人员都能理解接受的文档形式确定下来。

概念结构设计：将需求分析得到的用户需求抽象为信息结构（即概念模型）的过程。最经典的概念结构设计方法是实体关系（E-R）模型，它将现实世界的信息结构统一用属性、实体以及它们之间的联系来描述。表 5-2 是概念模型设计中各个元素的含义和表示的图形符号。

表 5-2　E-R 概念模型组成元素

元　素	描　述	表 示 形 式
实体	客观存在并可以相互区别的事物	用矩形框表示，矩形框内写明实体名
属性	实体所具有的一个属性	用椭圆形表示，并用无向边将其与相应的实体连接起来
联系	实体和实体之间以及实体内部的关系	用菱形表示，菱形框内写明联系名，并用无向边分别与有关实体连接起来，同时在无向边旁边标上联系的类型

其中联系分为二元联系、三元联系和多元联系，二元联系又分为 1:1、1:N 和 $M:N$ 的联系。1:1 联系是指在实体集 A 与实体集 B 之间，A 中的每一个实体至多与 B 中一个实体有联系，反之，在实体集 B 中的每个实体至多与实体集 A 中一个实体有联系，1:N 联系是指实体集 A 每一个实体与实体集 B 中至多有 $N(N>0)$ 个实体有联系，实体集 B 中每一个实体至多与实体集 A 中一个实体有联系，$M:N$ 联系是指实体集 A 中的每一个实体与实体集 B 中至多有 $N(N>0)$ 个实体有联系，实体集 B 中的每一个实体与实体集 A 中的至多 $M(M>0)$ 个实体有联系。比如中国公民与护照、班级和学生、学生与课程之间分别是 1:1、1::N、$M:N$ 的联系。

逻辑结构设计的任务是将上一步生成的概念模型转换成特定 DBMS 支持的数据模型的过程，关系数据库逻辑设计的结果是一组关系模式的定义；基于 E-R 模型的逻辑机构设计，将 E-R 模型的实体、属性和各类联系都设计成不同的关系模式或者属性。数据库逻辑设计的结果不是唯一的，得到初步数据模型后，根据规范化理论适当地修改、调整数据模型的结构，以进一步提高数据库应用系统的性能，这就是数据模型的优化。将概念模型转换为逻辑模型（数据库模式）后，还应根据局部应用的需求，结合具体 DBMS 的特点，设计用户外（子）模式。

数据库在物理设备上的存储结构与存取方法称为数据库的物理结构，它依赖于选定的数据库管理系统，为一个给定的逻辑数据模型选取一个最适合应用要求的物理结构的过程，就是数据库的物理设计。

最后进入数据库的实施和维护阶段，进行数据库的定义、数据组织入库、编制和调试数据库应用程序、试运行和系统维护。

▶ 5.3.4　关系数据库系统 DBMS 重要技能

如图 5-7 所示，关系数据库系统的重要技能主要包括基本 SQL、SQL 进阶、关系数据库设计与实现、数据库基本运维。

5.3.4

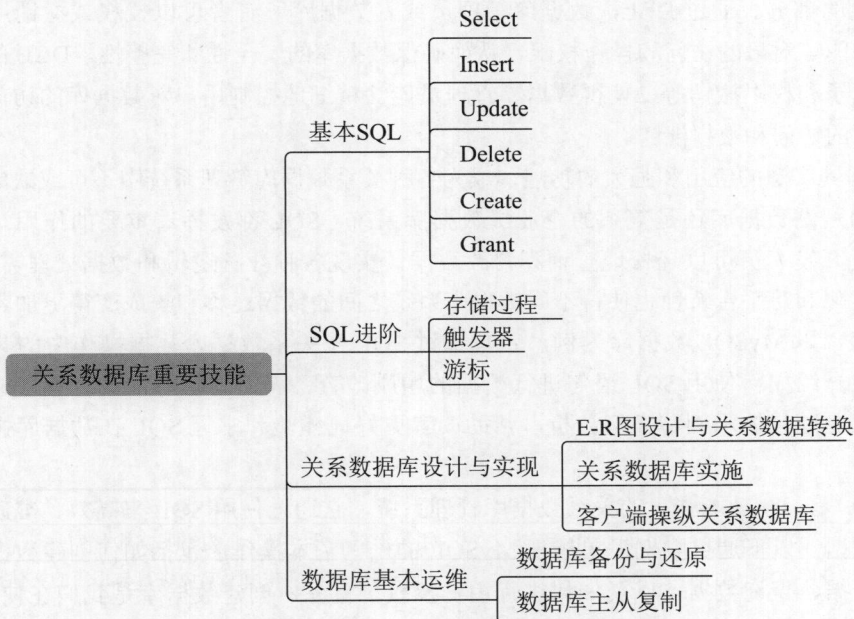

图 5-7　关系数据库重要技能

1. 基本 SQL

结构化查询语言（Structured Query Language，SQL）是用于管理关系数据库系统的标准编程语言，它采用非过程化的方式，允许用户描述他们期望的结果，而不是具体指定执行过程。SQL 以其丰富的功能和语法，满足了各种复杂查询和操作的需求，并作为国际标准，确保了不同数据库管理系统如 MySQL、Oracle、SQL Server 等都能支持相似的语法和功能。

SQL 主要由四部分组成，每个部分都承担着特定的任务，共同构成了完整的数据库操作体系。

（1）数据查询语言（Data Query Language，DQL）：DQL 是 SQL 中用于从数据库中检索数据的关键部分。其中，SELECT 语句用于指定要查询的列，FROM 语句用于指定要查询的表，而 WHERE 语句则用于设置查询的条件。通过这些关键字的组合，用户可以构建出既复杂又精细的查询语句，以满足不同数据分析和业务处理的需求。无论是简单的单表查询还是复杂的多表连接查询，DQL 都能提供强大的支持。

（2）数据操作语言（Data Manipulation Language，DML）：DML 是 SQL 中用于修改数据库

中数据的部分。它包含了 INSERT、UPDATE 和 DELETE 等核心语句。INSERT 语句用于向表中插入新的数据行，UPDATE 语句用于修改表中的现有数据，而 DELETE 语句则用于删除表中的数据行。通过 DML，用户可以灵活地对数据库进行增删改操作，以满足业务数据的变化需求。

（3）数据定义语言（Data Definition Language，DDL）：DDL 是 SQL 中用于定义和管理数据库结构和元素的部分。它允许数据库管理员、开发人员等创建、修改和删除数据库对象，如表、索引、视图等。DDL 的核心功能在于定义数据库的结构，包括表的结构、列的数据类型、约束条件等，以确保数据的完整性和准确性。

（4）数据控制语言（Data Control Language，DCL）：DCL 是 SQL 中用于控制对数据库对象访问权限的部分。通过 DCL，数据库管理员或者数据库所有者可以授权或撤销用户对数据库、表、视图等对象的访问和操作权限，从而确保数据库的安全性和完整性。DCL 的主要功能包括权限授予和权限撤销等，使得数据库管理员能够精细地控制用户对数据库的访问权限，防止未经授权的访问和数据泄露。

SQL 因其广泛的应用和强大的功能，成为各种关系数据库管理系统中不可或缺的工具。无论是简单的网站数据库还是复杂的企业级数据库系统，SQL 都发挥着重要的作用。通过编写 SQL 语句，开发人员可以轻松地查询和修改数据，实现各种业务逻辑和数据处理需求。同时，SQL 的标准化和跨平台特性也使得不同数据库系统之间的数据迁移和集成变得更加容易。

接下来，以 MySQL 数据库为例，简单探讨 SQL 在关系数据库数据操作中的具体应用示例。我们将介绍如何使用 SQL 语句进行数据的增删改查、表的创建与修改、索引的创建与使用等操作，通过具体示例和案例分析，帮助读者更好地体验和掌握 SQL 在数据库操作中的应用技巧。

MySQL 是一个功能强大的关系数据库管理系统，它通过使用 SQL 来高效、准确地管理数据库中的数据。以下通过实例简单展现 MySQL 的一些基本操作，包括如何创建数据库、创建表、插入数据、查询数据，以及如何进行用户授权。首先，创建数据库是我们在使用 MySQL 时需要做的第一步。为了创建数据库，需要先登录到 MySQL 服务器。这通常通过在命令行中输入以下命令实现：

```
mysql -u username -p
```

username 是你的 MySQL 用户名，输入这个命令后，系统会提示输入密码，输入密码并成功登录后，你就可以使用 SQL 语句来操作数据库了，如图 5-8 所示。

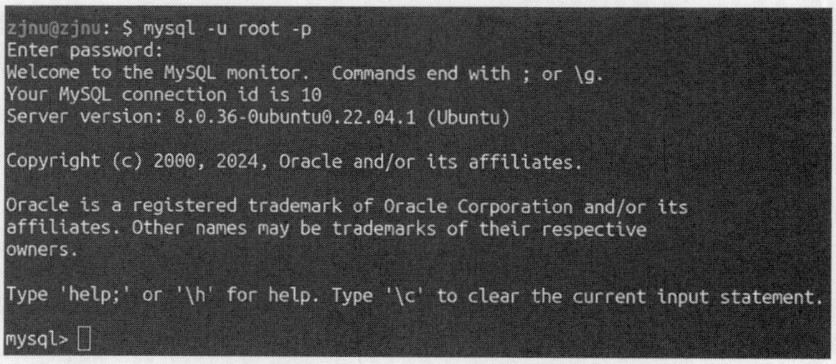

```
zjnu@zjnu: $ mysql -u root -p
Enter password:
Welcome to the MySQL monitor.  Commands end with ; or \g.
Your MySQL connection id is 10
Server version: 8.0.36-0ubuntu0.22.04.1 (Ubuntu)

Copyright (c) 2000, 2024, Oracle and/or its affiliates.

Oracle is a registered trademark of Oracle Corporation and/or its
affiliates. Other names may be trademarks of their respective
owners.

Type 'help;' or '\h' for help. Type '\c' to clear the current input statement.

mysql>
```

图 5-8　MySQL 登录

1）创建数据库

创建数据库的基本语句是 CREATE DATABASE，后面跟上希望创建的数据库名称，使用
CREATE DATABASE 数据库名，以创建学生数据库为例子，使用图 5-9 所示：

```
CREATE DATABASE student;
```

```
mysql> CREATE DATABASE student;
Query OK, 1 row affected (0.01 sec)
```

图 5-9　程序运行 1

如图 5-10 所示，这条命令会创建一个名为 student 的数据库，创建成功后，可以使用
SHOW DATABASES；命令来查看当前 MySQL 服务器上的所有数据库，确认 student 数据库是
否已经列在其中。

```
mysql> show databases;
+--------------------+
| Database           |
+--------------------+
| information_schema |
| mysql              |
| performance_schema |
| student            |
| sys                |
+--------------------+
5 rows in set (0.00 sec)
```

图 5-10　程序运行 2

接下来，在创建表或执行其他操作之前，需要选择（或称为"使用"）一个数据库作为当
前的工作数据库。这可以通过 USE 语句实现，后面跟上数据库的名称，即 USE 数据库名；以
使用学生数据库为例子，使用图 5-11 所示命令：

```
USE student;
```

```
mysql> USE student;
Database changed
```

图 5-11　程序运行 3

这条命令将使你接下来的操作都在 student 数据库中进行。然后，你可以在 student 数据库
中创建一个表，创建表通常使用 CREATE TABLE 语句，并指定表名以及每个列的名称和类型。
你需要指定表名以及每个列的名称和类型：

```
CREATE TABLE 表名 ( 列名 1 数据类型 , 列名 2 数据类型 , 各种约束 );
```

例如，创建一个名为 student 的表，包含 ID（学号）、name（姓名）、dept_name（所在系）
和 tot_cred（总学分）字段，可以发以下指令：

```
create table student(
ID varchar(5),
name varchar(20) not null,
dept_name varchar(20),
tot_cred numeric(3,0)
check(tot_cred >= 0),
```

```
primary key (ID)
);
```

下面来逐一解释这个语句的各个部分的含义。

CREATE TABLE student 这部分告诉 DBMS 我们要创建一个新表，并且这个表的名称是 student。

ID VARCHAR(5) 定义了一个名为 ID 的字段，其数据类型为 VARCHAR，即可变长度的字符序列，VARCHAR(5) 表示这个字段可以存储最多 5 个字符的字符串。

name VARCHAR(20) NOT NULL 定义了一个名为 name 的字段，数据类型同样是 VARCHAR，最大长度为 20 个字符。NOT NULL 约束表示这个字段在插入或更新记录时不能为空，即必须提供值。

dept_name VARCHAR(20) 定义了一个名为 dept_name 的字段，用于存储学生的部门名称，数据类型为 VARCHAR，最大长度为 20 个字符。这个字段没有设置 NOT NULL 约束，意味着它可以是空的。

tot_cred NUMERIC(3,0) CHECK (tot_cred >= 0) 定义了一个名为 tot_cred 的字段，用于存储学生的总学分。NUMERIC(3,0) 表示这个字段是一个数字类型，总共有 3 位数字，其中小数部分有 0 位（即没有小数）。CHECK (tot_cred >= 0) 是一个约束条件，它要求 tot_cred 字段的值必须大于或等于 0。

PRIMARY KEY (ID) 这部分定义了表的主键。主键是表中的一个或多个字段的组合，用于唯一标识表中的每一行。在这里，ID 字段被设为主键，这意味着在整个 student 表中，每个 ID 的值都必须是唯一的，并且不能为 NULL。

创建完表之后，就可以使用 INSERT INTO 语句向表中插入数据了：

```
INSERT INTO 表名 (列名1, 列名2, ...) VALUES (值1, 值2, ...);
```

例如：

```
INSERT INTO student (ID, name, dept_name, tot_cred) VALUES ('00128', 'Zhang', 'Comp. Sci.', '102');
```

下面来逐一解释这个语句的每一部分。

INSERT INTO student 这是一个 SQL 命令，用于向指定的表中插入新的记录。student 这是你要插入数据的表名。

(ID, name, dept_name, tot_cred) 是一个列名的列表，表示将要向 student 表中的 ID、name、dept_name tot_cred 这些字段提供数据。

VALUES ('00128', 'Zhang', 'Comp. Sci.', '102')；这个关键字后面跟着的是你要插入的具体数据值。

2）查询操作

查询操作是数据库管理中至关重要的环节，它允许用户检索和提取存储在表中的数据。基本的查询语法结构是：

```
SELECT 列名1, 列名2, ... FROM 表名 WHERE 条件 group by 字段 order by 字段;
```

若要查询表中的所有数据，可以使用 * 通配符来选择所有列。命令如下：

```
SELECT * FROM 表名；
```

例如，若要查询 student 表中的所有用户信息，则执行：

```
SELECT * FROM student;
```

若要查询表中的特定字段，可以明确指定列名。命令格式为：

```
SELECT 列 1，列 2 FROM 表名；
```

例如，如果只想查询学生的 ID 和 name，可以使用以下查询：

```
SELECT ID, name FROM student;
```

如果需要基于特定条件筛选数据，可以使用 WHERE 子句。WHERE 子句的作用是过滤结果集，仅返回满足指定条件的记录。命令格式为：

```
SELECT * FROM 表名 WHERE 条件；
```

例如，如果想找到所有在 Comp. Sci. 系的学生，可以使用以下查询：

```
SELECT * FROM student WHERE dept_name = 'Comp. Sci.';
```

在查询结果的基础上，若需要对结果进行排序，可以使用 ORDER BY 子句。它可以指定按照某个列进行升序（ASC）或降序（DESC）排列。命令格式为：

```
SELECT * FROM 表名 ORDER BY 列名 ASC|DESC;
```

例如，按 name 字段的字母顺序排序所有学生，则执行：

```
SELECT * FROM student ORDER BY name;
```

得到图 5-12 结果。

```
mysql> SELECT * FROM student ORDER BY name;
+-------+----------+------------+----------+
| ID    | name     | dept_name  | tot_cred |
+-------+----------+------------+----------+
| 76653 | Aoi      | Elec. Eng. |       60 |
| 98765 | Bourikas | Elec. Eng. |       98 |
| 19991 | Brandt   | History    |       80 |
| 76543 | Brown    | Comp. Sci. |       58 |
| 23121 | Chavez   | Finance    |      110 |
| 45678 | Levy     | Physics    |       46 |
| 44553 | Peltier  | Physics    |       56 |
| 55739 | Sanchez  | Music      |       38 |
| 12345 | Shankar  | Comp. Sci. |       32 |
| 70557 | Snow     | Physics    |        0 |
| 98988 | Tanaka   | Biology    |      120 |
| 54321 | Williams | Comp. Sci. |       54 |
| 00128 | Zhang    | Comp. Sci. |      102 |
+-------+----------+------------+----------+
13 rows in set (0.00 sec)
```

图 5-12　结果

如果还想按降序排序（从 Z 到 A），可以添加 DESC 关键字：

```
SELECT * FROM student ORDER BY name DESC;
```

GROUP BY 在 SELECT 语句中的使用是 SQL 中数据汇总和分组的重要功能。使用该语句可以使结果集按照一个或多个列的值进行分组，并对每个分组执行聚合函数以获取摘要信息。

命令格式为：

```
SELECT 列名 1, 列名 2, ..., 列名 n, 聚合函数 FROM 表名 GROUP BY 列名 1, ... , 列名 n;
```

如果想根据某个字段对结果进行分组，并计算每组的聚合值（如计数、总和、平均值等），可以使用 GROUP BY 子句。例如，利用下面的语句计算每个系的学生数量，程序运行如图 5-13 所示。

```
SELECT dept_name, COUNT(*) as student_count FROM student GROUP BY dept_name;
```

```
mysql> SELECT dept_name, COUNT(*) as student_count FROM student GROUP BY dept_name;
+------------+---------------+
| dept_name  | student_count |
+------------+---------------+
| Comp. Sci. |             4 |
| History    |             1 |
| Finance    |             1 |
| Physics    |             3 |
| Music      |             1 |
| Elec. Eng. |             2 |
| Biology    |             1 |
+------------+---------------+
7 rows in set (0.00 sec)
```

图 5-13　程序运行 4

如果一张表与其他表有关联（例如，通过外键），可以使用自然连接来连接多个表的数据，这通常用于从相关表中检索信息。

选课表 takes 表记录了学生选课的信息，包含以下字段 ID、course_id、sec_id、semester、year、grade，定义外键约束 foreign key (ID) references student (ID) on delete cascade。

这个语句表示 takes 表中的 ID 字段是 student 表中的 ID 字段的外键，这意味着 takes 表中的 ID 字段的值必须在 student 表的 ID 字段中已经存在。另外，on delete cascade 是一个级联删除选项。如果 student 表中的某个 ID 被删除了，那么在 takes 表中所有具有相同 ID 的记录也会被自动删除，这有助于维护数据的一致性。

如果想查询某个学生选修的所有课程的 course_id，可以给以下指令，程序运行如图 5-14 所示。

```
SELECT s.name AS student_name, t.course_id FROM student s JOIN takes t ON s.ID =
t.ID WHERE s.name = 'Zhang';
```

```
mysql> SELECT s.name AS student_name, t.course_id
    -> FROM student s
    -> JOIN takes t ON s.ID = t.ID
    -> WHERE s.name = 'Zhang';
+--------------+-----------+
| student_name | course_id |
+--------------+-----------+
| Zhang        | CS-101    |
| Zhang        | CS-347    |
+--------------+-----------+
2 rows in set (0.00 sec)
```

图 5-14　程序运行 5

基于某个字符串字段的部分内容进行匹配搜索，可以使用 LIKE 运算符和通配符。例如，查找名字以 'Z' 开头的学生：

```
SELECT * FROM student WHERE name LIKE 'Z%';
```

这里 % 是一个通配符，代表任意数量的任意字符串。

3）修改操作

修改操作在数据库管理中扮演着至关重要的角色，它允许用户调整表的结构以及更新表中的数据。以下是关于修改操作的详细解释和示例。

ALTER TABLE 是 SQL 中用于修改现有表结构的命令。通过它可以添加、删除或修改列，更改数据类型，甚至重命名整个表。在表中增加新的字段，可以使用 ADD COLUMN 子句：

```
ALTER TABLE 表名 ADD COLUMN 列名 数据类型;
```

例如，向 student 表添加一个名为 age 的列，类型为 INT：

```
ALTER TABLE student ADD COLUMN age INT;
```

如果需要更改现有列的数据类型，可以使用 MODIFY COLUMN 子句，例如，修改 student 表中 age 列的数据类型为 VARCHAR(3)：

```
ALTER TABLE student MODIFY COLUMN age VARCHAR(3);
```

当列不再需要时，可以使用 DROP COLUMN 子句将其从表中删除，例如，删除 student 表中的 age 列：

```
ALTER TABLE student DROP COLUMN age;
```

UPDATE 命令用于修改表中已存在的记录的数据。使用此命令时必须非常小心，因为错误的条件可能导致不希望发生的数据更改，语法为：

```
UPDATE 表名 SET 列名1 = 值1, 列名2 = 值2, ... WHERE 条件;
```

其中，UPDATE 关键字表明要执行更新操作；表名为要更新的表的名称；SET 关键字后面跟着要更新的列名和它们的新值，多个列之间用逗号分隔；WHERE 关键字后面跟着一个条件表达式，用于指定哪些记录应该被更新。如果省略 WHERE 子句，将更新表中的所有记录，这通常是不希望发生的，因此在使用 UPDATE 命令时务必小心。

例如，如果想将名为 'Zhang' 的学生的系名从 'Comp. Sci.' 更改为 'Engineering'，可以使用以下查询：

```
UPDATE student SET dept_name = 'Engineering' WHERE name = 'Zhang';
```

也可以在同一个 UPDATE 语句中修改多个字段的值。只需在 SET 子句中通过逗号分隔它们即可。例如：

```
UPDATE student SET dept_name = 'Physics', tot_cred = 120 WHERE ID = '00128';
```

这条 SQL 语句将找到 ID 为 '00128' 的记录，并将其 dept_name 字段的值更新为 'Physics'，tot_cred 字段的值更新为 120。

4）DELETE 命令

DELETE 命令用于从数据库表中删除特定的记录。当我们只想移除满足某些条件的记录时，可以使用此命令，语法：

```
DELETE FROM 表名 WHERE 条件；
```

如果想删除具有特定条件的记录，可以使用 DELETE 语句结合 WHERE 子句。例如，如果想删除名为 'Zhang' 的学生的记录，可以使用以下查询：

```
DELETE FROM student WHERE name = 'Zhang';
```

这条 SQL 语句将找到 name 字段值为 'Zhang' 的记录，并将其从 student 表中删除。可以使用更复杂的 WHERE 条件来删除多条记录。例如，如果想删除所有属于 'Physics' 系的学生记录，可以使用：

```
DELETE FROM student WHERE dept_name = 'Physics';
```

如果想删除整个 student 表及其所有数据，可以使用 DROP TABLE，语法：

```
DROP TABLE 表名；
```

例如，删除 student 表及其所有数据，可以执行以下命令：

```
DROP TABLE student;
```

执行这条语句后，student 表及其所有数据将从数据库中永久删除。

如果想删除包含 users 表的整个数据库（假设数据库名为 mydatabase），可以使用 DROP DATABASE 语句：

```
DROP DATABASE 数据库名；
```

例如，删除数据库 mydatabase，可以执行以下命令：

```
DROP DATABASE mydatabase;
```

这条语句会删除 mydatabase 数据库及其所有表和数据。这是一个非常危险的操作，因为它会删除整个数据库及其所有内容。在执行此操作前，请务必确保你已经备份了所有重要数据，并且确实想要删除整个数据库。

5）用户授权

在 MySQL 中，你可以通过 GRANT 语句来授予用户特定的权限。以下是一些基本的授权操作。先创建一个 test 数据库，然后建立新用户，并授予该用户所有权利来操作数据库 test。

创建一个新用户的命令格式如下：

```
CREATE USER '新用户名 '@' 主机名 ' IDENTIFIED BY '密码 ';
```

例如创建一个新用户 aaa，并允许其从 localhost 登录，密码为 123456，可以使用以下命令，程序运行如图 5-15 所示。

```
CREATE USER 'aaa'@'localhost' IDENTIFIED BY '123456';
```

```
mysql> CREATE USER 'aaa'@'localhost' IDENTIFIED BY '123456';
Query OK, 0 rows affected (0.00 sec)
```

图 5-15　程序运行 6

可以授予新用户特定的权限，以便他们能够访问和操作数据库，语法：

```
GRANT 权限类型 ON 数据库名.表名 TO '用户名'@'主机名';
```

例如，授予用户 aaa 对 test 数据库的所有权限代码如下，运行程序如图 5-16 所示。

```
GRANT ALL PRIVILEGES ON test.* TO 'aaa'@'localhost';
```

```
mysql> GRANT ALL PRIVILEGES ON test.* TO 'aaa'@'localhost';
Query OK, 0 rows affected (0.00 sec)
```

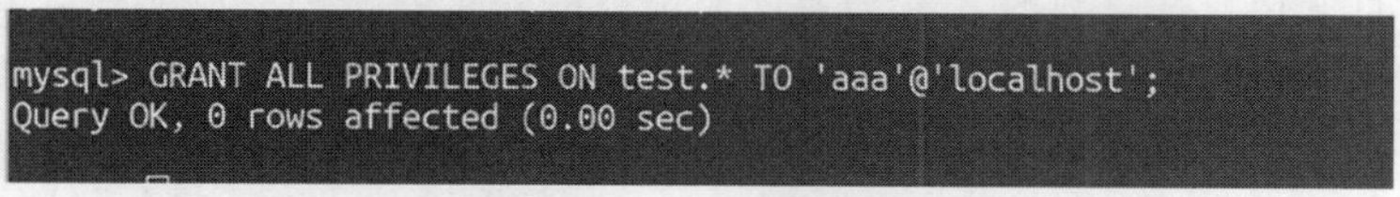

图 5-16 程序运行 7

在授予或撤销权限后，通常需要刷新权限以使更改生效：

```
FLUSH PRIVILEGES;
```

如果需要收回之前授予用户的权限，可以使用 REVOKE 语句：

```
REVOKE 权限类型 ON 数据库名.表名 FROM '用户名'@'主机名';
```

例如，撤销 aaa 用户对 test 数据库中所有表的 INSERT 权限：

```
REVOKE INSERT ON test.* FROM 'aaa'@'localhost';
```

如果某个用户不再需要访问数据库，可以将其删除：

```
DROP USER '用户名'@'主机名';
```

例如，删除用户 aaa：

```
DROP USER 'aaa'@'localhost';
```

执行 GRANT 和 REVOKE 语句通常需要有足够的权限，通常是 GRANT OPTION 或 SUPER 权限。在生产环境中，应该谨慎地管理用户权限，以确保数据库的安全。

2. SQL 进阶

在基本 SQL 应用的基础上，进一步学习 SQL 进阶内容，包括存储过程、触发器等重要数据库对象，使得基于数据库的应用得到进一步的扩展。这里具体细节留到数据库课程的时候再展开。

▶ 5.3.5 数据库备份和恢复

在计算机数据库系统运行期间，数据备份与恢复技术至关重要，属于一种强有力的保障技术，在保证数据信息安全、真实、完整方面起到十分关键的作用。

备份技术就是将数据库数据进行复制，计算机数据库存储着计算机各类重要信息，但数据库本身容易遭到网络攻击或自然灾害攻击。计算机数据库恢复技术能够有效帮助技术人员进行数据恢复。其原理就是将计算机先前导入其他设备的各项数据库备份文件重新恢复到某个时间点。

以下是一些常见的备份恢复方案。

（1）完全备份（Full Backup）：是对整个数据库的一份完整复制。这包括所有数据、索引、事务日志等。周期性地对数据库进行完全备份，将备份文件存储在安全的地方，在需要恢复时使用完全备份副本进行还原。

（2）增量备份（Incremental Backup）：只备份自上次备份以来发生变化的数据。它依赖于完全备份的基础，以及之后每个增量备份，然后在每次增量备份时，只备份自上次备份以来发生变化的部分。在恢复时，需要先还原完全备份，然后逐个应用增量备份。

（3）差异备份（Differential Backup）：备份自上次完全备份以来的所有变化。与增量备份不同，它不依赖于之前的差异备份。进行完全备份后，在每次差异备份时，备份自上次完全备份以来发生的所有变化。在恢复时，只需要还原最近的完全备份和最近的差异备份。

（4）事务日志备份（Transaction Log Backup）：记录了数据库中所有的事务日志。它可以用于还原数据库到某个特定的时间点。在需要进行恢复时，可以使用事务日志备份来还原数据库到某个特定的事务。

（5）数据库复制（Database Replication）：通过在多个地方保持数据库的副本来提高可用性和容错性的一种方法。复制可以是同步的或异步的，可以实现主从复制或多主复制。在数据库复制中，主数据库负责写操作，而副本数据库用于读取。如果主数据库发生故障，可以切换到一个可用的副本数据库，确保系统的持续可用性。

（6）磁盘镜像（Disk Mirroring）：通过在两个或多个硬盘上同时保存相同的数据来提高容错性的一种方法。如果一个硬盘发生故障，系统可以继续运行，而不会丢失数据。在磁盘镜像中，写操作同时发生在多个硬盘上。如果一个硬盘失败，系统可以从镜像中的其他硬盘继续读取数据。

1. 事务控制

数据库事务的方案是指在数据库管理系统中实现事务处理的具体方法和步骤。以下是一个简要的数据库事务方案的概述。

（1）事务开始（Start Transaction）：在数据库事务方案中，事务的开始标志着一系列数据库操作的起始。通常使用 Start Transaction 或类似的命令来开始一个事务。

（2）事务执行阶段：此阶段，数据库系统执行事务中包含的一系列操作，包括读取和写入数据库的数据。这可能涉及对一个或多个表的查询、插入、更新或删除操作。

（3）事务提交（Commit）：一旦所有的数据库操作成功执行，并且没有发生错误，事务可以被提交。提交操作将事务中的所有修改永久保存到数据库中，并结束事务。

（4）事务回滚（Rollback）：如果在事务执行过程中发生了错误或者事务无法成功完成，可以选择回滚事务。回滚操作撤销事务中的所有修改，将数据库恢复到事务开始之前的状态。

（5）事务日志（Transaction Log）：记录事务执行过程中的所有修改操作的关键组成部分。事务日志记录了事务的开始、提交、回滚等信息，以及对数据库数据的实际修改。在故障恢复过程中，事务日志用于还原事务的执行状态。

事务是一种机制，用来确保用户对数据的多个操作被当作单个工作单元来处理，保证了操作的原子性，即它包含的操作要么全部执行生效，要么都不生效。

2. 数据复制技术和数据库优化技术

1）主从复制

数据库主从复制是一种常见的数据复制技术，用于在分布式数据库系统中实现数据的备份和高可用性。它通过将数据库的写操作在主节点上执行，然后将这些操作的记录（如二进制日志）发送给一个或多个从节点进行复制，从而使得从节点上的数据副本与主节点保持一致。在主从复制中，一个数据库服务器被称为主服务器（Master），其他服务器被称为从服务器（Slave）。主从复制的理论基础包括以下几个关键概念和机制。

（1）日志（Log）：主从复制的核心机制是通过记录和传输日志来实现数据的复制。数据库的日志分为两类：事务日志（Transaction Log）和二进制日志（Binary Log）。事务日志包含了数据库上发生的各种操作，而二进制日志则是主服务器将事务日志转换为一种适合复制的格式。

（2）数据同步（Data Synchronization）：主从复制通过数据同步机制来保持从服务器和主服务器上的数据一致性。当主服务器上发生写操作时，它会将操作记录到主日志中。从服务器定期连接到主服务器并请求这些主日志，然后将其应用到自己的数据库上，实现数据的同步。

（3）复制方式（Replication Mode）：主从复制可以基于不同的复制方式进行工作。常见的复制方式包括基于语句的复制（Statement-Based Replication）、基于行的复制（Row-Based Replication）和混合复制（Mixed Replication）。复制方式决定了复制的粒度和效率，并根据具体的业务需求进行选择。

（4）复制延迟（Replication Lag）：由于主从服务器之间的网络传输和数据处理时间，从服务器上的数据复制可能会存在一定的延迟。这种延迟称为复制延迟，它取决于网络带宽、延迟和从服务器的负载情况。需要注意复制延迟对数据一致性和实时性的影响。

（5）故障切换（Failover）：主从复制提供了故障切换能力，即在主服务器发生故障时，会自动切换到一个从服务器上，确保系统的高可用性和持续的服务。故障切换通常需要依靠监控、自动化脚本和高可用解决方案来实现。

2）读写分离

读写分离是一种常见的数据库优化技术，旨在提高数据库系统的性能和可扩展性。它将数据库的读操作和写操作拆分到不同的节点上，以实现并行处理和负载均衡。

在读写分离中，通常有一个主服务器（Master）用于处理写操作，多个从服务器（Slave）用于处理读操作。当客户端发起读取请求时，请求会被转发到其中一个从服务器上进行处理，从服务器返回结果给客户端。而写操作则由客户端直接发送到主服务器上进行处理。读写分离有以下关键概念。

（1）主节点（Master）和从节点（Slave）：读写分离至少包括一个主节点和一个或多个从节点。主节点处理所有的写操作，而从节点处理读操作。主节点负责维护数据的完整性和一致性，从节点负责提供查询服务。

（2）数据复制与同步：为了使从节点与主节点保持数据一致，需要进行数据复制和同步。在这种架构中，主节点会将写操作的结果记录在日志（例如二进制日志）中，并将这些日志传播给从节点。从节点通过解析和执行这些日志，使自己的数据副本与主节点保持同步。

（3）负载均衡（Load Balancing）：读写分离通过将读操作分发到多个从节点上，实现负载均衡和并行处理能力的提升。在客户端发起读操作时，负载均衡器会根据一定的策略选择一个合适的从节点，使负载能够均匀地分布到不同的从节点上。

（4）数据一致性与延迟：由于数据复制和同步的过程，从节点的数据副本可能会有一定的延迟，与主节点的数据不是完全实时一致的。应用程序需要考虑这种延迟对数据一致性的影响，并根据业务需求采取合适的策略来处理。

（5）故障处理与弹性：读写分离可以提高系统的可靠性和鲁棒性。当主节点发生故障时，可以通过故障转移（Failover）将其中一个从节点提升为新的主节点，从而实现系统的高可用性和持续性服务。

▶ 5.3.6 数据库设计与实施

1. 数据库设计的步骤

数据库设计的过程包括六个步骤和三个阶段，即需求分析、概念结构设计、逻辑结构设计、物理结构设计、数据库实施、数据库运行与维护六个步骤和总体规划阶段、系统开发设计阶段、系统运行与维护阶段三个阶段。

需求分析是整个设计过程的基础，也是最困难、最耗时的一步。通过详细调查现实世界中要处理的对象，从而充分了解原系统工作概况，明确用户的各种需求。这有助于确定新系统的功能，并考虑今后可能的扩充与改变。在概念结构设计这一阶段，我们需要综合、归纳和抽象用户需求，形成一个独立于具体数据库管理系统的概念模型。而逻辑结构设计则将概念结构转换为某个 DBMS 所支持的数据模型，并进行优化。物理结构设计是为逻辑数据结构模型选取一个最适合应用环境的物理结构，包括存储结构和存取方法。在数据库实施阶段，我们根据逻辑结构设计和物理结构设计的结果建立数据库，编制和调试应用程序，组织数据入库，并进行试运行。数据库系统运行过程中，我们不断对其进行评价、调整和修改，以确保系统的正常运行和日常维护。

2. 数据库规划

数据库规划是一个关键的过程，它确保数据库能够有效地存储和管理数据。

（1）系统调查：搞清楚企业的组织层次，得到企业的组织结构图。

（2）可行性分析：分析数据库建设是否具有可行性，即从经济，法律，技术等多方面进行可行性论证分析，在此基础上得到可行性报告。

（3）E-R 模型：通过绘制 E-R 图，可以清晰地表示实体、属性、关系和约束条件，从而帮助设计数据库的结构。

（4）范式设计：通过范式设计来优化数据库结构，旨在减少数据冗余和提高数据一致性。

（5）数据库建设的总体目标和数据库建设的实施总安排。

3. 数据库实施

（1）数据库建立：根据逻辑结构设计和物理结构设计的结果，创建数据库。这包括创建数据库对象（如表、视图、索引等）以及定义数据类型、约束和关系。

（2）应用程序编写与调试：编写应用程序，用于与数据库交互。包括编写查询、插入、更新和删除数据的代码，调试应用程序以确保其正确性。

（3）数据载入：将现有数据导入数据库中，这可以通过批量导入、手动输入或其他方式完成。

（4）试运行：在正式运行之前，进行试运行，确保应用程序和数据库能够协同工作，数据能够正确地读取和写入。

（5）正式运行：将数据库投入正式运行，用户可以开始使用数据库进行实际操作。

（6）运行与维护：在数据库运行过程中，持续评估性能、处理异常和维护数据库。这包括备份、恢复、性能优化、安全性管理等过程。

5.4 小结

本章在介绍数据库原理的基础上，系统而简要地介绍了数据库原理及应用课程中所涉及的重要概念、理论及关系数据库的基本 SQL 应用，包括数据库发展历史、关系数据库、关系、候选键、主键、约束等概念，还包括事务、并发控制、数据库备份与还原的理论，重点展示了基本 SQL 的查询等操作的应用等，最后还就关系数据库的设计方法和理论做了简要的介绍。

5.5 思考与练习

1. 思考题

（1）请结合数据管理技术的发展现状，叙述关系数据库、NoSQL 数据库、Blockchain 的关联与区别。

（2）关系数据库系统的基本数据操作有哪 4 种？

（3）完整性约束的作用是什么？分为哪几种？

（4）什么是数据库事务的原子性？请举例说明。

2. 操作题

安装 MySQL 8.0，并还原一个数据库备份，建立一个关系数据库 Example，并进行简单的查询操作。

计算机网络是连接世界的桥梁。无论是局域网还是互联网，网络技术让信息传递如同高速列车，迅捷而可靠。本章主要介绍计算机网络的基本概念、网络协议、IP 地址以及如何保障信息安全等关键知识。通过模拟网络通信的过程，如浏览网页时的数据流动，深入理解网络的基本架构和工作原理。

6.1 计算机网络的概念

6.1

网络原指用一个巨大的虚拟画面，把所有东西连接起来，也可以作为动词使用。在计算机领域中，网络就是用物理链路将各个孤立的工作站或主机相连在一起，组成数据链路，从而达到资源共享和通信的目的。

定义一：从整体上来说计算机网络就是把分布在不同地理区域的计算机与专门的外部设备用通信线路互连成一个规模大、功能强的系统，从而使众多的计算机可以方便地互相传递信息，共享硬件、软件、数据信息等资源。简单来说，计算机网络就是由通信线路互相连接的许多自主工作的计算机构成的集合体。

定义二：计算机网络就是通过线路互连起来的、自治的计算机集合，确切地说就是将分布在不同地理位置上的具有独立工作能力的计算机、终端及其附属设备用通信设备和通信线路连接起来，并配置网络软件，以实现计算机资源共享的系统。

▶ 6.1.1 计算机网络的组成要素

20 世纪 60 年代末，美国科学家计算机联网实验成功，实际上宣告了人类网络时代的到来。而目前的因特网，最早由美国国防部出资建设的 ARPANet 发展起来，当时只有 4 台计算机；中国在 1994 年加入了因特网。不管是哪种计算机网络，它都要由三个要素组成。

（1）**通信主体**：通信主体是指具有独立功能的计算机，两台或两台以上的计算机才能构成网络。

（2）**通信设备**：包括网线（例如双绞线、同轴电缆、光纤、卫星信道）、网卡、网桥、网关、路由器等设备。

（3）**通信协议**：两台计算机要相互通信，就像两个人要相互交流，必须有共同的语言。目前世界上有很多通信协议，应用最广的就 TCP/IP。

▶ 6.1.2 计算机网络的产生

第一阶段：20 世纪 60 年代末到 20 世纪 70 年代初为计算机网络发展的萌芽阶段。其主要特征是：为了增加系统的计算能力和资源共享，把小型计算机连成实验性的网络。第一个远程分组交换网叫 ARPANET，是由美国国防部于 1969 年建成的，第一次实现了由通信网络和资源网络复合构成计算机网络系统。标志计算机网络的真正产生，ARPANET 是这一阶段的典型代表。

第二阶段：20 世纪 70 年代中后期是局域网络（Local Area Network，LAN）发展的重要阶段，其主要特征为：局域网络作为一种新型的计算机体系结构开始进入产业部门。局域网技术是从远程分组交换通信网络和 I/O 总线结构计算机系统派生出来的。1976 年，美国 Xerox 公司的 Palo Alto 研究中心推出以太网（Ethernet），它成功地采用了夏威夷大学 ALOHA 无线电网络系统的基本原理，使之发展成为第一个总线竞争式局域网络。1974 年，英国剑桥大学计算机研究所开发了著名的剑桥环局域网（Cambridge Ring）。这些网络的成功实现，一方面标志着局域网络的产生，另一方面它们形成的以太网及环网对以后局域网络的发展起到导航的作用。

第三阶段：整个 20 世纪 80 年代是计算机局域网络的发展时期。其主要特征是：局域网络完全从硬件上实现了国际标准化组织（ISO）的开放系统互连通信模式协议的能力。计算机局域网及其互连产品的集成，使得局域网与局域互连、局域网与各类主机互连，以及局域网与广域网互连的技术越来越成熟。综合业务数据通信网络（Integrated Services Digital Network，ISDN）和智能化网络（Intelligent Network，IN）的发展，标志着局域网络的飞速发展。1980 年 2 月，IEEE 下属的 802 局域网络标准委员会宣告成立，并相继提出 IEEE801.5 ～ 802.6 等局域网络标准草案，其中的绝大部分内容已被 ISO 正式认可。作为局域网络的国际标准，它标志着局域网协议及其标准化的确定，为局域网的进一步发展奠定了基础。

第四阶段：20 世纪 90 年代初至现在是计算机网络飞速发展的阶段，其主要特征是：计算机网络化，协同计算能力发展以及全球互连网络（Internet）的盛行。计算机的发展已经完全与网络融为一体，体现了"网络就是计算机"的口号。目前，计算机网络已经真正进入社会各行各业，为社会各行各业所采用。另外，虚拟网络光纤分布式数据接口（Fiber Distributed Data Interface，FDDI）及异步传输（Asynchronous Transfer Mode，ATM）技术的应用，使网络技术蓬勃发展并迅速走向市场，走进平民百姓的生活。

▶ 6.1.3　计算机网络的发展阶段

第一代计算机网络，是以单个计算机为中心的远程联机系统。典型应用是由一台计算机和全美范围内 2000 多个终端组成的飞机订票系统。

终端：一台计算机的外部设备包括中央记录终端（Centralized Record Terminal，CRT）控制器和键盘，无 GPU 内存。随着远程终端的增多，在主机前增加了前端处理器（Front End Processor，FEP）当时，人们把计算机网络定义为"以传输信息为目的而连接起来，实现远程信息处理或近一步达到资源共享的系统"，但这样的通信系统已具备了通信的雏形。

第二代计算机网络，是以多个主机通过通信线路互联起来，为用户提供服务，兴起于 20 世纪 60 年代后期，典型代表是美国国防部高级研究计划局协助开发的 ARPANET。

主机之间不是直接用线路相连，而是接口报文处理机 IMP 转接后互联的。IMP 和它们之间互联的通信线路一起负责主机间的通信任务，构成了通信子网。通信子网互联的主机负责运行程序，提供资源共享，组成了资源子网。两个主机间通信时对传送信息内容的理解、信息表示形式以及各种情况下的应答信号都必须遵守一个共同的约定，称为协议。

在 ARPANET 中，将协议按功能分成了若干层次，如何分层，以及各层中具体采用的协议的总和，称为网络体系结构。体系结构是个抽象的概念，其具体实现是通过特定的硬件和软件来完成的。20 世纪 70 年代至 80 年代中，第二代网络得到迅猛的发展。

第二代网络以通信子网为中心。这个时期，网络概念为"以能够相互共享资源为目的互联起来的具有独立功能的计算机之集合体"，形成了计算机网络的基本概念。

第三代计算机网络，是具有统一的网络体系结构并遵循国际标准的开放式和标准化的网络。

ISO 在 1984 年颁布了 OSI/RM，该模型分为七个层次，也称为 OSI 七层模型，公认为新一代计算机网络体系结构的基础，为普及局域网奠定了基础。

20 世纪 70 年代后，由于大规模集成电路出现，局域网由于投资少、方便灵活而得到了广泛的应用和迅猛的发展，与广域网相比有共性，如分层的体系结构，又有不同的特性，如局域网为节省费用而不采用存储转发的方式，而是由单个的广播信道来联结网上计算机。

第四代计算机网络是从 80 年代末开始，局域网技术发展成熟，出现光纤及高速网络技术，多媒体，智能网络，整个网络就像一个对用户透明的大的计算机系统，发展为以 Internet 为代表的互联网。

▶ 6.1.4　计算机网络的功能

1. 数据通信能力

数据通信能力是计算机网络最基本的功能。利用计算机网络可实现各计算机之间快速可靠地互相传送数据，进行信息处理，如电子邮件（E-mail）、电子数据交换（Electronic Data Interchange，EDI）、电子公告牌（Bulletin Board System，BBS）、远程登录（Telnet）与信息浏览等通信服务。

2. 实现资源共享

可供共享的资源有：

（1）硬件资源：在网络范围内的各种输入输出设备都是可以共享的网上资源。大容量存储、巨型计算机等。

（2）软件资源：网络上的计算机里可能有一些本地计算机上没有但却十分有用的程序，如专用的绘图程序等，用户可通过网络来使用这些软件资源。

3. 提高计算机的可靠性

提高计算机可靠性是确保系统在预期条件下能够持续正常运行的关键。方法包括：硬件冗余设计，以应对单点故障；软件容错技术，如重启机制和错误检测校正；引入可靠的系统架构与严格的测试流程。此外，定期维护与及时更新也是提高计算机可靠性的有效手段。通过这些措施，可以显著减少系统宕机时间，提升整体性能和用户满意度。可靠的计算机系统对关键任务应用如金融、医疗和航空等尤为重要。

4. 实现分布式处理和负载平衡

网络技术的发展，使得分布式处理成为可能。对于大型的课题，可以分为许多小题目，由不同的计算机分别完成，然后再集中起来解决问题。实现计算机系统的分布式处理和负载平衡是现代计算中提高性能和可靠性的重要策略。分布式处理指的是将计算任务分解成多个子任务，分配到不同的计算节点上并行处理。这种方法可以充分利用各节点的计算资源，缩短处理时间，提升系统的整体效率。分布式处理的关键在于任务的合理拆分和有效的节点间通信，确保各节点能够协同工作，避免资源浪费和处理瓶颈。

负载平衡则是指在多个计算节点之间动态分配工作负荷，确保各节点的负载均匀分布，避免某些节点过载而其他节点闲置。负载平衡策略可以分为静态和动态两种。静态负载平衡在任务开始前就确定任务分配，而动态负载平衡则根据实时的节点负载情况调整任务分配。常用的负载平衡算法包括轮询（Round Robin）、最小连接数（Least Connections）和加权轮询（Weighted Round Robin）等。

在分布式系统中，负载平衡和分布式处理的结合使用能够显著提升系统的处理能力和可靠性。分布式系统架构可以通过中间件和分布式文件系统（如 Hadoop 和 Google File System）来实现，这些系统提供了高效的数据存储和处理能力。负载平衡器（如 Nginx 和 HAProxy）则能够在应用层和网络层实现高效的负载分配，确保系统的高可用性和性能。

6.2　计算机网络的软件、硬件组成

计算机网络是由两个或多个计算机通过特定通信模式连接起来的一组计算机，完整的计算机网络系统是由网络硬件系统和网络软件系统组成的。

▶ 6.2.1　软件组成

网络操作系统（Network Operating System，NOS）是网络的心脏和灵魂，是向网络计算机提供服务的特殊的操作系统，它在计算机操作系统下工作，使计算机操作系统增加了网络操作所需要的能力。例如当你在 LAN 上使用字处理程序时，你的 PC 机操作系统的行为就像在没有构成 LAN 时一样，这正是 LAN 操作系统软件管理了你对字处理程序的访问。网络操作系统运行在称为服务器的计算机上，并由联网的计算机用户共享，这类用户称为客户。

NOS 与运行在工作站上的单用户操作系统或多用户操作系统由于提供的服务类型不同而有差别。一般情况下，NOS 以使网络相关特性最佳为目的，如共享数据文件、软件应用以及共享硬盘、打印机、调制解调器、扫描仪和传真机等。而一般计算机的操作系统，如 DOS 和 OS/2 等，其目的是让用户与系统及在此操作系统上运行的各种应用之间的交互作用最佳。

为防止一次由一个以上的用户对文件进行访问，一般网络操作系统都具有文件加锁功能。如果没有用户与网络的这种中间功能，将不会正常工作。文件加锁功能可跟踪使用中的每个文件，并确保一次只能一个用户对其进行编辑。文件也可由用户的口令加锁，以维持专用文件的专用性。

NOS 还负责管理 LAN 用户和 LAN 打印机之间的连接。NOS 总是跟踪每一个可供使用的打印机以及每个用户的打印请求，并对如何满足这些请求进行管理，使每个终端用户的操作系统感到所希望的打印机犹如与其计算机直接相连。

现在常用的 NOS 有 Novell NetWare、Windows NT、UNIX 和 LINUX 等。网络协议和应用服务软件协议是网络设备之间进行互相通信的语言和规范。常用的网络协议有：IPX、TCP/IP、NetBEUI、NWLink。TCP/IP 是 Internet 使用的协议。

客户机（网络工作站）上使用的应用软件通称为客户软件，它用于应用和获取网络上的共享资源。用在服务器上的服务软件则使网络用户可以获取这种服务。客户机 / 服务器系统的引入，给许多桌面系统注入了新的活力。如电子消息系统，又叫群件系统（Groupware），利用计算机和通信网络在工作组内协调和管理工作进程，目前的 Lotus Notes、Microsoft Exchange

Server 等都使用了客户机/服务器概念，在降低客户机内存负担的同时，提高了效率。

▶ 6.2.2　硬件组成

组成一般计算机网络的硬件包括：网络服务器；网络工作站；网络适配器，又称为网络接口卡或网卡；连接线，学名"传输介质"或"传输媒体"，主要是电缆或双绞线，还有不常用的光纤。如果要扩展局域网的规模，就需要增加通信连接设备，如调制解调器、集线器、网桥和路由器等。我们把这些硬件连接起来，再安装上专门用来支持网络运行的软件，包括系统软件和应用软件，那么一个能够满足工作或生活需求的计算机网络也就建成了。

1. 服务提供者——服务器

服务器（Server）是一台高性能计算机，用于网络管理、运行应用程序、处理各网络工作站成员的信息请示等，并连接一些外部设备如打印机、CD—ROM、调制解调器等。根据其作用的不同分为文件服务器、应用程序服务器和数据库服务器等。Internet 网管中心就有 WWW 服务器、FTP 服务器等各类服务器。

2. 坐享其成者——工作站

工作站（Workstation）也称客户机，由服务器进行管理和提供服务的、连入网络的任何计算机都属于工作站，其性能一般低于服务器。个人计算机接入 Internet 后，在获取 Internet 的服务的同时，其本身就成为一台 Internet 网上的工作站。网络工作站需要运行网络操作系统的客户端软件。

3. 计算机的哨卡——网卡

（1）网卡也称网络适配器、网络接口卡（Network Interface Card，NIC），在局域网中用于将用户计算机与网络相连，大多数局域网采用以太（Ethernet）网卡，如 NE2000 网卡、个人计算机 PCMCIA（Personal Computer Memory Card International Association）等。

何谓网卡？网卡是一块插入微机 I/O 槽中，发出和接收不同的信息帧、计算帧检验序列、执行编码译码转换等以实现微机通信的集成电路卡。它主要完成如下功能。

（2）读入由其他网络设备（路由器、交换机、集线器或其他 NIC）传输过来的数据包（一般是帧的形式），经过拆包，将其变成客户机或服务器可以识别的数据，通过主板上的总线将数据传输到所需 PC 设备中（CPU、内存或硬盘）。

将 PC 设备发送的数据，打包后输送至其他网络设备中。它按总线类型可分为工业标准架构（Industry Standard Architecture，ISA）网卡、加强型工业标准架构（Enhanced Industry Standard Architecture，EISA）网卡、外围组件互连（Peripheral Component Interconnect，PCI）网卡等。其中 ISA 网卡的数据传送以 16 位进行，EISA 和 PCI 网卡的数据传送量为 32 位，速度较快。

网卡的工作原理与调制解调器的工作原理类似，只不过在网卡中输入和输出的都是数字信号，传送速度比调制解调器快得多。网卡有 16 位与 32 位之分，16 位网卡的代表产品是 NE2000，市面上非常流行其兼容产品，一般用于工作站；32 位网卡的代表产品是 NE3200，一般用于服务器，市面上也有兼容产品出售。

网卡的接口大小不一，其旁边还有红、绿两个小灯，起什么作用呢？网卡的接口有三种规格：粗同轴电缆接口（AUI 接口）、细同轴电缆接口（BNC 接口）、无屏蔽双绞线接口（RJ-45接口）。一般的网卡仅一种接口，但也有两种甚至三种接口的，称为二合一或三合一卡。红、绿小灯是网卡的工作指示灯，红灯亮时表示正在发送或接收数据，绿灯亮则表示网络连接正常，否则就不正常。值得说明的是，倘若连接两台计算机线路的长度大于规定长度（双绞线为100m，细电缆是185m），即使连接正常，绿灯也不会亮。

（3）调制解调器也叫 Modem，俗称"猫"。它是一个通过电话拨号接入 Internet 的必备的硬件设备。通常计算机内部使用的是"数字信号"，而通过电话线路传输的信号是"模拟信号"。调制解调器的作用就是当计算机发送信息时，将计算机内部使用的数字信号转换成可以用电话线传输的模拟信号，通过电话线发送出去；接收信息时，把电话线上传来的模拟信号转换成数字信号传送给计算机，供其接收和处理。

按调制解调器与计算机连接方式，可分为内置式与外置式。内置式调制解调器体积小，使用时插入主机板的插槽，不能单独携带；外置式调制解调器体积大，使用时与计算机的通信接口（Communications Port，COM）（COM1 或 COM2）相连，有通信工作状态指示，可以单独携带，能方便地与其他计算机连接使用。

按调制解调器的传输能力不同，有低速和高速之分，常见的调制解调器速率有 14.4Kb/s、28.8Kb/s、33.6Kb/s、56Kb/s 等。"b/s"为每秒钟传输的数据量（字节数），工作速率越快，上网效果越好，价格越高，但电话线路的通信能力可能制约调制解调器的整体工作效率。

（4）信号的加油站——中继器和集线器。

要扩展局域网的规模，就需要用通信线缆连接更远的计算机设备，但当信号在线缆中传输时会受到干扰，产生衰减。如果信号衰减到一定的程度，信号将不能识别，计算机之间不能通信。必须使信号保持原样继续传播才有意义。

（5）中继器（Repeater），用于连接同类型的两个局域网或延伸一个局域网。当我们安装一个局域网而物理距离又超过了线路的规定长度时，就可以用它进行延伸；中继器也可以收到一个网络的信号后将其放大发送到另一网络，从而起到连接两个局域网的作用。

集线器称为 HUB，是一种集中完成多台设备连接的专用设备，提供了检错能力和网络管理等有关功能。HUB 有三种类型：对被传送数据不做任何添加的 Passive HUB，称为被动集线器；能再生信号，监测数据通信的 Active HUB，称为主动集线器；能提供网络管理功能的 Intelligent HUB，称为智能集线器。

4. 网络间的关卡——网桥、路由器和网关

（1）网桥（Bridge）也连接网络分支，但网桥多了一个"过滤帧"的功能。一个网络的物理连线距离虽然在规定范围内，但由于负荷很重，可以用网桥把一个网络分割成两个网络。这是因为网桥会检查帧的发送和目的地址，如果这两个地址都在网桥的这一半，那么这个帧就不会发送到网桥的另一半，这就可以降低整个网的通信负荷，这个功能就叫"过滤帧"。

（2）路由器（Router）假如需要连接两种不同类型的局域网，那就得用路由器，它可以连接遵守不同网络协议的网络。路由器能识别数据的目的地地址所在的网络，并能从多条路径中选择最佳的路径发送数据。

（3）网关（Gateway）如果两个网络不仅网络协议不一样，而且硬件和数据结构都大相径庭，那么就得用网关。不过，这两个东西在一般的局域网中几乎是派不上用场的。

（4）网络电缆用于网络设备之间的通信连接，常用的网络电缆有双绞线、细同轴电缆、粗同轴电缆、光缆等。此外计算机网络还使用无线传输媒体（包括微波、红外线和激光）、卫星线路等传输媒体。

（5）不间断电源（Uninterruptible Power System，UPS），是伴随着计算机的诞生而出现的，也是计算机常用的外围设备之一。实际上，UPS 是一种含有储能装置，并以逆变器为主要组成部分的恒压恒额的不间断电源。

UPS 在其发展初期，仅被视为一种备用电源。后来，由于电压浪涌、电压尖峰、电压瞬变、电压跌落、持续过压或者欠压甚至电压中断等电网质量问题，使计算机等设备的电子系统受到干扰，造成敏感元件受损、信息丢失、磁盘程序被冲掉等严重后果，引起巨大的经济损失。因此，UPS 日益受到重视，并逐渐发展成一种具备稳压、稳频、滤波、抗电磁和射频干扰、防电压浪涌等功能的电力保护系统。目前在市场上可以购买到种类繁多的 UPS 电源设备，其输出功率从 500V·A 到 3000kV·A 不等。

当有市电供给 UPS 的时候，UPS 对市电进行稳压（220V±5%）后为计算机供电。此时的 UPS 就是一台交流市电稳压器，同时它还向机内电池充电。因 UPS 设计的不同，UPS 适应的范围也不同，UPS 输出电压在 220V±10% ～ 15% 的变化一般属正常的计算机使用电压。当市电异常或者中断时，UPS 立即将机内电池的电能通过逆变转换供给计算机系统，以维持计算机系统的正常工作并保护计算机的软硬件不受损失。

配备 UPS 的主要目的是防止由于突然停电而导致计算机丢失信息和破坏硬盘，但有些设备工作时并不害怕突然停电（如打印机等）。为了节省 UPS 的能源，打印机可以考虑不必经过 UPS 而直接接入市电。如果是网络系统，可考虑 UPS 只供电给主机（或者服务器）及其有关部分。这样可保证 UPS 既能够用到最重要的设备上，又能节省投资。

6.3 网络安全

网络安全涉及保护计算机系统，网络和数据免受未授权访问、攻击和损害。在数字化和联网日益普及的今天，网络安全显得尤为重要。近年来，网络攻击的频率和复杂性不断增加，导致信息泄露、财务损失和声誉损害。通过采用加密技术、多因素认证、防火墙和入侵检测系统等措施，企业和个人可以有效保护敏感数据和网络基础设施。建立全面的安全策略和进行定期的安全培训，也是提高整体网络安全水平的重要步骤。随着网络威胁的日益复杂，最新的网络安全技术也不断涌现，以应对这些新挑战。2023 年，人工智能（Artificial Intelligence，AI）和机器学习（Machine Learning，ML）继续在网络安全中扮演着重要角色。例如，OpenAI 和其他公司开发的 AI 驱动的安全解决方案，能够实时监控网络流量，检测异常活动并迅速响应潜在威胁。这些系统可以分析大量数据，识别出隐藏的威胁模式，并预测未来的攻击趋势。

▶ 6.3.1 网络安全技术

近年来，零信任架构（Zero Trust Architecture）逐渐成为一种主流的安全策略。零信任原则要求任何试图访问系统资源的设备或用户，无论其位置如何，都必须经过严格验证。这种方法能够有效防范内外部的威胁。Google 的 BeyondCorp 项目就是零信任架构的成功应用案例，它通过严格的身份验证和授权机制，确保了企业网络的安全。区块链技术在网络安全中的应用也越来越广泛。其去中心化和不可篡改的特性，使其成为保护数据完整性和防范网络攻击的理想选择。IBM 和其他公司正在利用区块链技术开发更安全的身份验证和数据保护系统。例如，基于区块链的身份管理系统，可以有效防止身份盗用和数据篡改，提高系统的安全性。云安全是另一个重要的技术领域。随着越来越多的企业将其业务迁移到云端，确保云环境的安全变得至关重要。2023 年，云服务提供商如 AWS、Microsoft Azure 和 Google Cloud 推出了多层次的安全措施，包括先进的加密技术、威胁检测和自动化响应系统。例如，AWS 推出的 Macie 服务，通过机器学习自动发现和保护敏感数据，帮助企业确保其在云端的数据安全。最新的网络安全案例也展示了这些技术的应用效果。2023 年，一家大型金融机构成功阻止了一次大规模的网络攻击，得益于其采用的 AI 驱动的威胁检测系统和零信任架构。攻击者试图通过钓鱼邮件获取员工的登录信息，但 AI 系统及时检测到异常活动，并迅速启动了零信任验证机制，阻止了未授权访问。

总之，最新的网络安全技术，如人工智能、零信任架构、区块链和云安全，为应对不断演变的网络威胁提供了强有力的支持。结合实际案例，这些技术展示了其在保护数据安全和确保系统稳定性方面的重要作用。随着技术的不断进步，网络安全解决方案将继续发展，以应对未来的挑战。

▶ 6.3.2　常见的网络攻防手段

1. 黑客攻击的漏洞

黑客攻击主要借助于计算机网络系统的漏洞。漏洞又称系统缺陷，是在硬件、软件、协议的具体实现或系统安全策略上存在的缺陷，从而可使攻击者能够在未授权的情况下访问或破坏系统。黑客的产生与生存是由于计算机及网络系统存在漏洞和隐患，才使黑客攻击有机可乘。产生漏洞并为黑客所利用的原因包括以下几点。

1）计算机网络协议本身的缺陷

网络采用的 Internet 基础协议 TCP/IP，设计之初就没有考虑安全方面问题，注重开放和互联而过分信任协议，使得协议的缺陷更加突出。

2）软件设计本身的缺陷

软件研发没有很好地解决保证大规模软件可靠性问题，致使大型系统都可能存在缺陷（Bug）。主要是指操作系统或系统程序在设计、编写、测试或设置时，考虑难以做到非常细致周全，在遇到看似合理但实际上难以处理的问题时，引发了不可预见的错误。漏洞产生主要有 4 方面：操作系统基础设计错误；源代码错误（缓冲区、堆栈溢出及脚本漏洞等）；安全策略施行错误；安全策略对象歧义错误。

3）系统配置不当

有许多软件是针对特定环境配置研发的，当环境变换或资源配置不当时，就可能使本来很小的缺陷变成漏洞。

4）系统安全管理中的问题

快速增长的软件的复杂性、训练有素的安全技术人员的不足以及系统安全策略的配置不当，增加了系统被攻击的机会。

2. 黑客入侵通道

1）网络端口的概念

网络端口（Protocol Port）是计算机通过实现与外部通信的 Socket 连接处，黑客攻击是将系统和网络设置中的各种端口作为入侵通道。其中的端口是逻辑意义上的端口，是指网络中面向连接服务和无连接服务的通信协议端口，是一种抽象的软件结构，包括一些数据结构和 I/O 缓冲区、通信传输与服务的接口。实际上，如果将计算机网络的 IP 地址比作一栋楼中的一户房子，那么 TCP/IP 的端口就如同出入这间房子的门。网络端口通过只有整数的端口号标记，各主机间通过 TCP/IP 发送和接收数据包，各数据包根据其目的主机的 IP 地址进行互联网络中的路由选择。

2）端口机制的由来

由于大多数操作系统都支持多程序（进程）同时运行，目的主机需要知道将接收到的数据包再回传送给众多同时运行的进程中的哪一个，同时本地操作系统给哪些有需求的进程分配协议端口。当目的主机通过网络系统接收到数据包以后，根据报文首部的目的端口号，将数据发送到相应端口，与此端口相对应的那个进程将会领取数据并等待下一组数据的到来。事实上，不仅接收数据包的进程需要开启它自己的端口，发送数据包的进程也需要开启端口，因此，数据包中将会标识有源端口号，以便接收方能顺利地回传数据包到这个端口。目的端口号用来通知传输层协议将数据送给哪个软件来处理。

3. 社会工程学

社会工程学是计算机信息安全工作链路的一个最容易被忽略和最脆弱的环节。对于网络安全事件，经常提到"三分技术七分管理"，其中的"管理"就是经常忽略的社会工程学。比如，最安全的计算机就是已经拔去了网络接口的那一台（物理隔离）。事实上，可以去说服某人（使用者）把这台非正常工作状态下的、容易受到攻击的（有漏洞的）机器接上插头（连上网络）并启动（提供日常的服务）。可以看出，"人"这个环节在整个安全体系中是非常重要的。这不像地球上的计算机系统，不依赖他人手动干预（人有其主观思维）。这意味着信息安全的脆弱性是普遍存在的，它不会因为系统平台、软件、网络又或者是设备的年龄等因素不相同而有所差异。

无论是在物理设备上还是在虚拟的网络空间上，任何一个可以访问系统某个部分或某种服务的人都有可能构成潜在的安全风险与威胁。任何细微的信息都可能会被社会工程学使用者用"补给资料"来运用，使其得到其他的信息。这意味着没有把"人"（使用者 / 管理人员等的参与者）这个因素放进企业安全管理策略中去将会构成一个很大的安全"裂缝"。

4. 人工智能安全

AI 技术在各个领域的广泛应用带来了巨大的机遇，但也引发了许多安全问题，人工智能安全（AI Security）因此成为一个重要的研究方向。人工智能安全不仅关注如何保护 AI 系统本身免受攻击，还包括如何利用 AI 技术提升整体网络安全水平。

首先，AI 系统自身存在诸多安全隐患。训练 AI 模型所需的大量数据往往包含敏感信息，容易成为攻击目标。例如，数据中毒（Data Poisoning）攻击通过在训练数据中引入恶意样本，来操控 AI 模型的行为。这种攻击可以导致模型在实际应用中作出错误的判断，带来严重后果。为了防范此类攻击，研究人员开发了各种防御策略，包括数据预处理、模型验证和基于 AI 的异常检测技术。

其次，AI 系统在推理阶段也面临安全威胁。对抗样本攻击（Adversarial Attacks）是一个典型例子，攻击者通过对输入数据进行微小且看似无害的扰动，使得 AI 模型产生错误的输出。这种攻击在图像识别、语音识别和自然语言处理等领域均有广泛研究。为了应对对抗样本攻击，研究者们提出了多种防御机制，如对抗训练、输入检测和模型增强等方法，以提高 AI 系统的鲁棒性。

　　此外，AI 在网络安全中的应用也带来了新的挑战和机遇。AI 技术能够快速分析海量数据，识别网络攻击模式和异常行为，从而提升威胁检测的效率和准确性。例如，机器学习算法可以用于分析网络流量，发现潜在的分布式拒绝服务（Distributed Denial of Service，DDoS）攻击和恶意软件传播。然而，攻击者同样可以利用 AI 技术进行更为复杂和隐蔽的攻击，如自动化的钓鱼攻击和生成虚假内容的深度伪造（Deepfake）技术。因此，在利用 AI 技术提升网络安全的同时，也必须不断更新和完善防御策略，以应对 AI 驱动的高级攻击。

　　为了确保人工智能系统的安全，业界和学术界正在积极研究和推广各种安全标准和最佳实践。例如，NIST（美国国家标准与技术研究院）提出了一系列关于 AI 风险管理的框架，旨在指导企业和机构安全地部署和使用 AI 系统。同时，国际合作与信息共享也在不断加强，以应对跨国界的网络威胁。

6.4　小结

　　本章主要介绍计算机网络相关概念和技术，包括计算机网络的基础知识和基本构架，计算机网络的发展历史，计算机网络安全技术。

6.5　思考与练习

　　1. 简述计算机网络组成的三个要素。
　　2. 简述计算机网络的硬件组成。
　　3. 简述人工智能在网络安全应用中带来的挑战和机遇。

随着信息化技术的发展，网站作为一种信息展示和交流的工具，越来越融入了人们的生活，而相应的 Web 开发技术也得到了越来越多的重视。本章主要介绍网站开发的基础知识以及 Web 前端开发中涉及的主要开发技术——HTML、CSS 和 JavaScript。

7.1 Web 开发基础知识

▶ 7.1.1 万维网服务

万维网（World Wide Web，WWW），服务是目前 Internet 上最热门的服务之一，其以交互式图形界面，为成千上万的用户提供强大的信息连接功能。

WWW 是一个由多个互相链接的超文本组成的系统，通过超链接任何页面都可以实现相互访问。在万维网中，文档和其他网络资源通过统一资源定位器（Uniform Resource Locator，URL）进行识别，通过超链接进行相互访问。网络中的资源以站点的形式存放，一个站点由多个页面以及图形、视频、样式表文件等各种资源组成，这些页面之间通过超链接建立关联。

站点的资源组成如图 7-1 所示。

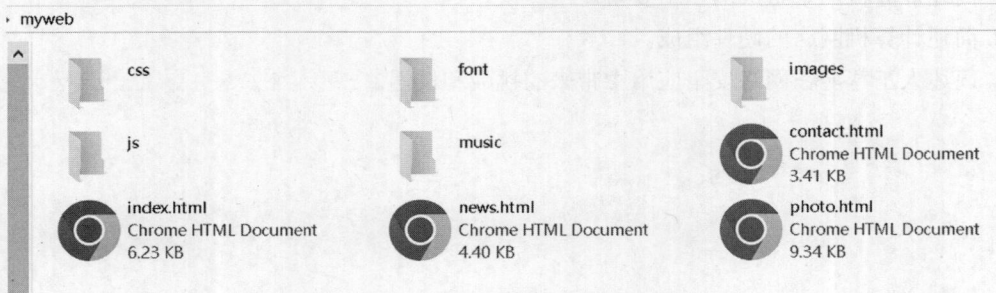

图 7-1　站点的资源组成

在图 7-1 中，myweb 为站点的名称。这个站点包含网站所需的各种资源，如网页、图片、音频、动画、脚本语言等。例如，在本站点中，contact.html、index.html、news.html、photo.html 为网页，其中，index.html 为主页，主页是用户打开浏览器时默认显示的网页，主页上往往有链接到其他页面的超链接，通过主页可以访问到其他网页。除了网页，站点中还包含一些文件夹，其中，css 文件夹用于存放网页中用到的各个样式文件，images 文件夹用于存放所有的图片素材，js 文件夹用于存放 javascript 文件，music 文件夹用于存放音频文件。一个站点的资源需要分门别类地存放，以方便后期的管理。

www 服务涉及 3 个重要的概念，它们是 URL，超文本传输协议（Hyper Text Transfer Protocol，HTTP）和超文本标记语言（Hyper Text Markup Language，HTML）。

1）URL

URL 用于完整地描述 Internet 上网页和其他资源的地址，其中 http 是超文本传输协议，除了

http，还有 FTP 文件传输协议，是用于在网络上进行文件传输的一套标准协议。www.zjnu.edu.cn 是域名，即主机地址，域名是 Internet 上某一台计算机或计算机组的名称，是企业或机构等在互联网上注册的名称，任何一个网站要被别人访问到，就必须有一个域名，xyjw/xyjw.htm 是具体资源的地址。

2）HTTP

HTTP 是超文本传输协议，用于规定浏览器和服务器之间的通信方式。其协议主要规定了浏览器给服务器发送请求信息的格式以及服务器给浏览器发送响应信息的格式，HTTP 是一个简单的请求 – 响应协议，它通常运行在 TCP 之上。

3）HTML

HTML 是超文本标记语言，用于设计制作网页。HTML 通过一系列标签对网页内容进行标记，从而实现对网页的输出格式的控制。这些内容可以是文字，图形、动画、声音、表格、链接等。浏览器可以识别 HTML 文件，并将这些文件"解析"成可以识别的信息，即我们所见到的网页。

▶ 7.1.2 静态网页和动态网页

我们平常见到的页面分为两类：第一类是静态页面。静态页面是用 HTML 语言构造的，无法与使用者产生互动的网页。静态页面只能够单纯地显示网页内容，无法针对不同的网页浏览状况做出实时响应。静态页面一旦做好以后，其内容不会发生变化。静态页面的访问原理如图 7-2 所示：首先客户端通过浏览器向服务器发送一个静态页面请求，服务器收到请求后，查找相应的页面，返回给客户端，由浏览器对页面解析后显示。

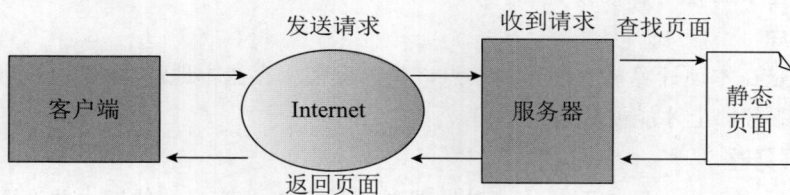

图 7-2 静态页面访问原理

和静态页面相对的是动态网页，动态页面指的是包含 HTML 标记和程序语言（ASP、JSP、PHP），是在得到页面请求之后动态生成页面，可以根据用户的请求生成不同的内容，以实现和用户的交换。动态页面包含静态页面的一些信息，也包含代码，代码是负责运行后生成新的内容。动态页面可以根据用户的请求生成不同的内容，实现和用户的交互。动态页面的访问原理如图 7-3 所示。客户端向服务器发送一个请求，服务器收到请求后，查找相应的动态页面，运行相应的程序，其中包括和数据库的交互等，程序运行完以后，生成静态页面，并由服务器返回到客户端显示。

动态网页的开发技术主要包括以下。

（1）ASP：ASP 是微软公司推出的用于 Web 应用服务的一种编程技术。利用它可以产生和运行动态的、可交互的、高性能的 Web 服务应用程序。它的特点是简单易用，使用的脚本语言为 VBScript，其简单易学。另外，在配置方面，只要在计算机中安装了 IIS，ASP 就可以正常使用，用户无须进行复杂配置。

（2）PHP：PHP 是一种跨平台的服务器端嵌入式脚本语言，并且是完全免费的。类似于 C 语言的语法，可运行在多种服务器上，如 Apache、Netscape 和 Microsoft 的 IIS 等。PHP 能够支持诸多数据库，如 MS SQL Server、MySQL、Sybase、Oracle 等。

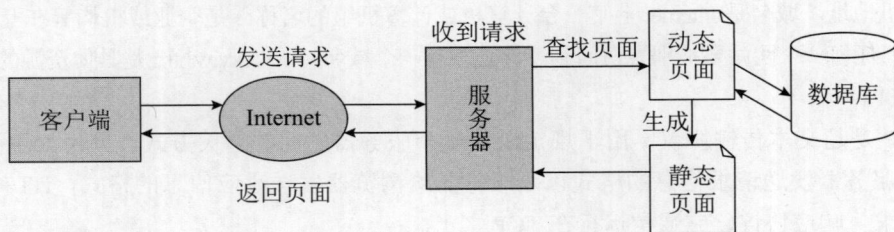

图 7-3 动态页面访问原理

（3）JSP：JSP 具有开放的、跨平台的结构，可以运行在所有的服务器上，使用 Java 编写。JSP 页面由 HTML 和嵌入其中的 Java 代码组成。服务器收到来自客户端的页面请求后，首先找到所需要的页面，运行页面中的 Java 代码后重新生成新的 HTML 页面，再返回客户端的浏览器。JSP 具备 Java 技术的简单易用、完全面向对象、平台无关性且安全可靠的特点。

7.2 站点建立和访问

▶ 7.2.1 本地站点和 Web 服务器

一个网站建立好以后，需要将它发布到服务器上管理，才能使它被访问到。本节将讨论本地站点的建立及 Web 服务器的设置。

1. 本地站点

本地站点是在本地计算机上创建的站点，其内容都保存在本地计算机上。本地站点上的内容需要发布到服务器上才能被其他人访问。

2. Web 服务器

Web 服务器用于提供网络服务，可以处理浏览器等 Web 客户端的请求并返回相应的响应。对于 WWW 服务而言，网站服务器主要用于存储和管理 Web 站点。当前主流的 Web 服务器主要包括 Apache、Nginx、IIS 等。

互联网信息服务（Internet Information Server，IIS）是由微软公司提供的基于 Microsoft Windows 运行的 Web 服务。IIS 提供了对站点进行管理的功能，在计算机中安装 IIS 以后，就可以对站点进行管理。

以 Windows 系统为例，选择设置中的"Windows 功能"，选择 Internet Information Services 节点下方的复选框（FTP 服务器、Web 管理工具、万维网服务），即可安装 IIS。

IIS 在本机安装成功后，本机就成为一个 Web 服务器。默认存放网站的位置是 C:\inetpub\wwwroot，如果将相应的网站文件夹放到此目录，即可实现站点的访问。

▶ 7.2.2 常用网页编辑工具

常用的网页编辑工具主要包含以下几种，如图 7-4 所示。

1. Visual Studio Code（VS Code）

一款由微软开发且跨平台的免费源代码编辑器。它具有集成式调试、智能代码补全、Git 版本控制等功能，还支持大量扩展和插件，让用户能够轻松编写各种类型的代码。其支持

JavaScript、PHP、Python、Java 等多种语言。

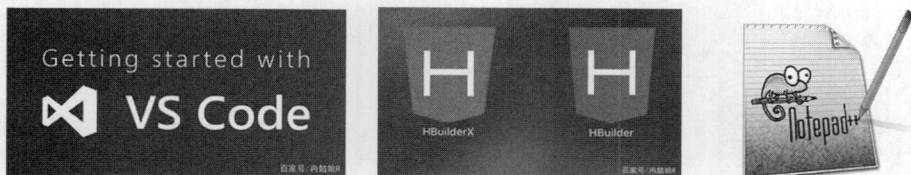

图 7-4　常用的网页编辑工具

2. Hbuilder

一款专为移动端应用开发而设计的集成开发环境（Integrated Development Environment，IDE），同时也支持网页前端开发。它集成了多种前端框架和库，如 jQuery、Bootstrap 等，同时还支持 CSS 预处理器和自动化构建工具，让用户能够更加高效地创建响应式的网页和移动应用。

3. Notepad++

一款免费开源的文本编辑器，功能强大，支持多种编程语言和文件格式，包括 HTML、CSS、JavaScript、PHP 等。它具有高亮显示、代码折叠、自动完成、语法检查等特性，让用户能够快速高效地编写和编辑代码。

开发者可以使用任意一款软件进行网页设计。在本节中，我们将以 VSCode 为例，介绍网页编辑。

▶ 7.2.3　VS code 建立站点和页面

1. VS code 软件的安装和使用

VS code 安装起来非常方便，可以到官网下载软件：https://code.visualstudio.com/Download 进行安装。

安装完后可以根据实际应用情况，安装一些基础插件：

（1）Chinese (Simplified) Language Pack for Visual Studio Code：简体中文语言包。

（2）Auto-rename-tag：开始和结束标签同步更名。

（3）Beautify：格式化代码。

（4）Open In Browser：直接右键 html 就可以在浏览器中打开页面查看效果。

（5）Path Intellisence：智能路径。

（6）Live Server：启动一个本地开发服务器，以便实时调试和预览页面。

2. 使用 VS code 管理编辑站点和页面

接下来使用 VS code 来建立站点和网页，其过程可以分为以下几步：

（1）首先在本地新建站点目录文件夹，例如 e:\myweb。

（2）打开 VS Code 软件，选择文件→打开文件夹，选择站点目录，如 WEB2。

（3）新建主页面 index.html。

（4）输入!，按 TAB 键，自动生成 html 文档格式。

（5）新建图片文件夹 images 用于存放图片。将网页中所需要的图片放入该文件夹内。

（6）在 body 区域输入内容后，完成站点主页面设计，如图 7-5 所示。

（7）完成主页面设计后，单击右键，选择 open with live server 进行预览，如图 7-6 所示。

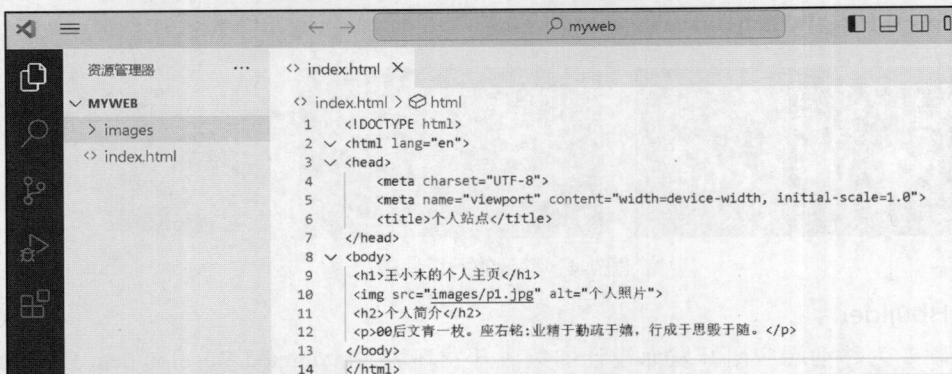

图 7-5　建立站点设计页面

图 7-6　预览页面效果

3. Web 服务器浏览页面

如果在本地机器中安装了 Web 服务器，接下来就可以将本地站点 myweb 复制到服务器指定的目录，C:\inetpub\wwwroot，然后在地址栏中，输入 http://localhost/myweb，即可以访问站点主页，如图 7-7 所示。

图 7-7　将站点上传至 Web 服务器后浏览页面

7.3　HTML 基础

▶ 7.3.1　HTML 概述

HTML 是用于创建网页和 Web 应用程序的标准标记语言。Web 浏览器从 Web 服务器或本地存储器接收 HTML 文档，并将它们呈现为多媒体网页。

HTML 从语义上描述了网页的结构。一个基本的 HTML 文档是按一定的规则将标记组织起来的一种结构文件。

HTML 文档的基本结构包括以下几部分：

（1）文档类型说明：<!DOCTYPE html> 标明是一个标准的 HTML 文档。

（2）HTML 标记：<html></html> 标明是一个 HTML 文档。

（3）首部标记：<head></head> 提供与网页相关的信息，比如网页标题等。

（4）正文标记：<body></body> 文本、图像、动画、超链接等。

例如：一个 HTML 文档：

```html
<!DOCTYPE html>
<html lang="en">
<head>
    <meta charset="UTF-8">
    <meta http-equiv="X-UA-Compatible" content="IE=edge">
    <meta name="viewport" content="width=device-width, initial-scale=1.0">
<title>web 开发学习天地 </title>
<style type="text/css">
        h1{text-align: center;}
</style>
<link type="text/css" href="/_css/st1.css" rel="stylesheet"/>
</head>
<body>
    <h1> 欢迎加入 Web 开发学习小组！</h1>
    <img  src="learn.jpg"/>
    <p> 每周周末线上和线下，一起探讨和学习 HTML,CSS 和 JS 的技术。</p>
    <h2> 加入方式 </h2>
    <p> 你可以发送邮件，或者直接留言报名，赶紧来加入我们吧！</p>
 </body>
</html>
```

在上面的 HTML 文档中，<!DOCTYPE html> 用于声明文档类型，即告知浏览器使用 HTML 通用文档标准解析这个文档。如果文档开头没有加入 DOCTYPE 或格式不正确，会导致文档以兼容模式呈现，此时浏览器会按照自己的方式解析渲染页面，这可能导致同一个页面在不同的浏览器上显示不同的效果。

<html> 是 HTML 文档标签，<html> 表示文档的开头，</html> 表示文档的结尾，所有文档的内容都应包含在此标签内。

<head> 是头部标签，用于定义文档的头部，它是所有头部元素的容器。这些头部元素包含元信息、定义样式表及引用外部样式表、定义脚本语言等。具体如下。

（1）Meta：可提供有关页面的元信息（Meta-information），比如针对搜索引擎和更新频度

的描述和关键词。这些定义的内容并不在网页中显示，但可以被一些搜索引擎检索到。在本例中，<meta charset="UTF-8"> 声明了此页面使用 UTF-8 字符编码格式，支持中文显示；<meta http-equiv="X-UA-Compatible" content="IE=edge"> 表示以最高级别的可用模式显示内容。< meta name="viewport" content="width=device-width, initial-scale=1.0" >声明了页面宽度和设备宽度一致，缩放比例为1，保证了移动端的页面在不同分辨率的手机上以同样大小来显示。

（2）Title：定义文档标题。在本例中，定义了 <title>web 开发学习天地 </title>，其内容"web 开发学习天地"将显示在浏览器的标题栏中，如图 7-8 所示。

（3）Style：定义文档中内容的样式。在本例中通过 <style type="text/css">h1{text-align:center;}</style> 定义 h1 标签里的内容（"欢迎加入 web 开发学习小组"）的样式为居中对齐，如图 7-8 所示。另外，样式也可以通过样式表链接的方式导入到文档中，例如以下代码 <link type="text/css" href="/_css/st1.css" rel="stylesheet"/> 将样式表"st1.css"导入到 HTML 文档中。

（4）Script：定义脚本语言。它既可以包含脚本语言，也可以通过 src 属性指向外部脚本。例如：将以下代码 <script language="javascript" src="/_js/jquery.sudy.wp.visitcount.js"></script> 导入外部 js 文件。

<body> 是正文标签，所有在网页中显示的内容需要放置在 <body> 和 </body> 之间。在上面的 HTML 文档中，首先添加了标题文字"欢迎加入 web 开发学习小组！"，它们使用 <h1> 小标题标签标记，接下来使用 <img> 标签插入图片，src="learn.jpg"表示图片的路径。后面是使用段落标记 <p> 设置的段落文字，以及使用二级小标题 <h2> 设置的标题文字，该页面设计好以后，浏览效果如图 7-8 所示。

图 7-8　HTML 页面效果图

▶ 7.3.2　HTML 主要标签

HTML 主要标签包含以下部分。

（1）段落：<P>。

（2）小标题：<h1><h2><h3>…<h6>。其中 <h1> 的字体最大，<h6> 的字体最小。

（3）水平线：<hr/>，可以在视觉上将文档分隔成各个部分。hr 标签为单标签。

（4）表格：<table></table>，表格里面元素主要包括：

① <caption></caption>：表格标题。

② <tr></tr>：行。

③ <th></th>：表头单元格。

④ <td></td>：单元格。

（5）图片：<img/>，用于在网页中插入图片，例如 <img src=" img/p1.jpg"/>。

（6）超链接：<a href=" "></a> 表示设置超链接，例如 <a href=" http://www.zjnu.edu.cn"> 浙江师范大学 </a>，表示对"浙江师范大学"这几个字设置超链接，点击文字，将链接到浙江师范大学主页。

（7）层：<div></div>，常用于组合块级元素，以便通过 <caption></caption> 样式表来对这些元素进行格式化。

（8）无序列表：<ul><li></li><ul>，一般会以项目符号呈现列表项。例如：

```
<ul>
    <li> 咖啡 </li>
    <li> 牛奶 </li>
    <li> 果汁 </li>
    <li> 茶饮 </li>
</ul>
```

无序列表效果如图 7-9 所示。

（9）有序列表：<ol><li></li><ol>。有序列表的列表项是有先后顺序的，一般采用数字或字母作为顺序，默认采用数字顺序。例如：

```
<ol>
    <li> 建立一个外部样式表文件 </li>
    <li> 定义具体的类 </li>
    <li> 将样式表文件导入页面 </li>
    <li> 使用 class=" 类名 " 设置样式 </li>
</ol>
```

有序列表效果如图 7-10 所示。

```
• 咖啡
• 牛奶
• 果汁
• 茶饮
```

```
1.建立一个外部样式表文件
2.定义具体的类
3.将样式表文件导入页面
4.使用class="类名"设置样式
```

图 7-9　无序列表　　　　　　图 7-10　有序列表

（10）Fonts：字体标签，主要包括以下几类：

① ：定义在浏览器显示上标文本，一般用于代数方程式的书写。

② ：定义在浏览器显示下标文本。

③ <em></em> 或 <i></i>：强调文字，通常为斜体。

④ <strong></strong> 或 <b></b>：特别强调的文字，通常加粗黑体。

（11）<form></form>：表单，用于实现网页浏览者与服务器之间进行信息交互。

其中表单里面主要的布局元素有：

① <input> 元素，根据不同的 type 属性，<input> 元素又可以分为：

<input type="text"> 定义供文本输入的单行输入字段。

<input type="password"> 定义密码字段。

<input type="radio"> 定义单选按钮。

<input type="checkbox"> 定义复选框。

<input type="submit"> 定义提交表单数据至表单处理程序的按钮。

<input type="button"> 定义按钮。

例如：<input type="button" onclick="alert(' 你好 !')"> 鼠标单击 </button>，定义了一个名为"鼠标单击的"命令按钮，单击该按钮，弹出一个消息框"你好"。

② <textarea>（文本区域），用于显示多行文本。

③ <select> 元素，用于创建列表框或下拉菜单，该元素必须和 option 元素结合使用，每个 option 元素代表一个列表项或菜单项。例如下面的例子用于显示 4 种笔记本类型，使用下拉列表的方式呈现，如图 7-11 所示。

```
<select name="pc">
<option value=" 联想 ">联想笔记本 </option>
<option value=" 惠普 ">惠普笔记本 </option>
<option value=" 神州 ">神州笔记本 </option>
<option value=" 方正 ">方正笔记本 </option>
</select>
```

④ <fieldset>（域集）可将表单内的相关元素分组。例如下面的例子使用域集（<fieldset>）将元素组合在一起，并设置 <fieldset> 的样式，实现用户登录界面，如图 7-12 所示。

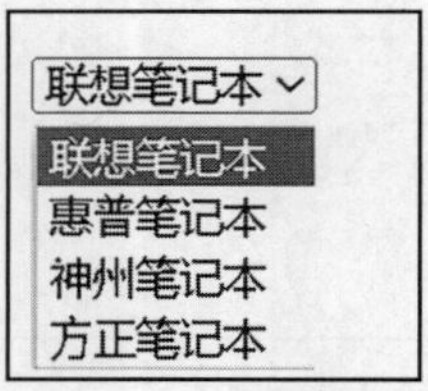

图 7-11 下拉列表框 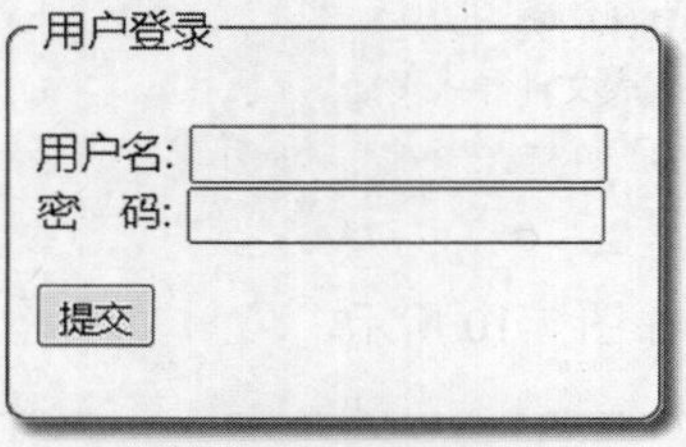　　　　图 7-12 用户登录界面

<fieldset> 的内部使用了两个文本框，一个提交按钮，具体代码如下：

```
<fieldset>
    <legend>用户登录 </legend>
    <p>
        <label for="textfield">用户名： </label>
        <input type="text" name="textfield" id="textfield">
        <label for="password"><br>
        密    码： </label>
        <input type="password" name="password" id="password">
```

```
    </p>
    <p><input type="submit" name="submit" id="submit" value=" 提交 ">
    </p>
</fieldset>
```

<fieldset> 的样式设置包括宽度、位置、边框样式以及盒阴影效果，具体代码如下：

```
fieldset{
    width: 220px;                           /* 宽度 220px*/
    padding: 10px;                          /* 边距 10px*/
    border-radius: 8px;                     /* 设置圆角边框线 */
    box-shadow: 4px 4px 4px gray;           /* 设置灰色盒阴影效果 */
}
```

7.4　CSS 设置

7.4

▶ 7.4.1　CSS 概述

层叠样式表（Cascading Style Sheets，CSS) 用来控制一个网页文档中的某文本区域外观的一组格式属性。

使用 CSS 样式不仅可以控制单个文档中多个范围文本的格式，而且可以控制多个文档中文本的格式。定义好的样式可以被反复使用；同样地，修改了某个 CSS 样式后，在网页中使用该样式的内容的样式将被全部修改。样式存放于外部样式表中或文档的 Head 区。

CSS 样式由两部分组成：选择器和声明块。选择器用于定义样式的类别，声明块由属性 -值对组成，例如颜色、字体大小、背景等。这些属性以分号分隔，并包含在花括号内，其格式如下所示，其中 selector 为选择器，里面是声明块，用于定义具体内容。

```
selector {
    Attribute1: value1;
    Attribute2: value2;
    Attribute3: value3;
    ...
}
```

选择器可以根据元素的标签名、类名、ID、属性值等来进行选择。

例如下面的 CSS 样式设置中，定义了段落 p 的样式：

```
p{
    color: gray;                            /* 字体灰色 */
    background-color: blue;                 /* 背景蓝色 */
    align: center;                          /* 居中对齐 */
}
```

p 为选择器，里面通过属性 - 值对，设置了文本的颜色、背景颜色和居中对齐方式。

▶ 7.4.2　CSS 选择器类型

CSS 选择器主要包括以下几种：标签、类和 ID 等。

1. 标签（tag）

重新定义 HTML 标签的样式。

例如：body{...}、p{...}、h1{...}、div{...}、span{...}。

例如下面的 h1，h1 是小标题样式，如果重新设置了 h1 的颜色，所有用该标签 h1 设置了格式的文本都会被立即更新。

```
h1 {
font-size: 30px;
color: #0c3000;
text-align: center;
}
```

2. 类（class）

用户自定义类名，可应用于页面上的任何元素。

例如：下面的 HTML 内容中，每一个列表元素都使用了类"food"样式。

```
<ul>
    <li class="food">咖啡</li>
    <li class="food">牛奶</li>
    <li class="food">果汁</li>
    <li class="food">茶饮</li>
</ul>
```

其中 food 样式设置文本颜色为红色（red）：

```
.food{
    color:red;
    }
```

3. ID

仅应用于一个 HTML 元素。

例如：下面的代码行的图片，使用了 #flowerimg 的样式，该样式用于设置对齐方式为右对齐。

```
<img src="flower.jpg id="flowerimg"/>

#flowerimg {
float:right
}
```

4. 伪类选择器

伪类选择器主要用于设置表格、表单、超链接等这些元素在不同状态下的样式。其是一类特殊的选择器，它们以冒号 (:) 开头，后跟一个描述元素状态的单词或短语，例如下面的代码用于设置超链接和表格行在不同状态下的样式。

```
a: link { color: #FF0000 }              /* 设置未访问超链接颜色为红色 */
a: visited{color: #0000FF}              /* 设置已访问超链接颜色为蓝色 */
a: hove {color: #0000FF}                /* 设置鼠标移动到超链接上时为绿色 */
tr: hover{background-color: gray;}      /* 设置鼠标移动到表格行时背景为灰色 */
```

```
input: focus {input:focus{background:gray}} /* 设置输入框获得焦点时背景为灰色 */
```

5. 复合选择器

常见的复合选择器包括以下几种。

（1）交集选择器：多个选择器连在一起，一般是标签选择器后面跟类或 ID 选择器，例如：

```
p.subheader{
    font-weight: bold;
    color: #593d87;
}
```

（2）联合选择器（Union Selector）：同时设置多个选择器样式，选择器之间用逗号","隔开。例如：

```
h1, h2, h3{
color: red;
background: #999999;
}
```

（3）后代选择器（Descendent Selector）：把多个选择符用空格连起来，可选择后代元素。

```
h1 em{ color:red;}      /* 设置位于 h1 里面的 em 的样式 */
```

可以把样式的定义单独存放于样式表中，以方便其他网页的使用。例如把上述几个样式存入样式表文件 style1.css 中，其他网页如果需要使用这些样式，可在 <head></head> 区添加 <link rel="stylesheet" href="style1.css">，即可导入样式。

▶ 7.4.3　DIV+CSS 布局

使用盒子模型（DIV+CSS）进行布局，是当前网页主流的布局方式。在盒子模型中，HTML 页面中的元素可看成一个矩形的盒子，即一个盛装内容的容器 DIV，这些内容可以是图片、文本、表格等。每个矩形都由元素的内容（Content）、内边距（Padding）、边框（Border）和外边距（Margin）组成，如图 7-13 所示。

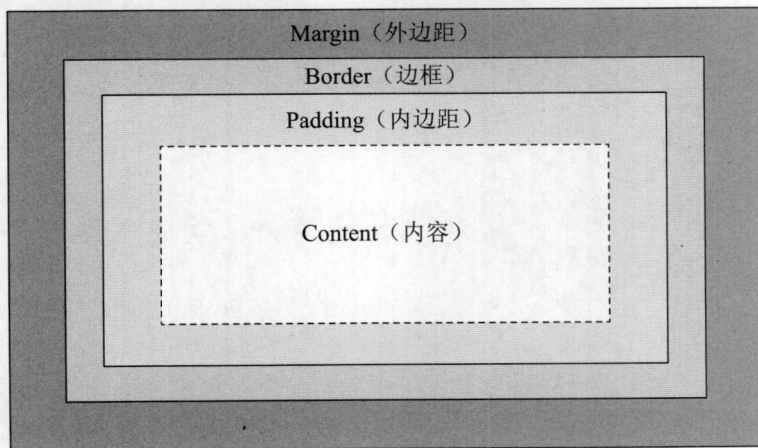

图 7-13　盒子模型组成

（1）Margin：用于设置盒子（DIV）的外边距。

（2）Border：用于设置边框。

（3）Padding：用于设置盒子里的内容距离边框的距离。

（4）Content：为盒子里的内容，具有宽度（Width）和高度（Height）两个属性值。

Margin、Border、Padding 都具有 Top、Right、Bottom、Left 四个属性值，例如 Margin-top、Margin-right、Margin-bottom、Margin-left，它们可以同时设置，也可以单独设置。

CSS 使用 Position 属性精确定位元素的显示位置，其属性值包括如下几个。

（1）不设置定位（默认设置）（Static）：所有元素都显示为流动布局效果。

（2）绝对定位（Absolute）：将元素从文档流中拖出，使用 Left、Right、Top、Bottom 属性，其值是相对于其最接近的一个具有定位属性的父包含块进行绝对定位的，如果不存在包含块，则相对于 Body 元素，也就是浏览器窗口绝对定位。

（3）相对定位（Relative）：通过 Left、Right、Top、Bottom 属性确定元素在正常文档流中的偏移位置，移动的方向和幅度由 Left、Right、Top、Bottom 属性确定，偏移前的位置保留不动。

（4）固定定位（Fixed）：不会随浏览器滚动条的滚动而变化，因此固定定位的元素会始终位于浏览器窗口内视图的某个位置，不会受文档流影响。

默认情况下元素为 Static，多个盒子从上至下排列，如果要改变盒子排列方式，可以使用 Float 属性进行浮动布局。浮动布局是网页中常见的布局方式，通过浮动布局可以使块级元素并排放置。CSS 使用 Float 来设置浮动，其属性值有两个，分别是 Left 和 Right。Float:Left，表示元素向左浮动，其右边可以出现其他元素；Float:Right，表示元素向右浮动，其左边可以出现其他元素。如果要清除浮动，则使用 Clear 属性。

下面的例子使用 DIV+CSS 布局，实现"web 前端开发学习"主页面设计，效果如图 7-14 所示。

图 7-14　DIV+CSS 布局网页

使用盒子模型布局的步骤主要分为以下几步:

（1）分析布局，划分出各个层，并设计各个层的尺寸，例如：要实现如图 7-14 的主页面布局，可以分成 7 个层，其中外面的是总层，其 DIV 结构设计如图 7-15 所示。

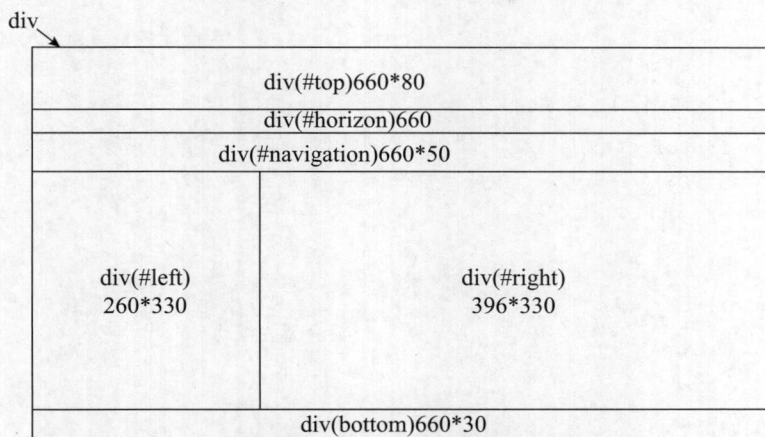

```
        div
         ↘
┌──────────────────────────────────────────────┐
│              div(#top)660*80                   │
├──────────────────────────────────────────────┤
│              div(#horizon)660                  │
├──────────────────────────────────────────────┤
│            div(#navigation)660*50              │
├──────────────────┬───────────────────────────┤
│                  │                             │
│   div(#left)     │        div(#right)          │
│   260*330        │        396*330              │
│                  │                             │
│                  │                             │
├──────────────────┴───────────────────────────┤
│              div(bottom)660*30                 │
└──────────────────────────────────────────────┘
```

图 7-15　DIV 结构设计

在图 7-15 中，div(#top)，表示该层将设计使用的样式名称为 top，660×80 为该层的尺寸。

（2）新建站点 web1，新建页面 index.html，在 body 区输入 7 个层，在最外面的是总层 \<div class="alldiv"\>，里面包含 6 个层。body 区的代码如下:

```
<body>
    <div class="alldiv" >
        <div id="top">web 前端开发学习 </div>
        <div id="horizon"><hr color="#ffffff"/></div>
        <div id="navigation"> 首页 精华区 收藏夹 下载区 邮箱 </div>
        <div id="left" ><img src="images/web2.png"/></div>
        <div id="right" > 大家好，欢迎光临 </div>
        <div id="bottom" >Copyright ©2020-2023 xxd, All Rights Reserved</div>
    </div>
</body>
```

（3）建立一个样式表 style.css，存放于 CSS 文件夹中，并设计每个层的样式，style.css 文件的内容如下:

```
@charset "UTF-8";
.alldiv{
width:660px;                          /* 总层的宽度 */
margin: auto;                         /* 层水平居中 */
background-color: #0daef84a;          /* 背景颜色 */
font-family: " 楷体 ";                /* 字体样式 */
}
#top{
width: 100%;
height: 80px;
font-size: 48px;
text-align: center;                   /* 文本水平居中对齐 */
line-height: 80px;                    /* 行高和层高一致，使文字垂直居中 */
```

```
    }
    #horizon{
    width:100%;
    }
    #navigation{
    width: 100%;
    height: 50px;
    font-size: 24px;
    text-align: center;
    line-height: 50px;
    }
    #left{
    width:260px;
    height:330px;
    float: left;                              /* 靠左浮动 */
    }
    #right{
        width:398px;
        height: 330px;
        float:left;                           /* 靠左浮动 */
        font-size: 26px;
        text-align: center;
        line-height: 330px;
        background-color: #fff;
        color: #000;
        }
        #bottom{
        width:100%;
        height:40px;
        clear:both;                           /* 清除浮动 */
        font-size: 16px;
        text-align: center;
        line-height: 40px;
    }
```

（4）将样式表通过链接的方式导入 index.html 页面中，在 head 区加入 <link rel="stylesheet" href="css/style.css">，并应用到层。

7.5 JavaScript 基础

▶ 7.5.1 JavaScript 简介

JavaScript 是当前应用广泛的客户端脚本语言，用来在网页中添加一些动态效果与交互功能，是网页制作中非常重要的一部分内容。JavaScript 与 HTML 和 CSS 共同构成了完整的网页效果。其中，HTML 用来定义网页的内容，如标题、正文、图像等；CSS 用来控制网页的外观，如颜色、字体、背景等；JavaScript 用来实现网页的动态性和交互性，让网页更加生动。

JavaScript 具有如下特点。

（1）解释性：不同于编译性的语言，它是解释性语言，直接由浏览器执行。

（2）简单性：语言结构简单，容易学习。

（3）安全性：不允许访问本地的硬盘，同时不能将数据存入到服务器，不允许对网络文档进行修改和删除，只能通过浏览器实现信息浏览或动态交互，这样可以有效地防止数据丢失。

（4）动态性：可以直接对用户或客户输入做出响应，不需要通过 Web 服务器，它的响应是通过事件驱动完成的，比如按下鼠标、选择菜单等。

（5）跨平台性：只依赖于浏览器本身，与操作环境无关，只要能运行浏览器的计算机并支持 JavaScript 的都可以运行。

▶ 7.5.2　JavaScript 代码编写

例如：使用 JavaScript 程序实现了弹出消息框的功能。

```
<html>
<head>
<Script Language ="JavaScript">
alert(" 欢迎光临 JS 世界！");
alert(" 精彩内容即将呈现！");
</Script>
</Head>
</Html>
```

在本例中将 JavaScript 代码放置于文档的 head 区，通过 <Script Language ="JavaScript">...</Script> 来指明 JavaScript 脚本源代码将放入其间。通过属性 Language ="JavaScript" 说明标识中是使用的何种语言，这里是 JavaScript 语言。接下来的 alert() 是 JavaScript 的窗口对象方法，其功能是弹出一个具有 OK 对话框并显示 () 中的字符串。

JavaScript 提供脚本语言的编程与 C++ 非常相似，它只是去掉了 C 语言中有关指针等容易产生的错误，并提供了功能强大的类库。对于已经具备 C++ 或 C 语言的人来说，学习 JavaScript 脚本语言是一件非常轻松愉快的事。

▶ 7.5.3　JavaScript 代码的放置位置

（1）脚本在 head 标记中，定义成函数的形式，在 body 中调用。

```
<head>
      <script >
        function message()
        {
            window.alert("welcome!");
        }
      </script>
   <title>js 调用 </title>
</head>

<body>
   <form action="post">
      <input type="button" onclick="message()" value=" 单击 ">
   </form>
```

```
</body>
```

（2）脚本位于外部 JS 文件中，在 head 中引入，在 body 中调用。

```
<!DOCTYPE html>
<html lang="en">
<head>
<script src="demo.js"></script>
<title>js调用</title>
</head>
<body>
    <form action="post">
        <input type="button" onclick="message()" value="单击">
    </form>
</body>
</html>
```

demo.js 文件如下：

```
function message()
    {
        window.alert("welcome!");
    }
```

7.6　小结

本章介绍了 Web 前端开发技术相关知识，包括网站基本概念、站点的建立、HTML 语言基础，CSS 基本概念，JavaScript 基础等。HTML 是基础框架；CSS 实现了网页的美化，并且将样式的定义和网页的内容实现分离；JS 实现了网页的动态功能。

7.7　思考与练习

1. 简答题
（1）简述客户端访问 Web 页面的过程。
（2）常见的 Web 前端开发技术主要有哪些？
（3）如何使用 DIV+CSS 对页面进行布局？
（4）JavaScript 有哪几种调用方式？
2. 操作题
安装 VS code 软件，建立一个主页面。

伴随着移动通信技术的飞速发展，以及智能手机、平板电脑等移动设备的普及，移动应用已成为人们日常生活和工作中不可或缺的一部分。本章将带你探索移动应用开发的相关概念与技术。

8.1 移动通信发展历程

移动通信技术是指通过无线电波实现移动体之间，或移动体与固定体之间的通信技术。从 20 世纪 80 年代至今，移动通信技术的发展大致经历了五个阶段，如图 8-1 所示。各时期的通信技术、传输速率、传输质量、业务类型均发生了显著的变化。

8.1

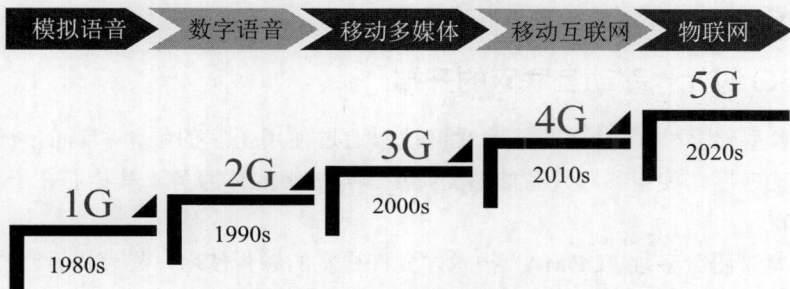

图 8-1　移动通信技术发展的五个阶段

▶ 8.1.1　1G 时代：模拟通信的开端

1G 技术，即第一代移动通信技术，主要采用模拟信号传输方式。模拟通信技术使得语音通信成为可能，但存在一些限制与不足：

（1）传输速率较低，通常在 2.4Kbps 左右，数据传输能力有限。

（2）由于模拟信号自身的特性，1G 网络易受干扰，导致通信质量不稳定。

（3）安全性较低，通话容易被监听或干扰。

（4）系统容量有限，难以支持大规模的用户增长。

1G 时代代表性的商用移动通信系统包括美国的 Advanced Mobile Phone System（AMPS）和欧洲的 Nordic Mobile Telephone（NMT）。这些系统主要集中应用在基本的语音通信上，并没有提供数据服务或短信服务。

1G 技术标志着移动通信时代的开始，为后续的技术革新和市场发展奠定了基石。它开启了移动通信的先河，促进了移动通信市场的初步形成，为移动通信的普及和接受打下了基础。

▶ 8.1.2　2G 时代：数字通信的兴起

2G 时代移动通信开始采用数字调制技术，如 Global System for Mobile Communication

（GSM）和 Code Division Multiple Access（CDMA），提供基本的数据传输服务，为移动互联网的发展奠定了基础。移动通信实现从模拟技术向数字技术的转变，带来了一系列显著的技术优势。

（1）采用数字信号传输，提高了通信的质量和可靠性；

（2）支持基本的数据服务，如短信（Short Message Service，SMS）和通用分组无线服务（General Packet Radio Service，GPRS），传输速率可达 115 Kbps；

（3）数字通信技术增强了通信的安全性，减少了监听和干扰的可能性；

（4）数字技术允许更高效的频谱利用，提高了网络系统容量。

2G 时代，GSM 成为全球最广泛使用的移动通信标准，覆盖超过 200 个国家和地区。GSM 标准统一了技术规范，促进了设备和服务的国际化和标准化，支持国际漫游，方便了用户的跨国通信。

2G 时代不仅在移动通信技术上实现了质的飞跃，而且为后续的 3G 技术和移动互联网的快速发展打下了坚实的基础。这一时期，除了语音通信，还提供短信和基础数据服务。随着技术成熟和规模化生产，移动设备的成本降低，使得移动通信更加普及，促进了行业的创新和发展，为 3G 时代的高速数据服务培育了市场需求。

▶ 8.1.3　3G 时代：移动互联网的开端

在 2G 技术基础上，3G 时代的移动通信技术通过使用更宽的频带和新的通信标准，显著提高了数据传输速度，使得移动设备能够支持更丰富的多媒体服务，其核心在于技术革新和新通信标准的制定。

（1）采用宽带码分多址（CDMA）技术，允许更宽的频带使用，显著提升数据传输速度。

（2）3G 网络的理论传输速率可达每秒 2Mbps 至数十 Mbps，相比 2G 时代提升了数十倍。

（3）高速数据传输能力使得移动设备能够支持视频通话、移动电视、在线游戏等多媒体服务。

3G 技术的发展伴随着一系列全球统一标准的制定，如 WCDMA、CDMA2000 和 TD-SCDMA 等，这些标准推动了移动设备和服务的国际化。

3G 技术的推广伴随着智能手机的普及，使得移动互联网成为日常生活的一部分。3G 网络的高速数据传输能力，使得数据服务成为运营商的主要收入来源之一，也促进了内容提供商的发展，为用户提供了丰富的多媒体内容和服务。

▶ 8.1.4　4G 时代：高速移动互联网的普及

4G 技术代表了移动通信技术的一次重大飞跃，它提供更高的数据传输速率，使得高清视频流和大规模数据传输成为可能。其核心特点包括：

（1）4G 网络完全基于 IP，简化了网络架构，提高了效率。

（2）通过使用先进的调制技术，如正交频分复用（Orthogonal Frequency Division Multiplexing，OFDM），4G 显著提高了频谱效率。

（3）显著提升数据传输速度，理论上可达每秒 1Gbps，为移动互联网的普及提供强大支持。

（4）支持大规模的数据传输，为云计算和大数据应用提供了便利。

4G 时代，长期演进技术（Long Term Evolution，LTE）成为全球统一的 4G 标准，促进了设备和服务的国际化。

4G 网络的高速和稳定性促进了视频流媒体、即时通信等服务的快速发展，也为物联网设备的连接和数据传输提供了基础，推动了智能家居、智慧城市等应用的发展。

▶ 8.1.5 5G 时代：万物互联与智能化

5G 技术作为目前最新的移动通信标准，旨在实现更高的数据速率、更低的延迟和更广泛的设备连接，预示着一个万物互联的新时代的到来。

（1）超高速连接：理论上可实现每秒 10Gbps 以上的数据传输速率。

（2）超低延迟：5G 网络的延迟目标为 1ms 以下。

（3）超大规模连接：5G 技术能支持每平方公里高达百万个设备的连接，满足物联网的需求。

5G 国际标准由国际电信组织 3GPP 统一制定，确保了全球范围内的兼容性和互操作性。

5G 时代的移动通信技术不仅是速度的提升，更是智能化和万物互联的实现，它将深刻影响社会的各方面，开启一个全新的通信时代。

▶ 8.1.6 6G 展望：未来通信技术的趋势

预计在 2030 年左右，6G 技术将进入商用时代，其发展趋势体现在以下三方面。

（1）超高频谱利用：6G 将使用更高的频段，如太赫兹频段，以实现更高的数据传输速率。

（2）智能化网络：6G 将进一步集成人工智能技术，实现网络的自我优化和智能化服务。

（3）全息通信：6G 有望支持全息通信技术，提供更加真实的远程交互体验。

6G 时代的网络架构将更加灵活和高效，并为用户带来前所未有的体验。6G 技术的发展将是未来通信技术的重要里程碑，它将推动我们的社会进入一个全新的智能化和高度互联的时代。

8.2 移动终端设备

移动终端（Mobile Terminals，MT）是指可以在移动状态下使用的计算机设备，其核心功能是实现无线通信。随着移动通信技术与集成电路技术的发展，移动终端设备的处理能力有了大幅提升，移动终端设备也已经从最初的通话工具，发展成为集多种功能于一体的智能设备。

移动终端拥有极为强大的处理能力、内存、固化存储介质以及像计算机一样的操作系统。相当于一个完整的超小型计算机系统，可以完成复杂的处理任务。同时，移动终端拥有丰富的通信方式，既可以通过 4G 或 5G 移动通信网络实现通信，也可以基于无线传输协议，通过无线局域网（WiFi）和蓝牙（Blue Tooth）等进行通信。

移动终端已经深深地融入人们的经济和社会生活中，今天的移动终端不仅可以通话、拍照、听音乐、玩游戏，而且可以实现定位、人脸识别、指纹识别、二维码扫描、心率监测等丰富功能。移动终端设备正变得越来越重要，它们不仅改变了人们的沟通方式，也极大地丰富了我们的生活和工作。

8.2

▶ 8.2.1 移动终端类型

随着技术的发展，新型移动终端设备不断涌现。移动终端的类型可以从多个角度进行划分。

1. 按功能分类

按照功能，移动终端可以分为基本通信终端和智能终端两大类。基本通信终端主要提供语音通话和短信服务，功能较为简单。这类终端的代表是1G时代的"大哥大"和2G时代的手机设备。另一类是智能终端，这类设备具备开放的操作系统，支持第三方应用程序的安装和运行，典型的有智能手机、平板电脑、智能手表、智能电视、物联网设备，以及无人驾驶汽车。

2. 按操作系统分类

根据搭载的移动操作系统，常见的移动终端可以分成多种不同类型。例如，iOS设备是指运苹果公司iOS操作系统的移动设备，如iPhone、iPad、iWatch和appleTV等。Android设备则是使用谷歌公司Android操作系统的移动设备，市场上各品牌的智能手机和平板电脑多为这一类。Windows设备使用的是微软公司的Windows Phone操作系统，如Windows Phone和其旗下的平板电脑Surface系列。鸿蒙设备使用的移动操作系统来自华为公司的HarmonyOS，典型设备有华为旗下的智能手机、平板电脑、智能手表和IoT设备等。

3. 按外观形态分类

根据外观、大小与形态的不同，可以将移动终端分为智能手机、平板电脑、可穿戴设备、智能电视、IoT设备等类别。其中，智能手机是一种便携式通信设备，除了语音通话、发送短信，还可以运行各种应用程序。平板电脑的屏幕通常大于智能手机，是一种介于手机和笔记本电脑之间的设备，适合进行轻度办公。常见的可穿戴设备有智能手表和健康手环，可穿戴在身上进行数据收集。智能电视搭载了移动操作系统，用户在欣赏普通电视内容的同时，可自行安装和卸载各类应用软件。手机电脑投屏，智能设备互动等功能的推出，为用户带来更便捷的体验。IoT设备是指接入互联网，能够收集、交换、处理和执行操作的智能设备。这些设备利用其内置的传感器和执行器，与用户、其他设备和环境进行交互，为用户提供更便捷、智能的生活方式。典型的IoT设备包括智能家居设备、工业智能网关、生命安全设备以及车联网等。

▶ 8.2.2 移动终端的功能

经过多年的技术迭代，移动终端因其丰富强大的功能，渗入社会生活的方方面面。移动终端可提供的功能有很多，下面列举几个常见功能。

1. 网络连接与通信功能

1）网络连接

移动终端的网络连接功能允许用户随时随地接入互联网。移动终端提供4G/5G蜂窝网络、WiFi及其他多种接入方式。

随着4G与5G网络的普及，移动数据速度大幅提升，据Ericsson研究报告，全球移动数据流量每年增长超过50%。另据Gartner统计，超过90%的智能手机和平板电脑支持WiFi连接，这为用户提供了另一种高速上网的选择。其他连接技术包括蓝牙、NFC和红外等，这些技术在数据传输、设备配对和近距离通信中发挥重要作用。

2）电话和短信

通信功能是移动终端的最基本功能之一，电话和短信服务是移动通信的基石。

现代移动终端支持高清语音通话，根据全球移动通信系统协会（Global System for Mobile Communications Association，GSMA）的统计数据，全球移动电话用户数量已超过 54 亿，覆盖了全球 71% 的人口。

尽管 QQ、微信等即时通信移动应用的兴起对短信服务产生了冲击，但短信依然在验证、通知和紧急信息传递中发挥着重要作用。据统计，全球每年发送的短信数量超过 8.5 万亿条。

2. 多媒体功能

1）音乐播放

音乐播放功能在移动终端上已成为标准配置，为用户提供便捷的音乐享受方式。

现代移动终端支持多种音频格式，如 MP3、AAC、WAV 等，满足了不同用户对音质的需求。流媒体音乐服务如 Spotify、Apple Music、网易云音乐等成为主流应用，用户可以通过移动终端随时随地享受音乐。移动终端同时也提供本地存储与云存储功能，用户可以选择将音乐存储在移动终端的本地存储中，或通过云服务存储音乐库，从而享受无缝的音乐体验。

2）视频播放

视频播放功能极大地丰富了用户的娱乐生活，成为移动终端上使用频率极高的功能之一。

移动终端支持各种视频格式，如 MP4、AVI、MOV 等，为用户提供了广泛的视频选择。随着屏幕技术的进步和网络速度的提升，用户可以在移动终端上享受到高清甚至 4K 视频内容。

腾讯视频、爱奇艺、抖音等长短视频平台，则使用户可以轻松观看各种视频内容，包括电影、电视剧、直播等。

3）游戏娱乐

移动终端已成为游戏娱乐的重要平台，吸引了全球数亿游戏玩家。

全球移动游戏市场规模持续增长，从简单的休闲游戏到复杂的策略游戏和角色扮演游戏，移动终端上的游戏种类丰富，满足了不同玩家的喜好。许多移动游戏支持社交功能，玩家可以与朋友一起游戏，增加了游戏的互动性和趣味性。随着云计算技术的发展，云游戏服务允许用户在移动终端上玩到高质量的游戏，而无须考虑终端的性能限制。

3. 信息处理与存储

1）数据存储

移动终端的数据存储功能是其核心功能之一，它允许用户存储各种类型的数据，包括文档、图片、视频等。数据存储分本地存储、扩展存储、云存储等不同技术。

本地存储是指大多数移动终端都配备了一定容量的内部存储，用户可以直接在设备上存储数据。智能手机的平均存储容量逐年增加，目前已超过 128GB。

为满足用户对更大存储空间的需求，许多移动终端支持 MicroSD 卡扩展，允许用户根据需要增加存储容量。

随着云计算技术的发展，云存储服务如 iCloud、Google Drive、华为云空间等，为用户提供了另一种存储解决方案。用户可以将数据存储在云端，实现跨设备的同步和访问。

2）办公软件应用

移动终端上的办公软件应用极大地提高了用户的工作效率，使得移动办公成为可能。

移动终端支持文档编辑应用，如苹果的 Pages 文稿、Microsoft Office、Google Docs、金山 WPS 等，用户可以在移动设备上创建、编辑和分享文档。移动终端还支持电子表格和演示文稿的制作，使得数据分析和演示变得更加便捷。

移动终端的多任务处理能力使得用户可以同时运行多个办公应用，提高了工作效率。云办公软件支持多人在线协作编辑文档，无论团队成员身在何处，都可以实时共享和更新工作进度。随着移动办公的普及，数据安全性也变得越来越重要。许多办公软件提供了加密、权限管理等安全功能，保护用户数据不被未授权访问。

4. 摄影与摄像

移动终端的摄影、摄像功能已成为用户日常生活中不可或缺的一部分，在很大程度上，移动终端已经替代了传统的照相机和摄像机。

随着技术的进步，手机摄像头的像素和功能不断升级。目前移动终端的摄像头像素从数百万到亿级不等，传感器尺寸也不断增大，高端智能手机的摄像头得分持续提升，可以提供更高质量的图像捕捉能力。许多移动终端配备了多个摄像头，包括广角、超广角、长焦和微距等，以满足不同拍摄需求。这种多摄像头系统允许用户在不同的焦距和视角下拍摄照片。与此同时，AI 技术和图像处理在拍照功能中的应用越来越广泛，包括场景识别。

▶ 8.2.3 移动终端技术特点

移动终端与计算机系统相比，在硬件技术上有显著的差异，这些差异主要是由于移动终端的便携性和移动性等要求所导致的，具体如下。

1）尺寸和便携性

（1）移动终端：设计轻巧，体积小，便于携带和移动。

（2）计算机系统：通常更大、更重，便携性不如移动终端。

2）电池寿命

（1）移动终端：强调电池续航能力，通常设计为在不插电的情况下能够长时间使用。

（2）计算机系统：一般使用电源供电，电池续航不是主要考虑因素。

3）CPU

（1）移动终端：使用低功耗、高效率的处理器，以平衡性能和电池寿命。

（2）计算机系统：可以使用更强大的处理器，提供更高的计算能力，对功耗的考虑不如移动终端严格。

4）存储

（1）移动终端：通常配有内置存储，以及用于扩展存储的 MicroSD 卡插槽。

（2）计算机系统：提供多种存储选项，包括硬盘驱动器（Hard Disk Drive，HDD）、固态驱动器（Solid State Drive，SSD）等，容量通常很大。

5）显示屏

（1）移动终端：屏幕较小，但分辨率高，支持多点触控。

（2）计算机系统：屏幕可以更大，适合多任务操作和详细内容的查看。

6）输入设备

（1）移动终端：通常配备触摸屏作为主要输入方式，也可能有物理按键或虚拟键盘。

（2）计算机系统：配备物理键盘和鼠标作为标准输入设备。

7）扩展性

（1）移动终端：由于尺寸限制，扩展性有限，只提供少数几个端口，如 Type-C 或 Lightning 接口。

（2）计算机系统：提供数量较多的多种扩展插槽和端口，如 PCIe、USB、HDMI 等。

8）图形处理

（1）移动终端：集成 GPU 或使用较简单的独立 GPU，以适应移动设备的功耗和热量限制。

（2）计算机系统：可以使用更强大的独立 GPU，适合图形密集型应用，如游戏和视频编辑。

9）传感器

（1）移动终端：配备多种传感器，如加速度计、陀螺仪、接近传感器等，用于增强交互体验。

（2）计算机系统：通常不内置这些传感器，但可以通过外部设备添加。

10）耐用性和防护

（1）移动终端：设计时考虑了防尘、防水等防护特性，以适应户外和移动使用环境。

（2）计算机系统：通常更注重性能和稳定性，而不是耐用性和防护。

11）散热

（1）移动终端：由于空间限制，散热设计更为紧凑，可能使用被动散热或小型风扇。

（2）计算机系统：可以使用更大的散热解决方案，如大型风扇、散热片和液冷系统。

以上硬件特点反映了移动终端和计算机系统在设计理念、使用场景和性能需求上的根本差异。

8.3　移动操作系统

移动操作系统（Mobile Operating System，Mobile OS/MOS）是为移动终端设备设计的操作系统。移动操作系统通常具有触摸界面，支持无线通信，着重优化了移动设备的硬件资源使用。

▶ 8.3.1　常见移动操作系统

设备能力与形态的革新，推动者移动操作系统的更迭。目前常见的移动操作系统有 Android、iOS、HarmonyOS、Symbian、Windows Phone 和 BlackBerry 等。各移动操作系统之间的应用软件往往互不兼容。

不同的移动操作系统各有优势，它们在市场中的定位、用户群体、生态系统和硬件支持方面都有所不同。随着技术的发展，移动操作系统也在不断进化，以满足用户对移动设备功能和性能的不断增长的需求。

1. Android

Android 是一个基于 Linux 内核的开源操作系统，主要用于智能手机、平板电脑、智能电视、IoT 设备。它由 Google 公司领导开发，并由开放手机联盟（Open Handset Alliance）支持。Android 因其灵活性、定制性和广泛的应用支持而成为全球使用最广泛的移动操作系统之一，为移动终端用户提供强大的功能和丰富的体验。Android 操作系统具有以下关键特点：

（1）Android 是基于开源代码的，任何人都可以查看、修改和分发其代码，这促进了广泛的硬件和软件创新。

（2）因其开源性，Android 被众多设备制造商采用，运行在各种不同的设备上，从入门级到高端旗舰手机和平板电脑。

（3）Android 与 Google 服务紧密集成，包括 Google Play Store、Gmail、Google Maps、Google Drive 等，形成强大的生态圈。

（4）提供 Google Play 作为官方应用商店，用户可以下载和安装 Android 应用程序。

（5）因其开源性，Android 系统和用户界面可以被制造商和开发者高度定制。

（6）通过 Google Play Protect 等服务提供安全保护，并定期发布安全更新。

（7）集成了 Google Assistant，提供语音控制和智能助手功能。

（8）与 Google 的云服务集成，提供备份、同步和数据存储解决方案。

（9）Google 定期发布 Android 系统的更新，包括新功能和安全改进。但由于硬件制造商和运营商的不同，更新的推送可能存在延迟。

2. iOS

iOS 是由苹果公司开发的移动操作系统，专为苹果的移动设备设计，包括 iPhone、iPad、iWatch 和 appleTV 等。iOS 系统以其稳定性、流畅性和安全性而闻名，是全球最受欢迎的移动操作系统之一。随着每次迭代更新，iOS 都会引入新功能和改进，以满足用户的需求和期望。

iOS 具有以下关键特点：

（1）iOS 与苹果的硬件紧密集成，提供优化的性能和用户体验。

（2）拥有直观、易用的图形用户界面，以触摸操作为主。

（3）提供 App Store 作为官方应用商店，用户可以下载和安装应用程序。

（4）强调用户隐私和数据安全，提供如数据加密、安全启动等功能。

（5）苹果定期提供系统更新，包括新功能、改进和安全补丁。

（6）与苹果的其他产品和服务（如 macOS、iCloud、Apple Music 等）紧密集成，形成强大的生态系统。

（7）支持 Safari 浏览器、Mail、Siri 语音助手、FaceTime 视频通话等。

（8）与 Android 不同，iOS 是闭源的，意味着其源代码不公开，苹果对系统有完全的控制权。

3. HarmonyOS 操作系统

HarmonyOS 操作系统是华为公司开发的一款面向全场景的分布式操作系统，旨在为不同的设备，包括智能手机、平板电脑、智能穿戴设备、智慧屏等，构建一个全新的智慧生态体系、改变智能终端的交互方式。HarmonyOS 的推出，标志着我国在移动操作系统领域的自主创新和突破。

HarmonyOS 具有以下关键特点：

（1）HarmonyOS 采用分布式架构，具备分布式软总线、分布式数据管理和分布式安全三大核心能力，支持多设备协同，实现设备间的无缝连接和数据共享。

（2）HarmonyOS 采用微内核设计，这使得其代码量只有 Linux 宏内核的千分之一，大幅降低了受攻击的概率。

（3）HarmonyOS 实行开源，促进了移动互联技术的共享和发展。

（4）HarmonyOS 能够兼容 Android 应用。Android 应用经过重新编译，在 HarmonyOS 上的运行性能可提升超过 60%。

（5）HarmonyOS 提供了强大的安全性能，包括设备安全、数据安全和用户隐私保护。

（6）HarmonyOS 设计用于多种智能设备，支持多种应用场景，包括智能家居、健康、出行等。

（7）华为公司积极推动 HarmonyOS 的生态系统建设，与多家硬件制造商合作，将系统应用于更广泛的设备上。

上述的三种移动操作系统占据了市场份额的绝大部分，其他很多移动操作系统，如 Windows Phone、BlackBerry、Symbian 等，虽然目前还有一定的市场，但已经停止开发和更新迭代。

▶ 8.3.2　移动操作系统技术特点

受硬件能力、使用场景和用户需求的影响，移动操作系统与计算机操作系统之间也存在较为显著的差异。

1. 操作系统

（1）移动终端：通常运行专为移动设备设计的操作系统，如谷歌的 Android、苹果的 iOS、华为公司推出的 HarmonyOS 等，这些系统优化了触控操作和移动使用。

（2）计算机系统：运行多种操作系统，如 Windows、macOS、Linux 等，这些系统支持更复杂的用户界面和多任务操作。

2. 用户界面

（1）移动终端：用户界面通常为触控优化，具有更大的图标和按钮，考虑单手操作的便利性。

（2）计算机系统：用户界面更侧重使用键盘和鼠标，提供更丰富的视觉元素和更复杂的布局。

3. 应用程序生态

（1）移动终端：拥有专门的应用商店，如 Google Play Store、Apple App Store、华为应用市场，应用程序通常针对移动设备的特点进行专门设计。

（2）计算机系统：应用程序更为多样化，可以多渠道获取，包括官方网站与应用商店、第三方网站等。

4. 性能优化

（1）移动终端：需要针对有限的硬件资源进行优化软件，以保证流畅的用户体验和电池续航。

（2）计算机系统：软件可以利用更强大的硬件资源，执行更复杂的任务和运行资源密集型应用程序。

5. 多任务处理

（1）移动终端：尽管移动操作系统也提供分屏和多任务功能，多任务处理通常更加受限，以避免过度消耗资源。

（2）计算机系统：支持更高级的多任务处理，允许用户同时运行多个应用程序和窗口。

6. 安全性

（1）移动终端：操作系统和应用程序通常集成了更多的安全特性，如数据加密、沙箱机制等，以保护用户数据和隐私。

（2）计算机系统：虽然也提供安全特性，但用户可能需要更主动地管理安全设置和防护软件。

7. 更新和维护

（1）移动终端：操作系统和应用程序更新通常自动进行，为用户提供了便利性。

（2）计算机系统：更新可能需要用户更主动地参与，包括驱动程序和安全补丁的安装。

8. 云服务集成

（1）移动终端：由于移动设备经常处于移动状态，因此更强调与云服务的集成，如 iCloud、Google Drive、华为云等，以实现数据同步和备份。

（2）计算机系统：支持云服务，但更多地依赖于本地存储和网络存储解决方案。

9. 专用功能

（1）移动终端：软件经常包含一些专用功能，如 GPS 导航、移动钱包、NFC 支付等。

（2）计算机系统：软件功能更侧重于生产力工具、多媒体编辑、程序开发等。

10. 开发工具和环境

（1）移动终端：开发工具和环境通常针对移动应用开发进行优化，如针对 iOS 开发的 Xcode、针对安卓开发的 Android Studio、针对鸿蒙开发的 DevEco Studio 等。

（2）计算机系统：开发工具和环境更为广泛，支持各种编程语言和开发框架。

8.4 移动应用开发技术

随着移动互联网的发展和智能终端的普及，移动应用程序已经深入到我们日常生活的各方面，从社交娱乐到购物支付，从工作学习到健康医疗，几乎无所不在、无所不能。

移动应用开发主要是指针对智能手机、平板电脑等移动终端开发应用程序的过程。这些应用程序可以在特定的移动操作系统上运行，如 Android、iOS、HarmonyOS 等。移动应用开发不仅需要掌握各种编程语言，如 Java、Objective-C、Swift 等语言，还需要了解移动终端特性与用户习惯，以便开发出适合在移动终端上使用的应用程序。

▶ 8.4.1 移动应用开发技术分类

按照开发技术来划分，移动应用通常可以分为原生应用、跨平台应用、混合应用三类。

1. 原生应用（Native Apps）

这些应用是使用特定的开发工具、特定的编程语言、为特定移动平台开发的。例如，iOS 平台的原生应用使用 Swift 或 Objective-C 语言编写，Android 平台的原生应用使用 Java 或 Kotlin 语言编写，HarmonyOS 平台的原生应用要使用 Java 或 JavaScript 语言进行编写。

原生应用可以充分利用设备的所有硬件功能，提供最佳的性能和用户体验。它们可以通过各自平台的官方应用商店进行分发，如苹果的 App Store，谷歌的 Play Store，以及华为的华为应用市场。

2. 跨平台应用（Cross-Platform Apps）

跨平台应用使用一种编写方式，可以部署在多个不同的移动操作系统上。这些应用通常使用跨平台开发框架和工具，如 Flutter、Xamarin 等。

跨平台应用的优势在于可以共享代码库，减少开发和维护成本，加快开发周期。但它们可能无法完全达到原生应用的性能水平，且不同平台上的用户体验往往需要进行额外的优化工作。

3. 混合应用（Hybrid Apps）

混合应用结合了原生应用和 Web 应用的特点，它们在原生应用的框架内嵌入 Web 技术，如 HTML5、CSS 和 JavaScript，用 Web 应用开发技能来构建移动应用程序。目前广受欢迎的混合应用开发框架主要有 React Native、NativeScript、Ionic、Cordova 等。微信小程序开发的底层采用了 React Native，也属于混合应用开发技术的一种。通过使用这些混合应用开发框架，可以快速高效地创建移动应用。

混合应用可以通过 NativeJS 来访问移动平台原生的应用程序接口（Application Programming Interface，API），从而实现一些关键性的原生功能，同时，通过 WebView 来渲染 Web 内容，快速完成视图渲染。这类应用既可以通过应用商店分发，也可以通过 Web 链接直接安装。

每一种移动应用开发技术都有其优势和局限性，选择哪种技术通常取决于项目需求、目标用户群、性能要求、开发资源和预算等因素。

▶ 8.4.2　移动应用开发基本流程

移动应用开发同样遵循软件项目开发基本流程。从概念、市场调研，到产品发布，一个移动应用项目的开发通常包括以下环节：

（1）调研与分析：研究目标市场，分析并确定潜在用户的需求。

（2）构思与规划：确定移动应用的主要功能和目标，制定项目计划和工作进度表。

（3）需求分析：详细列出移动应用的功能需求和非功能需求，将用户非形式化的需求表述转换为完整的需求定义。

（4）技术选型：选择合适的移动开发平台、编程语言、框架和工具。

（5）设计：设计移动应用的软件架构，设计前端、后端、数据库和 API 等。

（6）实现：根据设计文档编写代码，实现移动应用的各项功能。

（7）测试：对移动应用进行单元测试、集成测试、系统测试，也包括用户验收测试。

（8）优化：根据测试结果对应用进行性能优化和功能调整。

（9）部署与分发：将应用部署到应用商店或直接分发给用户。

以上每个步骤都包含更详细的子任务和流程，而且，实际开发流程会根据项目的具体需求、开发技术，以及团队工作方式的不同而有所改变。

▶ 8.4.3　移动应用开发的关键要素

移动应用开发是一个复杂的过程，涉及多个基本要素，这些要素共同确保了应用的成功开发和部署。

1. 开发平台与工具

（1）针对移动应用的目的和功能，选择适合的开发平台（如 HarmonyOS、微信小程序、

iOS、Android）框架（如 React Native、Flutter）和工具（如 Xcode、Android Studio），对开发流程至关重要。

2. 编程语言

根据目标平台，选择合适的编程语言，例如 Swift 或 Objective-C 用于 iOS，Java 用于 HarmonyOS 或 Android，JavaSript 用于混合开发。

3. 用户界面 (User Interface，UI) 设计

设计直观、易用的用户界面，对提升用户体验非常关键。

4. 用户体验 (User Experience，UX) 设计

主要考虑用户如何与移动应用进行交互，确保流程自然、直观、流畅。

5. 数据存储

针对不同应用场景，为移动应用选择高效的数据存储解决方案。例如，本地存储方案可采用 SQLite 数据库、SharedPreferences 等，远程存储则需要考虑远程数据库或云存储服务。

6. 数据传输

移动终端接入移动互联网，实现网络通信是基本需求之一。要考虑各种数据传输机制在不同环境下的适用性，如 HTTP/HTTPS、WebSocket 等，为移动应用设计并实现适用的数据传输功能。

7. 性能优化

针对移动终端设备的软硬件特点去优化移动应用的性能是必要的，包括：减少内存占用，降低 CPU 使用率，优化网络请求等。

8. 安全性

设计并实现必要的安全保障措施，如加密通信、用户身份验证、安全更新与漏洞修复，以最大程度保护用户数据和隐私，防止数据泄露和未授权访问。

8.5 小结

移动终端设备的普及和移动互联网的发展使移动应用成为社会生活中不可或缺的部分，移动开发技术的发展也随之而来。移动通信技术的发展经历了从 1G 到 5G 的五个阶段。移动终端设备则呈现出众多种类，其硬件、软件与计算机系统均有显著差异。针对这些差异，移动应用开发与其他应用软件开发有所区别。目前，移动应用开发技术可分为原生应用开发、跨平台应用开发以及混合应用开发三大类，每一类都有对应的开发平台、框架、工具及语言。移动应用开发同样遵循软件工程项目开发原则，需要对前端、后端、数据库等组件完成分析设计、实现、测试、优化、部署等环节。

8.6 思考与练习

1. 夯实基础：阅读本章内容，并回答以下问题。

（1）移动通信技术的发展历史中，哪一个时期标志着人类社会开始进入移动互联网时代？哪一个时期进入万物互联时代？

（2）列举 3 种及以上日常生活中常见的移动终端设备。

（3）移动终端设备除了具有文中提到的四大功能，还可以提供哪些功能？

（4）移动应用开发技术可以分为哪几类？请为每一类开发技术给出一个开发技术。

（5）HarmonyOS 开发属于哪一类开发技术？需要搭建什么开发环境？可使用什么编程语言进行移动开发？

2. 挑战一下：课外延伸阅读，并问答以下问题。

（1）HarmanyOS 是我国首个自主研发的移动操作系统，它实现万物智联的核心技术是什么？

（2）目前微信小程序开发广受关注，请你分析微信小程序开发的优势和劣势。

AI 不再是科幻小说中的概念，而是已经融入我们的日常生活。本章将探讨人工智能相关技术，包括机器学习基础、深度学习、自然语言处理，计算机视觉等。同时本章还将介绍当前人工智能发展的最新进展以及当前多模态大模型的应用实例。

9.1　人工智能的基本概念

自世界上第一台通用计算机 ENIAC 于 1946 年在美国宾夕法尼亚大学诞生，近一个世纪以来，电子计算机已经逐步取代传统计算方式，成为人类信息处理的重要工具。特别是在 20 世纪 70 年代后，微处理机的出现又极大缩小了计算机的体积和能耗，使计算机的应用范围越来越广。21 世纪人类进入信息时代，愈加发现自身认知能力的有限性与信息增长的指数性无法平衡，需要自身之外的辅助工具来有效地处理海量的信息。随着研究的深入，人们发现人工智能便是以上这一矛盾点的解决之道，它不仅能有效提高生活质量，而且是传统工业去人工化的核心技术，近些年诸多初步实践经验也变相证明了人工智能的优越性，新一轮的人工智能研究热潮已经掀起。

如同蒸汽时代的蒸汽机、电气时代的发电机、信息时代的计算机和互联网，人工智能正成为推动人类进入智能时代的决定性力量。世界主要发达国家均把发展人工智能作为提升国家竞争力、维护国家安全的重大战略，力图在国际科技竞争中掌握主导权。习近平总书记在中共中央政治局第九次集体学习时深刻指出，"加快发展新一代人工智能是事关我国能否抓住新一轮科技革命和产业变革机遇的战略问题"。错失一个机遇，就有可能错过整整一个时代。人工智能新一轮科技革命与产业变革的曙光已经可见，在这场关乎前途命运的大赛场上，对人工智能的了解与研究成为重中之重，当代大学生必须抢抓机遇、奋起直追、力争超越。

▶ 9.1.1　智能的定义与特征

那么什么是所谓的智能呢？汉语词典中解释：主体有目的的处理事物，可以称为智（对于人来说，这种目的性主要体现在思维方面）。而旁观者在感知目标对象的这种目的性时，会产生出对方能够处理、有能力处理，或具备相应功能的认知，被称为能，合在一起即为智能。对于信息学角度来说，"智"可以理解为对所有类型的输入输出信息的加工过程，它的加工逻辑来自于对客观规律的提取与运用，而"能"则是指信息处理后的驱动作用。简单来说，计算机能分析与运用客观规律，有目的、有逻辑地处理和加工外界信息，并通过外界反馈不断积累并修正自身知识与策略，我们就认为其具备了"智能"这一特征。

当然为了服从各类应用场景，计算机所具备的智能等级或类型也是有所不同的。我们可以对其所具备的关键能力进行分类，如语言智能、空间智能、运动智能、计算智能和认知智能等。例如阿里巴巴以及亚马逊等企业利用人工智能技术进行数据挖掘，从用户的行为与习惯中构建潜在用户画像，为用户提供量身定制的广告推荐，更精准智能的非人工服务。这些机器智能技术不仅可以个性化客户体验，还可以帮助企业增加销售额。

除了按照智能范畴分类，我们还以智能水平将计算机分为弱智能、强智能、超智能三个层级。弱智能类型的计算机往往应用在固定场景解决特定问题，因此其具备的智能泛化能力弱，适应性差。例如 AlphaGo，如图 9-1 所示。它的智能仅局限在围棋领域，哪怕将它放在同类目的国际象棋领域中它也无法做出任何智能化的应对。强智能有时又被称为通用智能或完全智能，顾名思义它的智能已经能够让它胜任所有类型的人类工作，由于目前的人工智能研究还达不到这一阶段，因此何为"胜任"，其程度的定义是完全模糊，未被明确定义的。即使对于具备智能的人来说，在不同工作上的学习能力，适应能力以及规划能力等方面也存在着巨大差异，那么计算机程序表现出了怎样的行为特征，怎样的决策能力，才能称为"胜任所有类型的人类工作"呢？这些判断标准都需要在科技发展即将触及强智能这一大门时，才有最终结果。所谓超智能，目前还只存在于我们的想象之中，多见于科幻作品。假定计算机程序通过不断发展，有一天其智能远超人类，那么它就达到了超智能这一标准。当这一天真的来临，我们是因其能辅助人类决策而欢喜还是因其不可控的智能而感到恐惧且担忧？实际上，现在去谈论超智能和人类的关系为时过早，尚未看透自身智能本质的我们没有办法也没有经验去预测超智能到底是一种不现实的幻想，还是一种在未来必定会降临的结局。

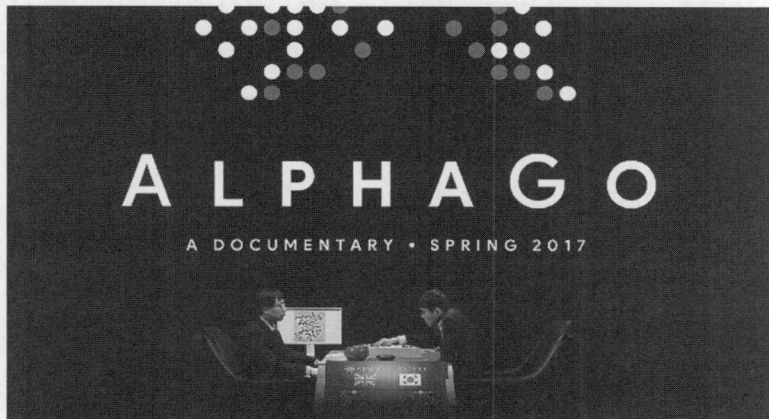

图 9-1　2016 年 AlphaGo 以 4∶1 战胜世界围棋冠军李世石

▶ 9.1.2　人工智能的定义

人工智能这一概念最早其实在 20 世纪 40 年代就初具雏形，1943 年美国神经科学家麦卡洛克（Warren McCulloch）和逻辑学家皮茨（Water Pitts）提出神经元的数学模型，这是现代人工智能学科的奠基石之一。1950 年，艾伦·麦席森·图灵（Alan Mathison Turing）提出"图灵测试"用于测试机器是否能表现出与人无法区分的智能，这也使得让机器产生智能这一想法开始进入人们的视野。然而现在业界公认的人工智能一词的起源是 1956 年的达特茅斯会议，如图 9-2 中约翰·麦卡锡（John

图 9-2　达特茅斯人工智能夏季研讨会

McCarthy)、克劳德·香农（Claude Shannon）等科学家在美国汉诺斯小镇的达特茅斯学院中讨论，如何用机器来模仿人类学习以及其他方面的智能。他们将这次的会议主题定为 Artificial Intelligence，自此学术界对这一命名达成了共识，并使其成为计算机大领域下的重要独立学科。

现如今人工智能这一学科又被赋予了何样的定义？人工智能领域的开创者之一，斯坦福大学的尼尔逊（Nilsson）教授曾给出这样一个定义："人工智能是关于知识的学科——怎样表示知识以及怎样获得知识并使用知识的科学。"而美国麻省理工学院的温斯顿（Winston）教授认为："人工智能就是研究如何使计算机去做过去只有人才能做的智能工作。"时至今日，业界也并未给出一个被大家一致认可的标准定义。

本书更倾向于如下的定义：人工智能是一门研究如何使计算机能够模拟和执行人类智能任务的科学和技术。它致力于开发能够感知、理解、学习、推理、决策和与人类进行交互的智能系统。不论是何种定义，都揭示了研究人类智能活动规律并构造相似智能的计算机系统，并使其能完成人类才可胜任的工作是人工智能的基本思想和基本内容。要让机器学会像人一样思考，并非只是通过提升计算机的软硬件能力，提高算法速度与质量这些方式就可轻松实现的。这一逐步提升并实现人工智能基本内容的途径，必定超出了计算机科学这单一学科的范畴，为了人工智能实现更高层次的应用，必须要将计算机科学同心理学、哲学、语言学以及人类学等人文社科结合起来。可以说人工智能与思维科学的关系是实践和理论的关系，人工智能是处于思维科学的技术应用层次，是它的一个应用分支。

▶ 9.1.3　人工智能的前世今生

9.1.3

若将 1956 年作为人工智能元年的话，其已经发展了 60 余年头，即使时至今日人工智能探索的道路上也依然白雾茫茫，过去的五个发展阶段也是跌宕起伏充满坎坷。

1956 年至 20 世纪 60 年代初是人工智能的起步时期，自人工智能概念首次提出后，机器定理证明也被提出，数学定理的机器证明和其他类型的问题求解，就成为人工智能研究的起点。1959 年，亚瑟·塞缪尔（Arthur Samuel）在 IBM 的首台商用计算机 IBM701 上编写了西洋跳棋程序，并使用它顺利战胜了当时的西洋棋大师罗伯特·尼赖（Robert Nerei）。塞缪尔在谈到编程计算机以比编写程序的人更好地进行国际象棋游戏时创造了"机器学习"一词，也让他成为大家公认的机器学习之父，自此人工智能的发展掀起了第一个高潮。

20 世纪 60 年代至 70 年代初是人工智能时代的沉淀期，人工智能发展初期的突破性进展大大提升了人们对人工智能的期望，人们开始尝试更具挑战性的任务，然而由于这一领域仍有许多基础问题未被解决，例如机器翻译等进阶性的挑战最终都以失败告终。人们开始聚焦人工智能领域更为基础性的问题，1964 年计算机科学家丹尼尔·博布罗（Daniel Bobrow）创建了STUDENT，一个用 Lisp 编写的早期 AI 程序，解决了代数词问题，被认为是人工智能自然语言处理的早期里程碑。

20 世纪 70 年代至 90 年代初是人工智能时代的低迷期，早期的人工智能大多是通过固定指令来执行特定的问题，说到底是复杂的决策让机器具备了初步的简易智能，问题一旦变复杂，人工智能程序就不堪重负。1980 年，卡内基梅隆大学设计出了第一套专家系统——XCON。这一系统拥有大约 2500 条规则，在它于美国数字设备公司位于新罕布什尔州萨利姆的工厂使用的近 6 年间，他一共处理了约 8 万条指令，准确率达到了惊人的 98%，根据测算该专家系统从减少生产错误，加速组装流程，增加客户满意度等方面为美国数字设备公司节省了约 25 亿美元。这一成功案例也让学者迫切地想把人工智能推广到生产生活的方方面面，但是他们发现随着应用规模不断扩大，专家系统存在的应用领域狭窄、缺乏常识性知识、知识获取困难、推理方法单一、缺乏分布式功能、难以与现有数据库兼容等问题逐渐暴露出来。于是有许多人开始质疑人工智能的发展和价值，认为所谓的智能永远只能停留在弱智能这样的层级，让机器拥有人类思维完全是天方夜谭，这也让人工智能的发展迎来了寒冬。

20 世纪 90 年代至 2006 年，网络技术、硬件设备、计算能力的大幅度提升充分保障了人工智能的稳步发展，人类工业化水平的提升也促使人工智能技术逐步走向实用化。1997 年，IBM 公司的"深蓝"计算机战胜了国际象棋世界冠军卡斯帕罗夫，成为人工智能史上的一个重要里程碑。这一振奋人心的消息又重新点燃了机器能够具备人类智能的话题，再次将人工智能这一议题推向了高潮。

2006 年至今，人工智能再次迎来蓬勃发展的大好时期。辛顿（Hinton）团队在顶尖学术刊物《科学》上发表了一篇文章，该文章提出了深层网络训练中梯度消失问题的解决方案，将深度学习一词推到人们眼前，这一方法现今也成为人工智能的主流方法。同年，李飞飞教授意识到专家学者在研究人工智能算法的过程中忽视了"数据"的重要性，于是着手构建了首个大型图像数据集——ImageNet。随着大数据、云计算、互联网和 IoT 等信息技术的发展，科学与应用之间的技术鸿沟大幅度被缩短，在各类大型数据集的加持下，现阶段的人工智能研究已经在诸如图像分类、语音识别、知识问答、人机对弈和无人驾驶等各细分方向上同步开展。以深度神经网络为代表的人工智能技术已经融入人类生产生活的点点滴滴中，也标志着 21 世纪人工智能技术迎来了爆发式增长的新高潮。

清华大学的研究报告称，过去的十年里，人工智能领域发展迅速。自 2011 年起人工智能领域的高水平论文发表量整体呈现了稳步增长的态势。美国、中国、德国分别占据了发文量排行榜的前三。计算机界最负盛名、最崇高的奖项图灵奖（ACM A.M. Turing Award）在过去的 15 年间也三次正式颁奖给人工智能领域。

现如今人工智能更是已经从实验室走向产业化生产，重塑传统行业模式、引领未来的价值已经凸显，并为全球经济和社会活动做出了不容忽视的贡献。全球知名风投调研机构 CB Insights 报告显示，2017 年全球新成立人工智能创业公司 1100 家，人工智能领域共获得投资 152 亿美元，同比增长 141%。谷歌公司在其 2017 年年度开发者大会上明确提出发展战略从"移动优先"转向"人工智能优先"，微软公司 2017 年财报首次将人工智能作为公司发展愿景。我国作为全球第二大经济实体，2017 年 7 月也颁布了《新一代人工智能发展规划》，阐述了国家在人工智能研发、工业化、人才发展、教育和职业培训、标准制定和法规、道德规范与安全等各方面的战略和发展目标，率先向世人表达了发展人工智能，应用人工智能，管理人工智能的决心。

9.2　人工智能的主要内容

人工智能是一门研究各类人工智能体算法的科学，同时也是一门体系庞大的交叉学科，其研究内容非常广泛。参考人工智能算法的研究历史以及研究方法，可以将其主要研究内容大致可以分为两部分：一部分是经典（古典）人工智能算法，另一部分是现代人工智能算法。这里所做的分类是较为笼统的，但无论如何分类，人工智能的核心研究问题，一言以蔽之就是：设计智能体（模型或算法），求解复杂问题，在环境（任务）中作出正确决策。

经典人工智能算法中主要研究有关于问题求解、逻辑推理、概率决策的智能算法。这部分研究内容主要依赖于离散数学、统筹规划、逻辑学、概率论、图论等方法的数学建模，是早期研究者实现人工智能的尝试，往往针对具体的问题设计具体的算法，有良好的可解释性。

现代人工智能算法则是基于机器学习方法展开的一系列研究。这部分研究内容是当下最聚焦的研究内容：机器学习算法主要使用可学习模型进行拟合、决策；深度神经网络则以仿生神经元为基础，以数值优化和反向传播为主要训练方式，以数据驱动的方法进行建模，用于解决对泛化性要求高的问题。

接下来，我们将分别简述两部分研究内容中的关键问题，列举有代表性的经典算法和研究成果，了解人工智能发展进程的同时，概览整个人工智能研究的框架体系。

▶ 9.2.1　机器学习

在机器学习中，样例学习是一种学习范式，其核心思想是通过示例或样本数据来进行学习。在样例学习中，模型通过观察和分析已知的示例数据，例如带有标签的训练样本，以推断出模式、规律或决策边界，并将这些学习到的知识应用于新的未知数据上。经典机器学习中诸多经典算法都归属于样例学习的范畴。

1. 线性回归（Linear Regression）

线性回归是一种用于预测连续型输出变量的学习任务。在线性回归中，模型试图建立输入特征与输出变量之间的线性关系。这个关系通常表示为一个线性方程，其中输入特征通过一组权重进行加权求和，再加上一个偏置项，最终得到预测的输出值。线性回归的目标是找到一条最佳拟合直线或平面，使得预测值与实际值之间的残差平方和最小化。这通常通过最小化平方损失函数（Mean Squared Error，MSE）来实现。线性回归常用于预测房价、销售量、股票价格等连续型输出变量趋势。

2. 分类（Classification）

分类是一种用于将样本数据分为不同类别或标签的学习任务。在分类中，模型试图建立输入特征与离散型输出变量（类别或标签）之间的关系。模型根据这个关系将新的未知样本分配到预定义的类别中。分类任务可以是二分类（只有两个类别）或多分类（有多个类别）。分类算法的目标是构建一个决策边界或决策函数，以区分不同类别的样本。分类问题的性能评估通常使用准确率、精确率、召回率、F1 分数等指标来衡量模型的预测性能。总的来说，线性回归用于预测连续型输出变量，而分类用于将样本分为不同的类别或标签。这两种任务在样例学习中具有重要的应用。

3. 决策树（Decision Tree）

决策树是一种基于树结构的机器学习模型，用于分类和回归分析。在决策树中，每个内部节点表示在一个特征属性上的一个测试条件，每个分支代表测试条件的一个结果，每个叶节点代表一个类别标签或者是回归值。决策树可解释性强，决策树的结构类似于人类决策过程，因此易于理解和解释。通过解释每个节点的测试条件和分支，可以直观地了解模型是如何做出预测或决策的。决策树可以处理离散型特征和连续型特征，因此适用于各种类型的数据。决策树是一种非参数学习方法，它不对数据分布做出假设，因此不受数据分布的影响，对异常值不敏感。决策树容易过拟合训练数据，尤其是在深度较大、叶节点数较多的情况下。为了避免过拟合，通常需要对决策树进行剪枝或者使用集成学习方法。除了用于分类和回归问题，决策树还可以处理多输出问题，即每个叶节点可以输出多个值。决策树的构建过程是通过递归地选择最佳的特征进行划分，直到满足某个停止条件为止。决策树学习的目标是生成一个能够在训练集上正确分类或回归的树，并且在未知数据上具有良好的泛化能力。

4.KNN

在非参数模型中，最近邻模型和支持向量机是两个较为经典的模型。最近邻模型（k-Nearest Neighbors，KNN）是一种常见的基于实例的监督学习算法。它被广泛用于分类和回归问题。KNN 模型的基本思想是：对于一个给定的未知样本，通过比较其与训练集中最接近的 k 个样本的标签（对于分类问题）或值（对于回归问题），来预测该未知样本的标签或值。支持向量机（Support Vector Machine，SVM）是一种用于分类和回归分析的监督学习模型，它在解决分类和回归问题上表现出色，并且在模式识别等领域得到广泛应用。SVM 的基本思想是找到一个最优的超平面来将不同类别的数据分隔开，使得两个类别的间隔尽可能大。在二维空间中，这个超平面就是一条直线；在更高维度的空间中，这个超平面就是一个超平面。SVM 的目标是找到这个使间隔最大化的超平面。

5. 集成学习（Ensemble Learning）

集成学习是一种机器学习方法，通过组合多个基本模型（弱学习器）的预测结果来构建一个更强大的模型。集成学习的核心思想是"三个臭皮匠，顶个诸葛亮"，即通过集成多个模型的预测能力来获得比任何单个模型更好的性能。集成学习的优势在于它能够减少单个模型的偏差和方差，从而提高整体的泛化能力，并且对于处理复杂的、高维度的数据和非线性关系有较好的效果。常见的集成学习方法包括：自助法、提升法、堆叠法、投票法。自助法通过对训练数据进行有放回地采样，从而产生多个不同的训练子集，然后针对每个子集训练一个基本模型，最后通过投票或取平均的方式来集成这些模型的预测结果，例如随机森林（Random Forest）。提升法是一种迭代的集成学习方法，它通过顺序地训练一系列基本模型，每个模型都试图纠正前一个模型的错误，从而逐步提高整体模型的性能。常见的 Boosting 方法包括 Adaboost、Gradient Boosting 等。集成学习方法在实践中被广泛应用于解决各种机器学习问题，通常能够提高模型的性能和稳定性，特别是在处理复杂问题和大规模数据集时表现突出。

6. 朴素贝叶斯模型

朴素贝叶斯模型是一种简单而有效的分类算法，它基于贝叶斯定理和特征之间的条件独立性假设，将类别预测问题转换为对后验概率的估计问题。贝叶斯参数学习是一种基于贝叶斯定理的参数估计方法，它通过引入先验分布对参数进行建模，然后通过观测数据来更新参数的后验分布。贝叶斯线性回归是一种基于贝叶斯方法的线性回归模型，它利用先验分布对回归系数进行建模，然后通过观测数据来更新回归系数的后验分布。贝叶斯网络是一种用于表示变量之间依赖关系的图模型，贝叶斯网络结构学习是指通过观测数据来学习贝叶斯网络的结构。

7. EM 算法

隐变量学习是指在概率模型中存在一些未观测到的变量，即隐变量，而利用已观测到的数据来估计模型参数或进行推断的过程。在许多实际问题中，我们只能观测到部分数据，而有些关键的信息是无法直接观测到的，这时就需要引入隐变量来描述这些未观测到的信息。期望最大化（Expectation-Maximum，EM）算法是一种迭代优化算法，用于在存在隐变量的概率模型中进行参数估计。EM 算法是一种通用的参数估计算法，适用于各种存在隐变量的概率模型。其基本原理是在每次迭代中交替进行 E 步骤和 M 步骤，通过最大化对数似然函数来更新模型的参数：在每次迭代中，EM 算法首先通过当前参数估计隐变量的期望值（E 步骤），然后利用这些估计的隐变量值来更新参数（M 步骤），这样反复迭代，直到收敛为止。EM 算法在处理无法直接观测的数据或者存在不完整观测的数据时非常有用，在混合高斯模型、隐马尔可夫模型、贝叶斯网络模型的学习中都有应用。混合高斯模型是一种经典的无监督聚类模型，它假设数据是由多个高斯分布组合而成的。通过 EM 算法，我们可以估计混合高斯模型的参数，包括每个高斯分布的均值、方差和混合系数，从而实现数据的聚类。隐马尔可夫模型是一种用于建模时序数据的概率模型，其中包含观测变量和隐变量。通过 EM 算法，我们可以估计隐马尔可夫模型的参数值，包括观测变量的概率分布和状态转移概率。

▶ 9.2.2 深度学习

在神经网络领域，简单前馈网络是一种基本的神经网络结构，也被称为前向神经网络或者多层感知机（Multilayer Perceptron，MLP）。它由多个层次组成，每一层的节点与下一层的节点完全连接，信息只能向前传递，不存在反馈回路。这使得它能够用来解决许多监督学习问题。

神经网络可以被看作是复杂函数的近似器。通过调整神经网络的参数，我们可以使得网络能够学习到输入和输出之间的复杂映射关系。这样，神经网络可以用来解决各种各样的任务，例如分类、回归等。在训练神经网络时，通常会使用梯度下降等优化算法来最小化损失函数。梯度表示损失函数关于网络参数的变化率，通过计算损失函数对参数的梯度，我们可以知道应该如何调整参数才能使得损失函数最小化，从而使网络的预测结果更加准确。这个过程就是神经网络的学习过程。

1. 卷积神经网络（Convolutional Neural Network，CNN）

卷积神经网络是一种深度学习模型，主要应用于处理具有网格结构数据的任务，最典型的应用领域是图像识别。CNN 由多个卷积层和池化层交替堆叠组成。卷积层通过应用卷积操作来提取输入数据中的空间特征，而池化层则用于降低特征图的空间维度，减少模型的参数数量和计算量。在 CNN 中，池化操作用于减少特征图的维度，从而降低计算成本并增加模型的不变性。常见的池化操作包括最大池化和平均池化。下采样是指减少输入数据的分辨率，通常通过池化层实现，从而进一步减少计算量。

2. 残差网络（Residual Networks，ResNets）

残差网络是一种用于解决深度神经网络退化问题的网络结构。深度神经网络的层数增加可能会导致性能下降，而 ResNets 通过引入跳跃连接（即残差连接）来解决这个问题。这些跳跃连接允许信息直接从较浅的层传递到较深的层，从而更容易地训练深层网络。

3. 学习算法

神经网络的学习算法包括梯度下降、反向传播等。这些算法通过调整网络参数来最小化损失函数，从而使网络能够学习到数据中的模式和规律。在反向传播算法中，需要计算损失函数对网络参数的梯度。这通常通过计算图中节点之间的梯度来实现。这些计算可以通过自动微分技术来高效地完成。批量归一化是一种用于加速神经网络训练的技术，通过在每个训练批次中对输入数据进行归一化处理来减少内部协变量偏移。它有助于提高模型的泛化能力和训练稳定性。泛化是指模型在未见过的数据上表现良好的能力。选择正确的网络架构、使用正则化技术、优化超参数等方法都可以帮助提高模型的泛化能力。选择适合特定任务的网络架构是提高模型泛化能力的关键。不同的任务可能需要不同类型的网络结构来进行有效的学习。神经架构搜索是一种自动化的方法，用于搜索最优的神经网络结构，以提高模型的性能。这种方法可以通过遗传算法、强化学习等技术来实现。权重衰减是一种正则化技术，通过向损失函数添加权重的范数惩罚项来防止过拟合。暂退法是一种正则化技术，通过在训练过程中随机地关闭一些神经元来减少过拟合，这可以通过在网络的训练中应用随机失活技术来实现。

4. 循环神经网络（Recurrent Neural Networks，RNNs）

循环神经网络是一种用于处理序列数据的神经网络模型，具有循环连接，可以将过去的信息传递到当前时间步。它们在语言建模、机器翻译等任务中具有很好的应用效果。训练循环神经网络通常使用反向传播算法和梯度下降等优化算法。然而，RNNs 也存在梯度消失和梯度爆炸等问题，可以通过使用长短期记忆网络（Long Short-Term Memory，LSTM）和门控循环单元（Gate Recurrent Unit，GRU）等结构来缓解。LSTM 是一种特殊的循环神经网络结构，专门用于解决梯度消失问题和长序列数据处理。它通过门控机制来控制信息的流动，从而有效地捕捉序列中的长期依赖关系。

▶ 9.2.3　强化学习

强化学习是机器学习的一种方法，它关注的是智能体如何在环境中采取行动以最大化累积奖励。在强化学习中，智能体通过与环境的交互学习，在每个时间步接收环境的观察和奖励，并采取行动以改变环境状态。被动强化学习是指智能体在学习过程中只接受环境发来的奖励信号，而不直接干预环境。在被动强化学习中，智能体的主要任务是学习如何根据当前的状态来选择行动，以最大化未来可能获得的奖励。

1. 自适应动态规划

自适应动态规划是一种基于动态规划的强化学习方法，它通过迭代更新状态值函数（或状态—动作值函数），从而逐步改善智能体的决策策略。在自适应动态规划中，智能体根据环境反馈的奖励信号来调整状态值函数的估计，以实现更好的决策。

2. 时序差分学习

时序差分学习是一种基于时序差分方法的强化学习算法，它通过比较当前状态的估计值与下一个状态的估计值之间的差异来更新状态值函数。时序差分学习允许智能体在与环境交互的过程中实时地进行学习，而无须等待完整的轨迹完成。

3. 主动强化学习

主动强化学习是指智能体在学习过程中能够主动地干预环境，以获取更多有关环境的信息。主动强化学习的目标是通过与环境的交互来不断改进决策策略，以最大化累积奖励。在主动强化学习中，探索是指智能体主动选择未知状态或动作，以获取更多有关环境的信息。通过能够帮助智能体发现新的有利行动，并增强其对环境的理解。

4. 时序差分 Q 学习

时序差分 Q 学习是一种基于 Q 学习算法和时序差分方法的强化学习算法。它通过比较当前状态下选择不同动作的估计值来更新动作值函数，从而改善智能体的决策策略。时序差分 Q 学习允许智能体在学习过程中实时地调整动作值函数的估计，以适应环境的动态变化。近似时序差分学习是一种将时序差分学习方法与函数近似相结合的强化学习算法。它通过学习状态值函数或动作值函数的近似表示，并利用时序差分方法来更新函数的参数，从而实现对环境的泛化。这种方法具有较强的适应性和泛化能力，能够处理大规模状态空间和动作空间的强化学习问题。

5. 深度强化学习

深度强化学习是一种结合深度学习和强化学习的方法，它使用神经网络来近似值函数或策略函数，从而实现对复杂环境的建模和决策。深度强化学习在处理高维状态空间和动作空间的问题上表现出色，已在许多领域取得了显著的成果，如视频游戏、机器人控制、自动驾驶等。

6. 分层强化学习

分层强化学习是一种将强化学习问题分解成多个层次的方法，每个层次负责解决不同的子问题。通过分层结构，智能体可以更高效地学习复杂任务，并在不同层次的决策之间进行信息传递和整合。分层强化学习可以提高智能体的决策效率和泛化能力，已在一些复杂任务中取得了成功，如游戏玩家、机器人控制等。

7. 学徒学习（Apprenticeship Learning）和逆强化学习（Inverse Reinforcement Learning）

学徒学习是一种基于示教的强化学习方法，它们旨在从专家示范或观察中学习任务的奖励结构和最优策略。学徒学习通过模仿专家示范来学习任务的策略，而逆强化学习则通过分析专家的行为来推断任务的奖励函数，并学习最优策略。这两种方法能够在没有显式奖励信号的情况下学习任务的策略，并且具有良好的泛化能力，已在许多领域取得了成功应用，如机器人学、自动驾驶等。

▶ 9.2.4 自然语言处理

自然语言处理涉及众多任务，包括文本分类、命名实体识别、情感分析、问答系统、机器翻译等。每个任务都有其特定的挑战和解决方法。自然语言处理技术在各个领域都有广泛的应用，如搜索引擎、智能助手、社交媒体分析、医疗健康等。这些应用场景的多样性也推动了自然语言处理技术的发展和创新。

自然语言具有丰富的语义和结构，同时存在歧义性、多样性、不确定性等特点。这些特点增加了自然语言处理的难度。处理自然语言的复杂性需要借助于各种技术手段，包括机器学习、深度学习、知识图谱等。结合不同的方法和技术可以更有效地处理自然语言的复杂性。

1. 词袋模型

词袋模型是一种基于词汇频率统计的简单模型，它忽略了单词在句子中的顺序，仅考虑了单词的出现情况，在文本分类等任务中被广泛应用。词袋模型假设单词之间相互独立，这在某些情况下可能会导致信息丢失，使得句子之间语义不一致。

2. N 元单词模型

N 元单词模型是一种基于马尔可夫假设的语言模型，它假设一个词的出现只与前面 $N-1$ 个词相关。通常使用 N-Gram 来表示这种关系。N 元单词模型的选择需要平衡模型的复杂度和数据的稀疏性。除了单词模型外，还有字符级别的 N 元模型等。字符级别的模型可以更好地处理未登录词和语言变体。在 N 元模型中，当某个 N-Gram 从未在训练数据中出现时，会导致概率估计为零，这会影响模型的性能。平滑技术可以解决这个问题，常见的平滑方法包括拉普拉斯平滑、Add-One 平滑、Good-Turing 平滑等。

3. 单词表示

单词表示是将单词映射到向量空间中的表示形式，常见的方法包括基于计数的方法［如词频—逆文档频率（Term Frequency-Inverse Document Frequency，TF-IDF）］、基于预训练的词向量（如 Word2Vec、GloVe）、基于深度学习的方法（如 BERT、ELMo）等。词性标注是指为文本中的每个单词确定其词性（名词、动词、形容词等）的过程。常用的方法包括基于统计的方法（如隐马尔可夫模型）、基于规则的方法，以及基于深度学习的方法（如 BiLSTM-CRF）等。

4. 文法

文法可以分为上下文无关文法（Context-Free Grammar，CFG）、上下文相关文法（Context-Sensitive Grammar，CSG）、上下文无关语言（Context-Free Language，CFL）、正则文法等不同类型。不同类型的文法描述能力不同，适用于不同层次的语言结构分析。文法通常可以用形式化的符号表示，如巴科斯范式（Backus-Naur Form，BNF）等。这种表示形式可以清晰地描述语言的结构和规则。

5. 句法分析

句法分析可以基于不同的方法，如基于规则的方法（如上下文无关文法）、基于统计的方法（如 PCFG）、基于神经网络的方法等。不同方法有各自的优缺点，适用于不同的应用场景。

6. 依存分析

依存分析是一种句法分析方法，它将句子中各个词之间的依存关系表示为一个有向图。依存分析可以帮助理解句子中词语之间的关系，有助于词义消歧和语义理解。从样例中学习句法分析器是一种无监督或半监督的学习方法，它利用已标注的样本或未标注的语料来训练句法分析器。这种方法可以降低人工标注的成本，提高系统的可扩展性。

7. 语义解释

语义解释是将自然语言句子映射到其含义的过程。常用的方法包括基于逻辑形式的语义解释、基于知识图谱的语义解释等。学习语义文法是一种从语料中自动学习语义规则的方法，它可以通过机器学习算法来提取语义特征，并构建语义解释器或语义分析器。

▶ 9.2.5　计算机视觉

图像分类是将图像划分为不同类别的任务，是计算机视觉中最基础、最常见的任务之一。最新的图像分类方法主要基于卷积神经网络（Convolutional Neural Network，CNN），这种模型能够自动学习图像中的特征，并通过多层网络结构提取高级别的特征。经典的 CNN 模型包括 LeNet、AlexNet、VGG、GoogLeNet、ResNet 等。其中，ResNet 采用了残差学习的结构，有效地解决了深层网络训练中的梯度消失和梯度爆炸问题，成为当前图像分类任务的主流模型。ImageNet 图像分类挑战赛中，ResNet 等深度 CNN 模型在识别准确率上取得了领先的成绩。Vision Transformer（ViT）是一种基于 Transformer 架构的图像分类模型，它将图像分割成一组图像块，并将每个图像块的像素值视为序列输入到 Transformer 中。通过自注意力机制来捕捉全局图像特征，ViT 模型在图像分类任务中取得了与 CNN 相媲美甚至超越的性能，ViT 的成功表明了 Transformer 架构在计算机视觉领域的巨大潜力，成为图像分类领域的重要里程碑。

1. 物体检测

物体检测是计算机视觉中的一个重要的基础任务，其目标是在图像中识别和定位多个不同类别的物体，并将它们标记出来。与图像分类不同，物体检测需要确定物体的位置，通常使用边界框来表示物体的位置和大小。

随着深度学习的发展，基于深度学习的物体检测方法已经取得了巨大的进步。以下是几种常见的物体检测方法：基于区域的 CNN 的 R-CNN 系列模型：R-CNN、Fast R-CNN、Faster R-CNN 是一系列经典的基于区域的物体检测方法。这些方法首先通过选择性搜索等算法提取出候选区域，然后对每个候选区域应用 CNN 来提取特征并进行分类。单阶段检测器的 Single Shot Multibox Detector（SSD）、You Only Look Once（YOLO）系列模型：单阶段检测器直接在图像上进行密集的预测，无须先生成候选区域。SSD 和 YOLO 是代表性的单阶段检测器，它们通过在不同尺度的特征图上预测边界框和类别置信度来实现物体检测。物体检测技术可以应用于智能视频监控系统中，实时检测监控画面中的行人、车辆等目标，并进行跟踪和分析。在自动驾驶系统中，物体检测用于识别和定位道路上的车辆、行人、交通标志等物体，以帮助自动驾驶车辆作出正确的决策。物体检测技术可以用于工业生产中的质量检测，识别产品中的缺陷、异物等，并及时报警或进行处理。在医学图像处理领域，物体检测可以用于识别和定位医学影像中的病变区域，辅助医生进行诊断和治疗。

2. 三维视觉

三维视觉在计算机视觉中，理解和重建三维世界这项重要且具有挑战性的任务。通过多种方法，我们可以从不同的视角获取三维场景的信息，从而实现对其结构和形状的理解和重建。利用多个视角的图像信息来获取三维场景信息是一种常见的方法。通过对多个视图的图像进行匹配和融合，可以重建出三维场景的结构和形状。这种方法通常涉及立体视觉、多视图几何和结构光等领域的技术。

3. 双目立体视觉

双目立体视觉是一种常见且有效的方法，它利用两个摄像头同时拍摄同一场景，并通过分析两个图像之间的视差信息来推断物体的深度信息。通过测量同一物体在两个摄像头中的位置差异，我们可以计算出物体距离摄像头的距离。双目立体视觉在机器人导航、三维重建、虚拟现实等领域有广泛应用。当摄像机在运动时，其运动轨迹和姿态可以提供关于场景三维结构的信息。通过分析移动摄像机的运动轨迹和图像序列之间的关系，可以推断出场景的三维结构，例如视觉 Simultaneous Localization and Mapping（SLAM）。视觉 SLAM 是一种利用移动相机连续拍摄的图像序列来同时估计相机的运动轨迹和场景的三维结构的技术。通过不断地跟踪相机位置和地图点，SLAM 可以实现对场景的实时建模和定位。

▶ 9.2.6　机器人学

机器人学是研究如何设计、构建、控制和操作机器人的学科，涉及多个领域，包括机械工程、电子工程、计算机科学和人工智能等。机器人是我们对智能体的一种具象表达，机器人学也是人工智能研究的重要分支。机器人是指能够执行一系列任务的自动化机械设备或人工智能系统。它们通常由机械臂、传感器、执行器和控制系统等组成，可以执行各种各样的任务，从简单的工厂装配到复杂的外科手术。机器人学在各种应用领域有着广泛的应用，包括制造业、医疗保健、服务业、农业等。机器人学主要研究以下三方面。

1. 感知与理解

如何让机器人感知周围环境并理解其含义。机器人感知是指机器人获取环境信息和理解周围世界的过程。定位与地图构建是机器人的重要功能，机器人需要能够确定自己的位置，并构建周围环境的地图，此外机器人还需要能够识别物体、理解语音、感知温度等。人类与机器人之间的交互是机器人学的一个重要组成部分，包括协调、学习和交流等。

2. 规划与控制

如何规划机器人的运动路径，以达到指定的目标如何控制机器人的执行器，实现预定的运动轨迹。规划与控制是指机器人如何规划运动路径并控制执行器来实现指定任务。机器人的构形空间是指机器人所有可能的运动状态的集合，规划器需要在构形空间中搜索有效的运动路径。机器人需要根据环境和任务要求规划有效的运动路径，同时需要通过控制执行器来跟踪预定的运动路径。在实际应用中，机器人常常面临不确定性和噪声。规划不确定的运动是指如何在不确定的环境中规划和执行运动路径。

3. 学习与进化

如何让机器人通过交互和经验学习新的任务和技能，也就是通过所有对环境的交互、探索和决策积累，将能力迁移到新的动作上去，完成新的交互、探索和决策。在机器人学中，强化学习是一种重要的学习范式，它允许机器人通过与环境的交互来学习如何最大化长期累积奖励。强化学习的核心思想是通过试错和反馈来调整机器人的行为，使其能够在不断的试验中逐步改进，最终达到优化的目标。

▶ 9.2.7　神经网络与深度学习

1. 神经元与神经网络

神经网络中最基本的单元是神经元模型（Neuron）。在生物神经网络的原始机制中，神经元由树突（Dendrites）、轴突（Axon）和细胞体（Cell Body）组成。树突是神经元的输入部分，它们通常短而有许多分支，负责从其他神经元接收神经冲动。轴突是神经元的输出部分，它们通常长度长且分支少。细胞体是神经元的"控制中心"，负责处理和协调所有的输入信号。神经元的生物学结构如图 9-3 所示。

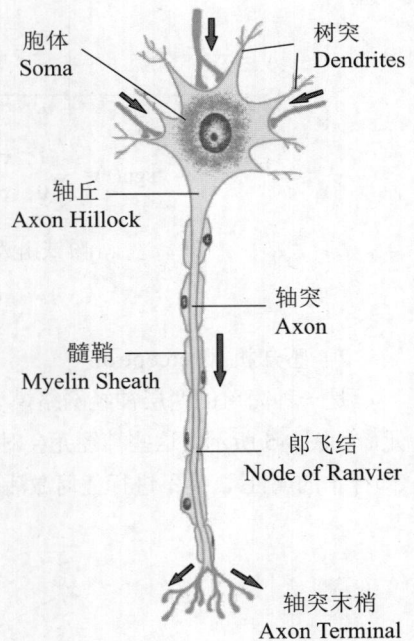

图 9-3　神经元的生物学结构

1）McCulloch-Pitts（M-P）神经元模型

是一个简化的数学模型，用来模拟生物神经元的基本功能和行为。该模型由美国神经生理学家沃伦·麦克洛克（Warren McCulloch）和数学家沃尔特·皮茨（Walter Pitts）于 1943 年提出。它是基于人类神经元多突触传递机制的人工神经元模型，并被设计成可以执行简单的逻辑运算。该模型有以下几个主要特点。

输入信号：模型中的树突对应于输入部分，每个神经元接收来自其他神经元的信号，这些信号通常带有不同的权重，即连接权（Connection Weight），用以表示不同输入对神经元的影响程度。

加权求和：细胞体的第一部分计算所有输入信号的加权和，这个累积电平反映了神经元从其他神经元接收到的总信息量。

阈值与激活函数：细胞体的第二部分则将加权和与一个固定的阈值比较。如果加权和大于或等于阈值，神经元就会被激活，产生输出信号；否则不产生输出。这个过程通过激活函数来处理，常见的激活函数有阶跃函数等。

输出信号：经过激活函数处理后的信号会通过轴突传递给其他神经元或者作为最终输出。

图灵完备性：M-P 模型在理论上是图灵完备的，意味着它可以执行任何计算过程。这一点为现代计算机科学的发展提供了理论基础，也为存储程序计算机的设计提供了原始参考。

局限性：尽管 M-P 模型能够实现一些基本的逻辑运算，但它也有局限性，例如它不能实现逻辑异或运算。

在 M-P 神经元模型中 Sigmoid 函数常被用作激活函数，用于实现非线性分类。Sigmoid 函数是一个 S 形逻辑函数，如图 9-4 所示，它在神经网络中扮演着重要的角色。这个函数的特点是将任意实数值映射到区间内，这使得它可以将输入信号转换为概率形式，即输出值可以被解释为激活的概率。具体来说，Sigmoid 函数的数学表达式为

$$sigmoid(z) = \frac{1}{1+e^{-z}}$$

其中，z 是神经元的加权输入和阈值的差值。这个函数是连续且光滑的，它解决了阶跃函数不连续的问题，因此在神经网络的激活函数中使用 Sigmoid 函数可以更好地模拟生物神经元的行为。

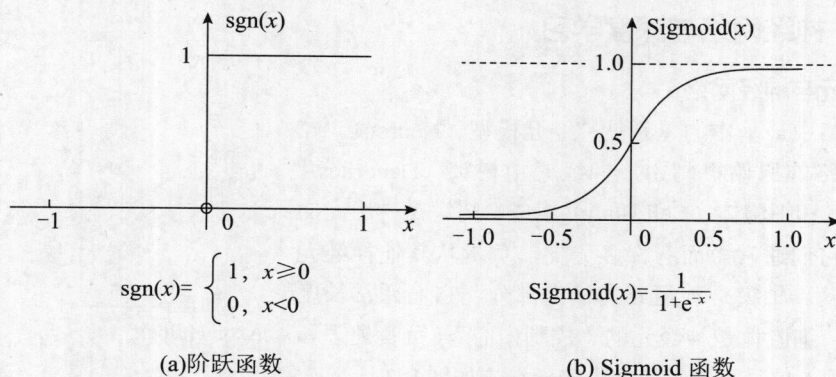

$$sgn(x)=\begin{cases}1, & x\geq0\\0, & x<0\end{cases}$$

$$Sigmoid(x)=\frac{1}{1+e^{-x}}$$

(a)阶跃函数　　　　　(b) Sigmoid 函数

图 9-4　激活函数和阶跃函数

2）感知机（Perceptron）

是一种简单的两层神经网络模型，其中只有输出层的神经元是 M-P 神经元，也称为功能神经元，如图 9-5 所示。这些神经元会对其输入进行激活函数处理。而输入层只是接收并传递外界信号（即样本的属性），并不进行任何激活函数处理。输入层的神经元数量与样本的属性数量相同。

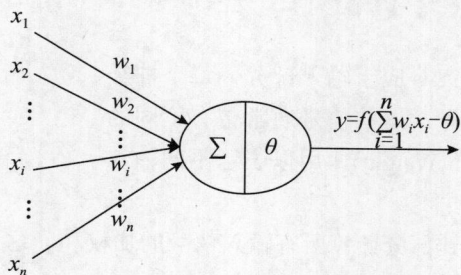

图 9-5　感知机神经元模型

由于感知机模型只包含一层功能神经元，其处理能力相当有限，只能处理线性可分的问题。例如，对于一些复杂的非线性问题，如异或问题，单层的功能神经元往往无法解决。为了处理这类非线性可分问题，我们需要使用多层功能神经元，也就是我们所说的神经网络。多层神经网络的拓扑结构如图9-6所示。

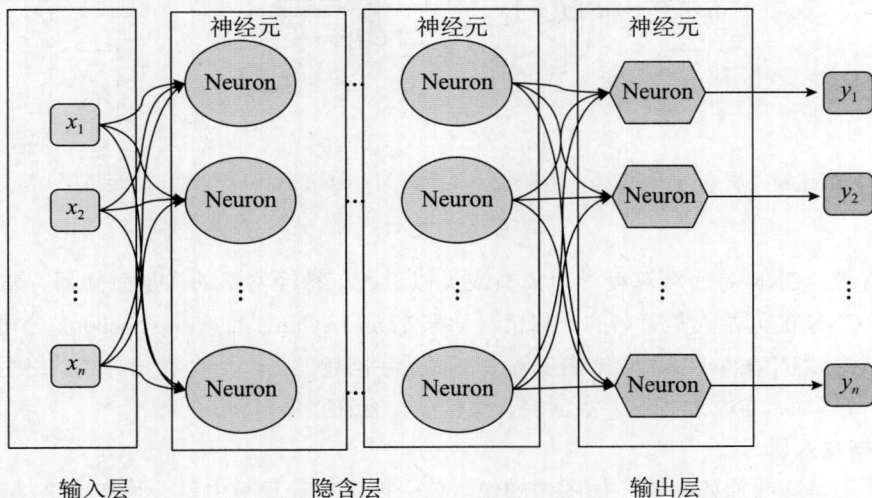

图9-6　多层神经网络的拓扑结构

在神经网络中，除了输入层和输出层外，还可以包含一个或多个隐含层。这些隐含层与输出层的神经元都具备激活函数，能够对信号进行处理。含有至少一个隐含层的神经网络被称为多层神经网络，也常被称作"多层前馈神经网络"。这种网络结构有以下核心特征包括。

层次结构：它由输入层、一个或多个隐含层以及输出层组成。

前馈机制：信息从输入层开始，经过隐含层，最终传递到输出层，过程中不存在反向的反馈连接。

学习能力：通过后向传播（Backpropagation，BP）算法进行训练，该算法通过调整权重来学习并优化网络的性能。

函数逼近：多层前馈神经网络的目的是近似某个未知的函数，如在分类任务中将输入映射至相应的类别。

内部表示：引入隐含层可以提供输入数据的更深层次的内部表示，从而使得网络能够捕捉和学习更复杂的数据模式。

总的来说，在实际应用中，多层前馈神经网络因其强大的函数逼近能力和灵活性而被广泛使用于各种复杂的机器学习任务，如图像识别、语音识别和自然语言处理等。通过增加隐含层的数量和每层的神经元数量，网络可以学习到更加复杂和抽象的特征，从而提高其在各类任务上的表现。神经网络的学习过程就是根据训练数据来调整神经元之间的"连接权"以及每个神经元的阈值，换句话说：神经网络所学习到的东西都蕴含在网络的连接权与阈值中。

2. 卷积神经网络

其实CNN依旧是层级网络，只是层的功能和形式做了变化，可以说是传统神经网络的一个改进。如图9-7中就多了许多传统神经网络没有的层次。

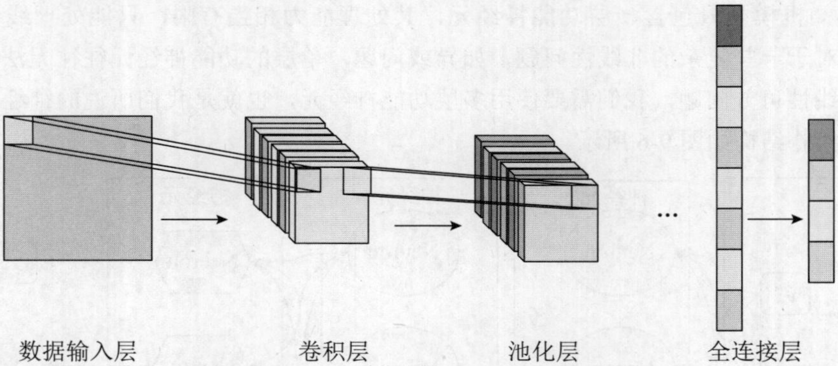

图 9-7　CNN

简而言之，CNN 是一种深度学习模型或类似于人工神经网络的多层感知器，常用来分析视觉图像。CNN 的创始人是著名的计算机科学家 Yann LeCun，目前在 Facebook 公司工作，他是第一位通过 CNN 在 MNIST 数据集上解决手写数字问题的人。一个卷积神经网络主要由以下 5 层组成：数据输入层、卷积层、激活层、池化层、全连接层。

1）数据输入层

该层主要是接收原始数据，如图像的像素值。图像在计算机中是一堆按顺序排列的数字，数值为 0 ～ 255。0 表示最暗，255 表示最亮。并对输入的原始数据进行预处理化，其中包括归一化和取均值等操作。如图 9-8 所示。一般的图片通常使用 RGB 模式来表示，即红、绿、蓝三原色以不同的比例组合，产生多种颜色的图片。

0	0	0	0	0	0	0	0	0	0	0	0	0	0	0	0	0	0
0	0	0	0	1	12	0	11	39	137	37	0	152	147	84	0	0	0
0	0	1	0	0	0	41	160	250	255	235	162	255	238	206	11	13	0
0	0	0	16	9	9	150	251	45	21	184	159	154	255	233	40	0	0
10	0	0	0	0	0	145	146	3	10	0	11	124	253	255	107	0	0
0	0	3	0	4	15	236	216	0	0	38	109	247	240	169	0	11	0
1	0	2	0	0	0	253	253	23	62	224	241	255	164	0	5	0	0
6	0	0	4	0	3	252	250	228	255	255	234	112	28	0	2	17	0
0	2	1	4	0	21	255	253	251	255	172	31	8	0	1	0	0	0
0	0	4	0	163	225	251	255	229	120	0	0	0	0	0	11	0	0
0	0	21	162	255	255	254	255	126	6	0	10	14	6	0	0	9	0
3	79	242	255	141	66	255	245	189	7	8	0	0	5	0	0	0	0
26	221	237	98	0	67	251	255	144	0	8	0	0	7	0	0	11	0
125	255	141	0	87	244	255	208	3	0	0	13	0	1	0	1	0	0
145	248	228	116	235	255	141	34	0	11	0	1	0	0	0	1	3	0
85	237	253	246	255	210	21	1	0	1	0	0	6	2	4	0	0	0
6	23	112	157	114	32	0	0	0	0	2	0	8	0	7	0	0	0
0	0	0	0	0	0	0	0	0	0	0	0	0	0	0	0	0	0

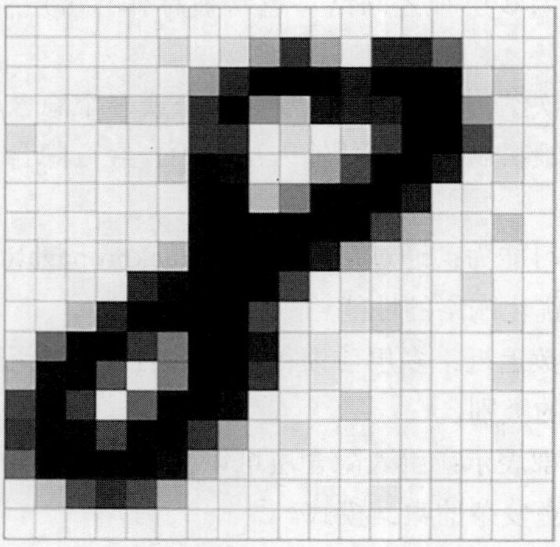

图 9-8　灰度图

2）卷积层

这是卷积网络中最重要的一个层，通过卷积操作提取特征，每个卷积滤波器会捕获一定的局部特征。卷积操作就是用一个可移动的小窗口来提取图像中的特征，这个小窗口包含了一组特定的权重，通过与图像的不同位置进行卷积操作，网络能够学习并捕捉到不同特征的信息。卷积操作如图 9-9 所示。

卷积核

1	-1	-1
-1	1	-1
-1	-1	1

-3	-1	-3	-1
-3	-1	0	-3
-3	-3	0	-1
3	-2	-2	-1

卷积层

1	0	0	0	0	1
0	1	0	0	1	0
0	0	1	1	0	0
1	0	0	0	1	0
0	1	0	0	1	0
0	0	1	0	1	0

6×6大小的图片

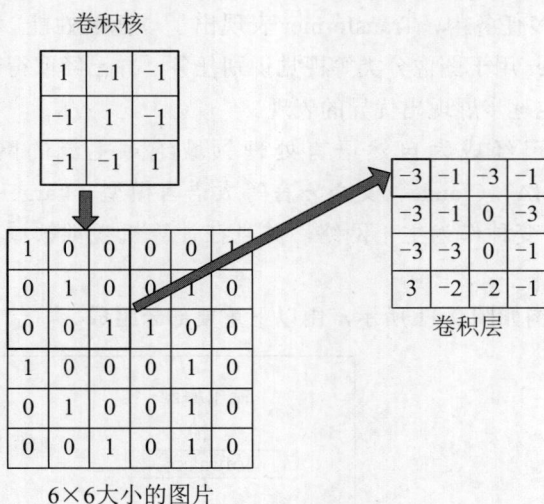

图 9-9　卷积操作

3）激活层

通常引入非线性激活函数，增加模型的表达能力。对卷积层输出结果做非线性映射。CNN 采用的激活函数一般为修正线性单元（The Rectified Linear Unit，ReLU），它的特点是收敛快，求梯度简单，但较脆弱，ReLU 激活函数如图 9-10 所示。

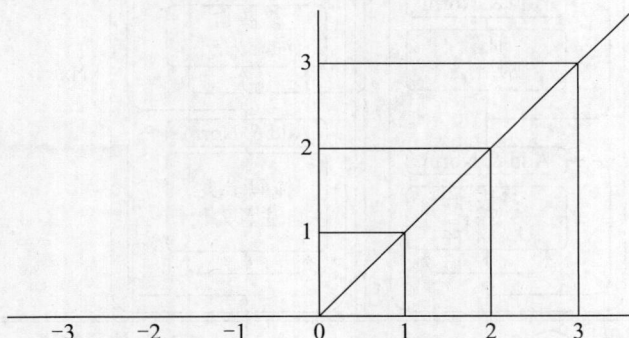

图 9-10　ReLU 激活函数

4）池化层

用于降低特征的空间维度，同时保留重要信息。通常一幅图片包含很多冗余的信息，有些信息对于我们做视觉检测任务的时候没有太多用处，可以把这些信息去掉，提取出重要的信息。通常池化的方法有最大池化（Max Pooling）和平均池化（Average Pooling）。

5）全连接层

主要功能是将学习到的"高级"特征映射到样本的标签空间。通常全连接层在 CNN 的尾部。也就是跟传统的神经网络神经元的连接方式是一样的。

3. Transformer

Transformer 这一概念最初由 Ashish Vaswani 等学者在其撰写的论文 *Attention is All You Need* 中提出，它的核心是一种基于注意力机制的神经网络架构。在原始的论文里，作者主要将 Transformer 应用于机器翻译领域，但随后的研究显示，在自然语言处理（Natural Language

Processing，NLP）的众多任务中，Transformer 表现出了卓越的性能。随着研究的深入，学者们开始探索将 Transformer 用于图像分类等视觉识别任务，并已经取得了令人鼓舞的初步结果，之后在各种视觉任务上也逐步展现出优异的表现。

目前，Transformer 已经成为自然语言处理领域绝对主流的网络架构，当前大热的 ChatGPT、GPT-4、LLaMA、Claude、文心一言等大语言模型（Large Language Model，LLM）都以 Transformer 或者其变种作为主干网络，并且在计算机视觉领域也展现出了非常惊艳的效果。

Transformer 整体架构如图 9-11 所示，由以下重要部分组成。

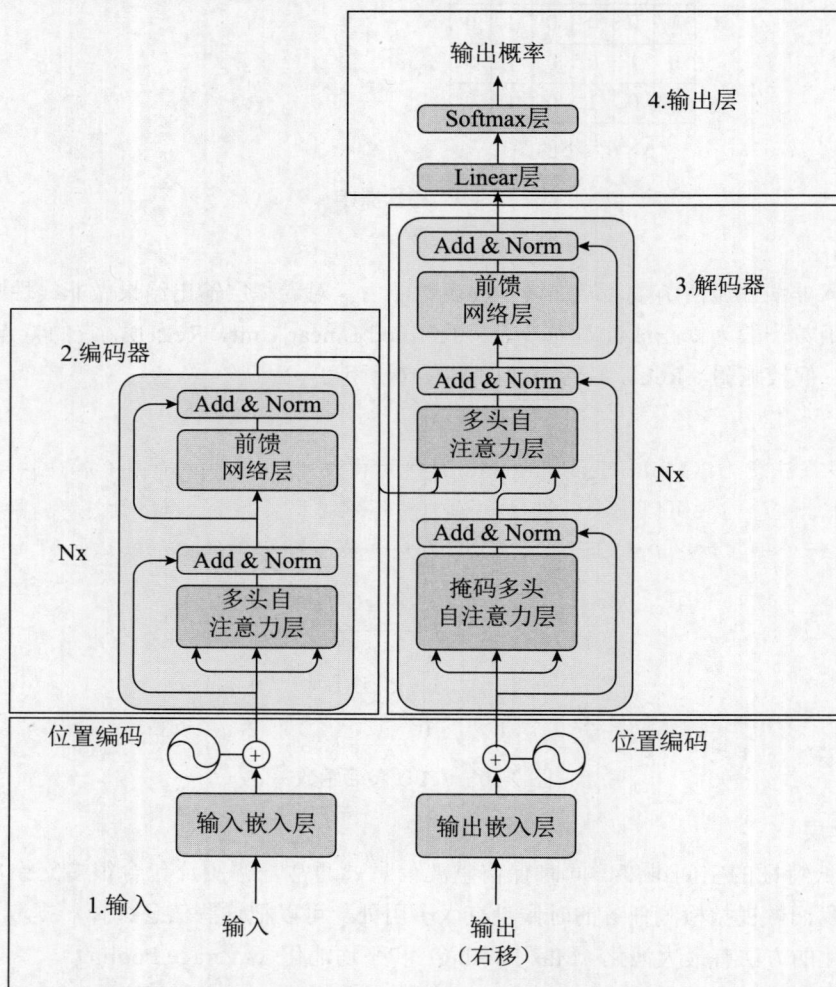

图 9-11　Transformer 整体架构

（1）自注意力机制（Self-Attention）是 Transformer 架构中的一个关键概念，它允许模型在处理输入序列的每个元素时，能够同时考虑到序列中所有其他元素的信息。这种机制使得模型能够根据序列中的不同部分分配不同的关注权重，从而更有效地捕捉到语义关系。

自注意力机制如图 9-12 所示，在处理输入序列时，能够全面关注整个序列中的所有单词，从而有助于模型更深入地理解和编码当前正在处理的单词。这种机制将整个序列的信息融合到当前单词的处理中，增强了上下文理解能力。具体而言，自注意力机制的功能包括：

序列建模：自注意力机制适用于对序列数据（如文本、时间序列和音频等）进行建模。它能够捕捉序列中不同位置间的依赖关系，这对于理解上下文至关重要。这一特点对于机器翻译、文本生成、情感分析等任务特别有益。

并行计算：自注意力的计算过程可以并行化，这意味着它可以利用现代硬件（如 GPU 和 TPU）进行高效加速。与传统的 RNN 和 CNN 相比，自注意力在训练和推理阶段能够更好地利用硬件资源。

长距离依赖捕捉：自注意力机制能够有效地捕捉长距离依赖关系，而传统的 RNN 在处理长序列时可能会遇到梯度消失或梯度爆炸问题。由于自注意力不需要按顺序逐个处理输入序列，因此它在处理长距离依赖时更为有效。

自注意力的计算：从每个编码器的输入向量（每个单词的词向量，即 Embedding，可以是任意形式的词向量，比如说 Word2vec、Glove、One-hot 编码）中生成 3 个向量，即查询向量、键向量和一个值向量。（这 3 个向量是通过词嵌入与 3 个权重矩阵即 W^Q、W^K、W^V，相乘后创建出来的）新向量在维度上往往比词嵌入向量更低。通过 Query(Q) 和 Key(K) 的点积来计算序列中每个元素与其他元素的相似度。然后将计算出的相似度通过 Softmax 函数转换为权重，以确定每个元素在关注时的重要性。再根据分配的权重对 Value(V) 进行加权求和，从而得到每个元素的加权表示。

（2）多头注意力（Multi-Head Attention）是对自注意力机制的一种扩展，它引入了多个注意力头。每个注意力头可以学习并捕捉序列中的不同类型关系，从而允许模型在多个信息子空间上进行并行处理。如图 9-13 所示，以下是其核心概念和步骤的详细解释。

从图 9-14 可以看到多头自注意力中包含多个自注意力层，首先将输入分别传递到 h 个不

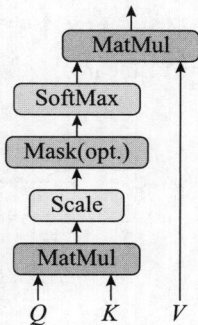

图 9-12　自注意力机制

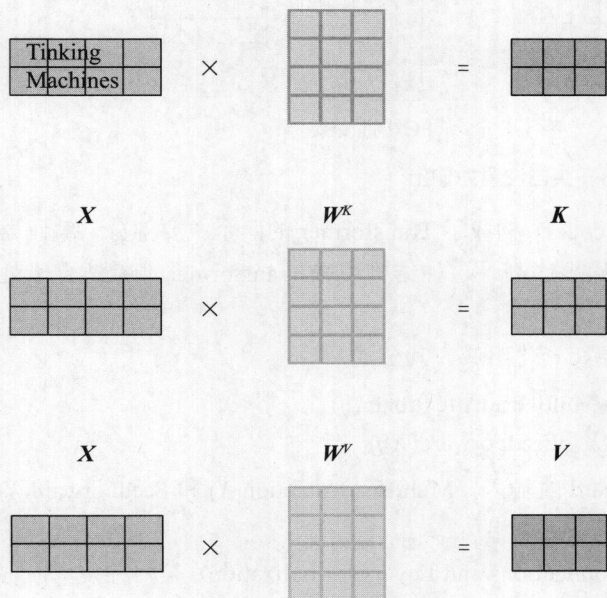

图 9-13　生成向量矩阵 Q、K、V

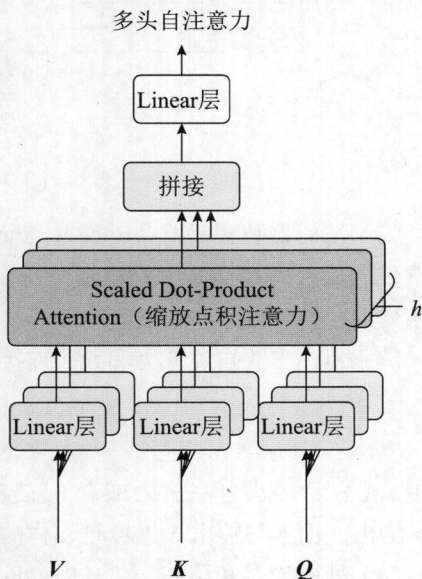

图 9-14　多头自注意力

同的自注意力层中，计算得到 h 个输出矩阵。图 9-15 是 $h=8$ 时的情况，此时会得到 8 个输出矩阵 Z。得到 8 个输出矩阵 $Z1$ 到 $Z8$ 之后，多头自注意力将它们拼接在一起（Concat），然后传入一个 Linear 层，得到多头自注意力最终的输出 Z，如图 9-16 所示。

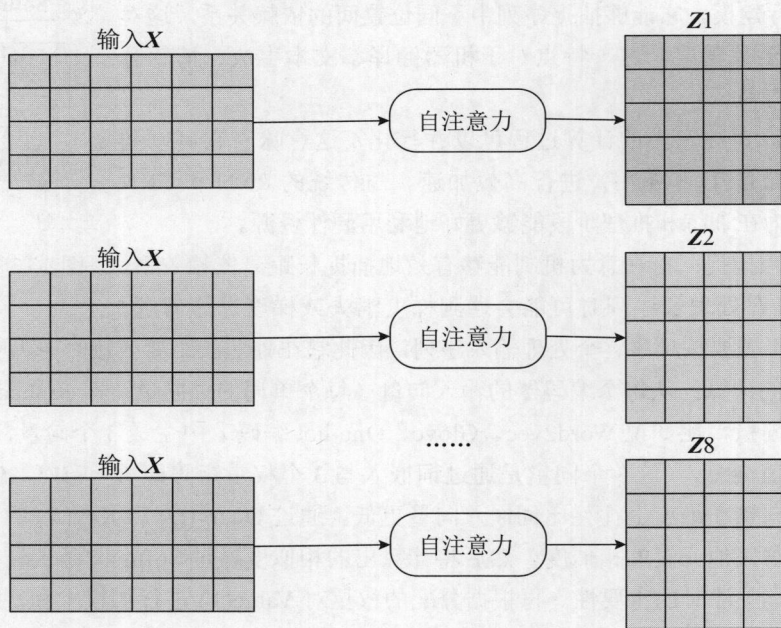

图 9-15　多个自注意力

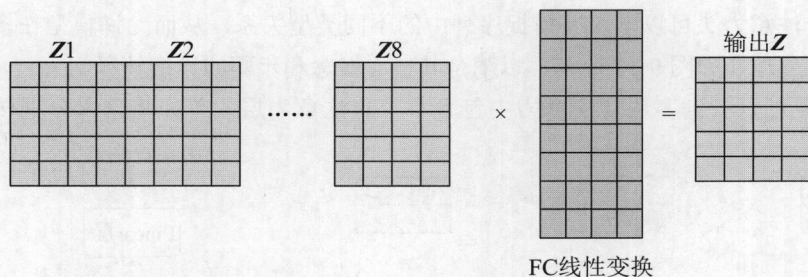

FC线性变换

图 9-16　多头自注意力输出

（3）编码器和解码器（Encoder and Decoder）构成了 Transformer 的两个主要部分。编码器负责处理输入序列，而解码器则负责生成输出序列。这种结构使得 Transformer 非常适合于处理序列到序列的任务，如机器翻译。

编码器由多头自注意力和残差连接和层归一化组成。其公式为

$$\text{LayerNorm}(X + \text{MultiHeadAttention}(X))$$
$$\text{LayerNorm}(X + \text{FeedForward}(X))$$

其中，X 表示多头自注意力或者 Feed Forward 的输入，$\text{MultiHeadAttention}(X)$ 和 $\text{FeedForward}(X)$ 表示输出（输入与输出 X 维度是一样的，所以可以相加）。

（4）残差连接和层归一化（Residual Connections and Layer Normalization）是两种技术，它们用于帮助模型更好地训练。残差连接可以解决梯度消失问题，而层归一化则可以缓解梯度爆

炸的问题。

X+MultiHeadAttention(X) 是一种残差连接，通常用于解决多层网络训练的问题，可以让网络只关注当前差异的部分。归一化（Norm）指 Layer Normalization，通常用于 RNN 结构，Layer Normalization 会将每一层神经元的输入都转成均值方差都一样的，这样可以加快收敛。

Feed Forward 层比较简单，是一个两层的全连接层，第一层的激活函数为 ReLU，第二层不使用激活函数，对应的公式如下。

$$\max(0, XW_1 + b_1)W_2 + b_2$$

式中，X 是输入，Feed Forward 最终得到的输出矩阵的维度与 X 一致。

如图 9-11 所示，Transformer 的解码器结构，与编码器相似，但是存在一些区别：

它包含两个 Multi-Head Attention 层。第一个 Multi-Head Attention 层采用了 Masked 操作；第二个 Multi-Head Attention 层的 K，V 矩阵使用 Encoder 的编码信息矩阵进行计算，而 Q 使用上一个 Decoder block 的输出计算。最后有一个 Softmax 层计算下一个翻译单词的概率。

（5）堆叠层（Stacked Layers）指的是 Transformer 由多个编码器和解码器的层堆叠而成，这有助于模型学习到更为复杂和抽象的特征表示和语义。

（6）位置编码（Positional Encoding）是为了向模型提供序列中单词的位置信息。由于 Transformer 本身并不包含序列的位置信息，因此需要通过位置编码来告知模型单词在序列中的具体位置。

9.3　AIGC 与多模态生成大模型

9.3

Artificial Intelligence Generated Content（AIGC）指的是通过人工智能技术自动生成的内容，这包括文本、图像、音频、视频等多种形式。AIGC 技术能够基于给定的输入（如指令、提示、数据等）自动创造新的、原创的内容，而无须或仅需少量的人工干预。这种技术的发展不仅改变了内容创作的方式，还将对媒体、娱乐、教育等多个行业产生了深远影响。

由于人们日常社会生活中涉及的数据模态类型非常广泛，本章仅从文本、图像、视频三个模态论述 AIGC 和多模态生成大模型的概念和内容。

▶ 9.3.1　AIGC 和多模态大模型概述

AIGC 是一类生成式人工智能任务的统称，它能够基于输入的特定指令，输出符合预期的数据内容。AIGC 生成数据的类型众多，涵盖了从文本、图像、音乐、视频、3D 到图数据等多种不同模态的数据类型。而多模态生成大模型指的是指能够同时理解和生成包含多种类型数据（如文本、图像、音频等）的人工智能模型，其本质为单一模态的 AIGC 技术发展到一定的水平后，衍生出的包含更多模型参数、更复杂模型内部参数交互机制和更大量、更多数据模态融合的训练数据集的 AIGC 模型。

本节将从 AIGC 基本概念和内容、多模态生成大模型的基本概念、内容以及 AIGC 面临的挑战和潜在风险三方面进行论述。

1. AIGC 基本概念和内容

AIGC 技术由传统机器学习模型和图形学技术发展而来，特别是生成式机器学习模型，对

AIGC 的快速发展起到了至关重要的推动作用。生成式机器学习模型的核心任务是学习给定数据的分布，并能够从这一分布中采样生成新的数据实例。不同于传统的判别式模型（旨在分类或预测），生成式模型能够创建之前未见过的内容。

从生成内容的数据模态类型划分，AIGC 的生成内容可以分为单模态内容生成和多模态内容生成。单模态内容生成是人工智能模型每次只能够生成一个模态的数据。例如，图像生成模型只能生成图像模态的内容，而自然语言生成模型只能生成自然语言模态的内容。而多模态内容生成不仅限于生成单一模态的内容，而是能够跨越多种模态，包括文本、图像、音频和视频等。模型的输入为一种模态，而模型的输出是不同于输入的另一种模态，甚至生成多种模态的复合内容。多模态生成模型是在单模态生成模型的基础上发展而来的。

单模态生成模型由不同数据模态的生成模型构成，按照数据模态来划分，主流的单模态生成模型可分为自然语言生成模型、图像生成模型、视频生成模型、音乐生成模型、语音生成模型和图生成模型等。下面简述不同模态的生成模型的基本任务和主要内容。

1）自然语言生成模型

自然语言生成（Natural Language Generation，NLG）。这些模型可以接收文本输入，并生成相应的文本输出，其文本内容可以是短语、句子、段落，甚至是文章。自然语言生成模型的内容通常包括以下几方面：

（1）词嵌入：词嵌入（Word Embeddings）是 NLP 中的一种技术，它能够将词汇表中的单词或短语映射成实数向量。这些向量捕捉了单词之间的语义和语法关系，使得相似意义的单词在向量空间中彼此靠近。词嵌入是 NLG 模型中的一个关键部分，因为它们提供了一种有效的方式来表示输入文本的意义，并帮助模型理解和生成自然语言。

（2）生成模型：生成模型是 NLG 的一个核心技术，专注于学习输入数据到输出文本之间的映射关系。它能够将结构化的信息转换成自然语言形式，为用户提供阅读和理解的便利。NLG 模型主要由以下三个类型构成：基于规则的模型、统计方法的语言模型和基于深度学习的语言模型。

①基于规则的模型使用人工预定义的模板或构建一套详细的语言规则来转换数据为文本。这种方法简单、易于实现，但缺乏灵活性和多样性，并且要求对目标语言有深入的理解，通常用于特定领域的应用。

②基于统计方法的语言模型有两类主要的模型，分别为 HMM 和 n-gram 模型。HMM 是一种早期的统计模型，用于序列数据的建模，如语音到文本的转换。n-gram 模型通过计算前 $n-1$ 个词出现后某个词出现的概率来生成文本。

③基于深度学习的语言模型是目前主流的语言生成模型，它主要由 RNN、LSTM、Transformer 模型和预训练语言模型。目前最先进的自然语言应用基于的是预训练语言模型。

Transformer 模型引入自注意力机制，大大改善了处理长距离依赖的能力，极大提高了模型的性能和生成文本的质量。

预训练语言模型，如 Generative Pretrained Transformer（GPT）、BERT（用于理解任务）和它们的变体（如 RoBERTa、T5 等）。这些模型在大规模文本语料库上进行预训练，然后在特定任务上进行微调，能够生成高质量的文本内容。

条件生成：自然语言条件生成（Conditional Natural Language Generation，CNLG）模型是指在给定一定条件下生成自然语言文本的模型。这些条件可以是多样化的，包括但不限于特定的文本提示、图片、声音信号或其他模型的输出。CNLG 的核心目标是根据给定的条件生成符合语境、逻辑连贯，且信息丰富的文本。

应用领域：NLG 模型在许多应用领域有广泛的应用，包括机器翻译、智能客服、自动摘要、文本生成、问答系统等。例如，人们可以利用 NLG 模型自动产生天气报告、财经新闻等标准化新闻内容。在电商平台上生成大量商品的描述。在自动化报告方面，NLG 模型可以自动生成企业内部的数据报告，如销售报告、股票市场分析等。或将患者的医疗记录和测试结果转换成易于理解的报告。在机器翻译方面，NLG 模型可以自动将一种语言的文本翻译成另一种语言，如 Google Translate 等翻译软件。

这些应用领域展示了 NLG 技术的广泛潜力和多样性。随着 NLG 技术的不断进步，我们可以期待其在更多领域中的应用，以及现有应用领域中功能的进一步拓展和深化。

2）图像生成模型

图像生成模型是深度学习和计算机视觉领域中的一项重要技术，旨在由计算机自动创建逼近真实世界的视觉图像。这些模型可以生成全新的图像，或是在给定某些条件下修改或改善现有图像。图像生成模型的内容通常包括以下几方面。

图像生成模型：图像生成模型的目标是根据给定的训练数据学习生成新的、之前未见过的图像，这些图像应该在某种程度上模仿训练集中的真实图像的分布。目前主流的图像生成模型有生成对抗网络（Generative Adversarial Networks，GANs）、变分自编码器（Variational Autoencoders，VAEs）、自回归模型和扩散模型（如 DDPMs）。

（1）GANs 是一种由两部分组成的架构：一个生成器（Generator）用于生成图像，一个判别器（Discriminator）用于区分生成的图像与真实图像。GANs 能够合成非常逼真的图像，足以达到以假乱真的地步。

（2）VAEs 通过学习输入数据的潜在表示来生成新的数据点。它们通常用于生成那些与训练数据在某种程度上相似的图像，但具有一定的多样性和变化。

（3）自回归模型（如 PixelRNN 和 PixelCNN）通过学习给定前面所有像素的条件下，当前像素的概率分布来生成图像。虽然生成速度较慢，但能够产生高质量的图像。

（4）扩散模型（如 DDPMs）DDPM 的工作原理可以分为两个主要阶段：前向扩散过程（Forward Process）和反向生成过程（Reverse Process）。前向扩散过程一阶段将真实数据逐渐转换为纯噪声；反向生成过程目标是学习如何逆转前向扩散过程，即如何从噪声中恢复出原始数据。

这些模型各有优势和特定的应用场景。GANs 因其能够生成高质量的图像而特别受到关注，StyleGAN 系列在人脸图像生成方面尤为出色。VAEs 和自回归模型提供了不同的方法来探索数据的潜在空间。扩散模型作为最新的进展之一，展示了在生成复杂图像方面的惊人效果。

条件生成：图像条件生成模型是一类特定的生成模型，它们在生成图像时依赖于给定的条件或上下文信息。这些条件可以是多种多样的，例如文本描述、标签、另一幅图像（如在风格迁移中），甚至是声音或视频。这种模型的目标是生成与给定条件相符合的图像，使得生成的图像不仅在视觉上令人信服，而且与输入条件在语义上一致。

应用领域：图像生成模型在多个领域中有广泛的应用，推动了艺术创作、娱乐、科研、工业设计等多个行业的发展。例如在艺术创作和设计领域，图像生成模型可以使用图像生成模型创作画作、音乐视频的视觉效果，也可以自动生成服装设计草图，辅助设计师探索新的设计方向。在化学和材料科学中，用于设计新的分子结构和材料属性。在医学领域，生成高质量的医学图像，用于培训、诊断支持和疾病研究。在数据匿名化方面，生成脱敏的图像数据，用于分享和公布，同时保护个人隐私等。

这些应用场景展示了图像生成模型强大的能力和多样性，能够在创造新图像、增强现有图像以及改变图像风格等多方面发挥作用。随着技术的进步和创新，图像生成模型未来的应用范围预计将进一步扩大。

3）视频生成模型

视频生成模型是深度学习领域的一项先进技术，旨在自动生成视频内容。这些模型不仅需要考虑到图像的空间维度（即画面中的内容和结构），还必须处理时间维度（即内容随时间的变化）。视频生成模型的研究和应用主要包含以下几个主要内容。

视频生成模型的发展基本基于图像生成模型，即图像生成模型增加时间序列的条件后，均可以迁移至视频生成领域。因此，视频生成模型的基础模型大多基于图像生成模型，并根据视频数据进行模型修改后，得到了一些新的视频生成模型。

（1）基于 LSTM 的模型。VideoLSTM：利用 LSTM 来生成视频序列，尤其擅长处理时间序列数据，能够捕捉视频中的动态变化。ConvLSTM：在 LSTM 的基础上引入卷积操作，使其能够更好地处理视频数据的空间信息。

（2）基于 GANs 的模型。Video GAN（VGAN）：是早期将 GAN 应用于视频生成的模型之一，通过对抗训练的方式生成视频帧。Motion and Content decomposed GAN（MoCoGAN）：将视频的内容和运动分解，分别建模，从而更有效地生成视频。Temporal GANs（TGANs）：专注于提高视频帧之间时间连续性的 GAN 变体。

（3）基于变分自编码器（VAEs）的模型。VideoVAE：将 VAE 框架应用于视频生成，通过学习视频数据的潜在表示来生成新的视频序列。

（4）基于 3D 卷积的模型。3D ConvNets：使用 3D 卷积神经网络同时处理视频的空间和时间维度，能够直接从视频数据中学习特征。

（5）基于 Diffusion 的模型。Video Diffusion Models：虽然扩散模型最初是为图像生成设计的，但它们的概念和方法也被扩展到视频生成上。这些模型通过逐步从噪声数据中恢复出清晰的视频帧，来生成高质量的视频序列。

条件生成：条件视频生成模型是一类深度学习模型，它们的目标是在给定某种条件的基础上生成视频。这些条件可以非常多样，例如文本描述、图像、音频信号、视频片段或任何可以明确指示生成内容方向的信息。条件视频生成模型通过理解这些输入条件，并将其转换为具有时间维度的连续视觉内容，即视频。模型生成视频的过程不是随机的，而是基于给定的输入条件。这些条件为模型提供了生成内容的指导，帮助模型理解应该生成什么样的视频内容。

应用领域：视频生成模型在多个领域有着广泛的应用，它们不仅推动了相关技术的发展，还为各行各业带来了新的解决方案和创新机会。以下是一些视频生成模型的主要应用领域。在电影制作领域，自动生成或编辑电影中的特定场景，尤其是高成本或难以实际拍摄的场景，如灾难、历史重现场景。在广告产业领域，可以根据产品特性或广告主题自动生成广告视频，快速响应市场营销需求。在社交媒体中，能够为用户提供个性化视频内容生成工具，如基于用户照片或简短文本描述生成视频故事。在视频编辑和后期制作中，能够提供智能化的视频编辑工具，如自动剪辑、场景转换、特效添加等。在 VR 和 AR 领域，能够生成虚拟环境中的动态内容，提供更加真实和丰富的用户体验。

4）语音生成模型

语音生成领域主要涉及利用人工智能技术，特别是深度学习，来模拟、合成或生成人类语音的技术和应用。这一领域不仅专注于生成清晰、自然的语音，还包括语音的情感、语调、风格等多维度特性的模拟。该领域的核心任务十分丰富，例如：文本到语音（Text to Speech，TTS）的合成，模型根据文本输入生成相应的语音输出。情感语音合成（Emotional Speech Synthesis），在合成语音中加入情感特征，如快乐、悲伤、愤怒等，使语音听起来更加自然和具有表现力。这对于提高机器人和虚拟助手的交互质量尤为重要。多语言语音合成，模型能够生成多种语言的语音输出，对于全球化应用尤其重要。这涉及对多种语言和方言的学习和模拟。

生成模型：语音生成模型与之前 NLG 模型、图像 / 视频生成模型的技术十分相似。因此，这几类生成模型只需要依据语音数据模态的特点，修改模型的输入部分和输出部分的参数，即可将其他模态的生成模型迁移至语音生成领域中使用。语音生成模型主要由以下几类构成。

（1）基于自回归模型：WaveNet 是由 DeepMind 开发的一种深度神经网络，能够直接生成原始的音频波形。WaveNet 模型是自回归的（Autoregressive），意味着它在生成当前样本时会考虑之前所有生成的样本。

（2）基于 RNN 和 LSTM 模型：WaveRNN 是一个轻量级的神经网络，旨在提高 WaveNet 音频生成的效率。它通过优化模型结构和计算流程，实现了更快的语音生成速度，使得实时语音合成成为可能。Tacotron 2 进一步改进了原始 Tacotron，引入了 WaveNet 作为声码器（Vocoder），用于从梅尔频谱生成高质量的语音波形，提高了语音的自然度和清晰度。

（3）基于 Transformer 模型：Transformer TTS 利用 Transformer 架构的自注意力机制，处理长文本输入，并生成高质量的语音输出。

（4）基于生成对抗网络模型：GAN-TTS 是一个基于 GAN 的文本到语音合成模型。它使用 GAN 的框架来改进语音合成的质量，其中判别器帮助提高生成语音的自然度和清晰度。

（5）基于扩散模型：WaveGrad 和 DiffWave 是早期将扩散模型概念应用于语音生成的例子。这些模型被设计用于从条件特征（例如梅尔频谱）生成高质量的语音波形。通过模拟扩散过程（逐步向信号中加入噪声）和其逆过程（从噪声中恢复出清晰的语音信号），这些模型能够生成自然听起来的语音。

条件生成：语音条件生成模型是指在给定一定条件下生成特定语音内容的模型。这些条件可以是文本、情感、声音特征（如特定人声的音色）、背景噪声等。条件生成模型的目标是根据这些输入条件产生高质量、具有特定特征的语音输出。这类模型在 TTS、语音克隆、情感语音合成等领域中尤为重要。

应用领域：语音合成模型的应用已经遍及多个领域，这些技术不仅增强了用户体验，还开辟了新的交互方式和服务。以下是一些主要的应用领域：在虚拟助手和智能家居设备中，语音合成技术是虚拟助手（如 Amazon Alexa、Google Assistant、Apple Siri）和智能家居设备中的核心组件，用于产生自然语言响应和指令反馈。对于视力受限或阅读困难的用户，语音合成技术能够将文本内容转换为语音，帮助他们阅读书籍、网页和其他文档。在教育领域，语音合成技术用于开发语言学习应用、阅读辅导软件和在线课程，提供发音指导和听力练习。在视频游戏、动画和其他娱乐产品中生成角色对话，特别是在需要大量动态内容时，语音合成可以提供灵活且成本效益高的解决方案。在客户服务和呼叫中心，使用语音合成技术自动回应客户查询，提供信息服务，以及处理预订和订单，从而提高效率并减少人力成本。

除了上述生成模型外，单模态生成模型的家族还有许多成员。限于本文篇幅，本文仅讨论最常见的几类模态的生成模型，其他模态的生成模型本文这里不再进行更进一步的展开叙述。有需要的读者可以以本文提到单模态的生成模型为基础，去搜索更多相关的文献进行阅读。

▶ 9.3.2 多模态生成大模型基本概念和内容

多模态生成大模型（Multimodal Generative Large Models）是指能够理解和生成包含多种类型数据（如文本、图像、音频等）的人工智能模型。这类模型通过整合来自不同模态的信息，能够在理解上下文和生成内容方面提供更为丰富和综合的表现。多模态生成大模型发展的时间并不长，因为它的发展依赖于单模态生成模型技术。只有在单模态的生成模型发展到一定的程度和规模后，多模态的生成模型才会应运而生。

下面对多模态生成大模型的基本概念进行阐述。多模态生成大模型可以拆解为多模态、生成模型（Generative Model）和大模型（Large Models）三个概念。其中，多模态（Multimodel）是指该模型涉及多种感知形式的数据，如视觉（图像、视频）、听觉（语音、音乐）、文本等。生成模型（Generative Model）与上文单模态的生成模型一样，旨在学习训练数据的数据分布，并具有较好的泛化性能，能够生成新的、多样性良好、且符合真实世界物理规律的数据实例。而大模型通常指模型规模庞大，拥有大量参数的深度学习模型。这类模型能够捕捉和理解复杂数据的深层次结构和模式。

多模态生成大模型与单模态生成模型相比，需要具备一些特定的能力，以便有效地处理和生成跨多种数据类型的信息。这些能力不仅涵盖了对单一模态数据的处理，还包括了对不同模态间复杂关系的理解和利用。多模态生成大模型需要具备跨模态理解、灵活的表示学习、模态融合与选择、强大的鲁棒性和泛化能力等独特的能力。

跨模态理解是指多模态生成模型需要能够理解不同模态之间的关联和互动，如如何将文本描述与图像内容相关联，或者如何从视频中提取并理解音频信号的含义。灵活的表示学习能够学习和表示跨模态数据的共享特征或潜在空间，以便模型能够捕捉不同模态之间的共性和差异。模态融合与选择指的是多模态生成模型能够根据任务需求和上下文情况，灵活地融合或选择合适的模态进行信息的提取和生成，如在基于图像生成该图像的描述性文本时，模型需要权衡图像中包含的视觉信息和蕴含语义信息的差异性和重要性。对于多模态生成大模型，对其鲁棒性与泛化能力提出了更高的要求。由于输入的多模态数据的复杂性远高于单模态数据。对于不完整、不准确、有噪声以及未知的输入数据，模型需要有更强的鲁棒性和泛化能力，以保证生成结果的准确性和可靠性。

核心技术：多模态生成大模型的具体模型架构大多来源于不同模态的生成模型。利用不同模态的生成模型对输入数据进行过特征提取后，增加链接不同模态数据特征的模块，以此将不同模态的生成模型结合在一起。不过这种做法会出现不同模态生成模型提取出的特征空间不同，连接的时候不同模态数据特征无法准确对齐的问题。

但是随着 Transformer 架构的出现，不同模态数据特征提取的模型有了统一的趋势。不同模态的数据均可以使用 Transformer 架构进行特征提取，这一定程度上缓解了特征空间差异性较大的问题，让不同模态的数据在特征空间中更好的对齐。所以，目前多模态生成大模型普遍采用 Transformer 架构，利用其强大的自注意力机制处理跨模态的数据。

另一个多模态生成大模型的核心技术是预训练和微调（Pre-training and Fine-tuning）。大模型通常先在大规模的多模态数据集上进行预训练，学习通用的数据模式和数据表示，然后根据具体的多模态任务，在对应任务的多模态数据集上进行微调，以通用的数据表示为基础，并学习特定数据上的表示。

评价指标：多模态生成大模型的评价指标大多都和单模态的评价指标类似，因为二者的模型输出一样，即用来进行评价的内容是一样的，只是模型的输入发生了变化。但是，多模态生成大模型也有和单模态生成模型不一样的内容，即需要考虑不同模态数据之间的一致性。因此，一致性（Consistency）/相干性（Coherence）是多模态生成模型的评价指标之一。在跨模态生成任务中，一致性指标用来衡量生成内容在不同模态间的逻辑一致性和相干性，例如，在文本到图像的生成任务中，需要衡量生成的图像是否与给定的文本描述相匹配。

应用示例：目前已有非常多的多模态生成大模型面世了，其中效果最为突出的多模态生成大模型主要集中于 NLG 和图像/视频生成领域，其他领域虽然也有相应的多模态生成大模型，但由于语言和视觉这两个模态在人们生活中占据绝大部分，所以本书仅列举这两个模态的多模态生成大模型。其中，最为出名的当属自然语言领域的 GPT-4 和 LaMDA 模型。这两个模型分别由 OpenAI 和 Google 公司开发，它们可以用于多模态任务，如对话系统、多种自然语言自动转换、代码自动编写、文本摘要等，也可以进行图像到文字的内容提取工作。另一类是基于文字，生成图像的多模态生成大模型，其中最杰出的是 OpenAI 公司的 DALL.E 3 和 Google 公司的 Imagen，这两个模型通过在大规模图像和文本对上训练，能够理解图像内容并关联到自然语言描述，然后根据模型输入的文字内容，生成与文本描述生成相关性强、分辨率高和多样性好的图像。

多模态生成大模型是 AI 领域的前沿，它们通过整合和生成多种类型的数据，拓展了机器学习模型的应用范围，为实现更复杂、更自然的人机交互提供了可能。随着研究的进展，预计会有更多功能强大的多模态生成模型被开发出来。

▶ 9.3.3　AIGC 面临的挑战和潜在风险

虽然 AIGC 和多模态生成大模型的发展为内容创作带来了革命性的变化，未来可能会对人类社会的基本分工和社会生活产生巨大的影响，但是，AIGC 的快速发展也伴随着巨大的挑战和潜在风险。这些挑战和风险不仅存在于技术层面，更存在于人类伦理、社会生活和法律法规等方面。以下是 AIGC 未来发展过程中将面临的一些主要挑战和潜在风险。

1. 数据偏差

AIGC 模型通常依赖大量数据进行训练。如果这些数据的质量不高，且有明显的人为偏好（例如：都是建筑图像数据，缺少自然风景图像数据；都是 Python 编程语言，缺少某种特定的编程语言），那么该模型生成的内容也可能反映这些偏差，进而加剧模型输出的偏差性。如果模型输出的结果放在互联网上，又被收集进模型的训练集中，那么该模型的输出会越来越偏向这些有偏差的数据内容。如何在构造数据集时，对数据的偏差进行判断并缓解这类偏差，是需要重点考虑的内容。

2. 内容的真实性和可信度

AIGC 模型能够生成逼真的文本、图像和视频，这可能使得人们区分真实内容与人工生成内容变得困难，进而影响互联网信息的可信度。这类技术如果被用于不正规途径的话，将对人们的日常生活造成非常恶劣的影响。深度伪造（Deepfakes）技术就是一个例子，它能够生成极其逼真的视频，可能被用于信息造假进而误导公众的判断。

3. 版权和创意所有权

AIGC 生成的内容引发了有关版权和创意所有权的问题。判断 AI 生成的作品的版权归属——属于模型的开发者、使用者还是模型本身？是一个复杂的法律问题。此外，AIGC 还可能无意中侵犯现有作品的版权，例如模仿特定艺术家的风格创建新艺术作品。

4. 内容滥用和伦理问题

AIGC 技术的滥用可能导致一系列社会伦理问题。例如，生成具有误导性的新闻报道、诽谤性内容或者恶意编辑、篡改视频内容等，这些都对社会秩序和个人权益构成威胁。如何确保 AIGC 技术的正当使用，并防止其用于不当目的，是一个重要的社会伦理难题。

5. 对人类创造力和就业的影响

随着 AIGC 技术的不断进步，人们担忧它可能会在未来替代人类在艺术创作领域、新闻传媒行业、客服领域以及传统的日常文书等领域的工作，从而大量减少整个人类社会的就业机会，这将会对人类社会产生巨大且深远的影响。同时，AIGC 技术会对人类的创造力产生不可估计的影响，这在未来 AIGC 模型大规模使用时需要慎重考虑的问题。

6. 安全性和隐私问题

在生成个性化内容时，AIGC 模型可能需要处理隐私数据，无论是个人隐私数据还是企业隐私数据都会引发数据安全性和隐私保护的担忧。如何确保这些数据的安全，使用时的授权，同时防止数据泄露和滥用，是需要重点关注的问题。

AIGC 技术的发展对整个人类社会提出了多维度的挑战，同时也带来了不可预知的风险。这些挑战和风险需要技术开发者、法律专家、社会学者和政策制定者共同努力，通过技术创新、法律法规和伦理准则等手段来应对。我们需要确保 AIGC 技术的合理、合规的发展，既能发挥其在促进创新和提高效率方面的潜力，又能最小化其对社会和个人可能带来的负面影响。

▶ 9.3.4 图像生成模型

1. 扩散模型（Diffusion Models）

扩散模型作为目前最先进的生成模型之一，其本质是一种概率生成框架，模拟了将数据从无序状态（噪声）逐步转换为有序状态（图像）的过程如图 9-17 所示。扩散模型以其在生成细节丰富和高质量图像方面的优势而著称，非常适合用于复杂图像的生成。

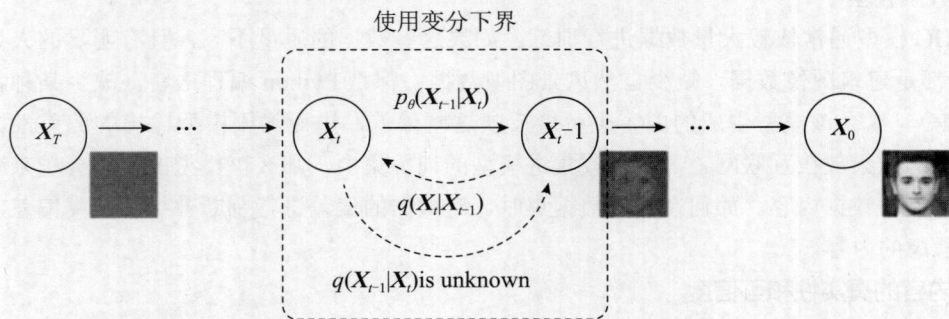

图 9-17　扩散模型

2. 向量量化变分自编码器（Vector Quantized-Variational AutoEncoder，VQ-VAE）

为了有效处理图像数据，最先进的图像生成技术使用了 VQ-VAE 技术。VQ-VAE 将图像编码为离散的潜在表示，这些表示随后被用作 Transformer 的输入，如图 9-18 所示。这种方法不仅压缩了图像数据，还保持了足够的信息，以便根据文本描述重建图像。

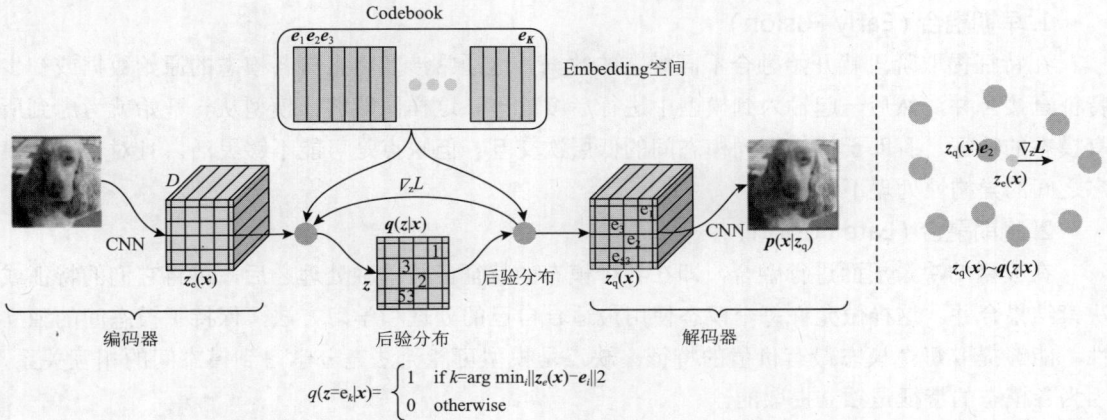

$$q(z=e_k|x)=\begin{cases}1 & \text{if } k=\arg\min_j\|z_e(x)-e_j\|2\\0 & \text{otherwise}\end{cases}$$

图 9-18　VQ-VAE

3. 对抗训练

GAN 是一种非常流行且功能强大的机器学习框架，主要用于无监督学习，特别是在生成模型的应用中表现突出。这种网络通过引入两个竞争的神经网络模块，如图 9-19 所示：一个生成器和一个判别器（Discriminator），来提升生成的数据质量。生成器接收一个随机噪声向量作为输入，并通过这个噪声生成数据。这个过程类似于从潜在空间中学习数据的分布，以产生新的数据实例。生成器的目标是生成逼真的数据（如图像、视频、音频等），这些数据尽可能地接近真实数据分布。判别器接收真实数据或生成器产生的数据作为输入，并输出一个概率值，表示输入数据是真实的概率。判别器的任务是区分输入的数据是来自真实数据集还是生成器产生的假数据。

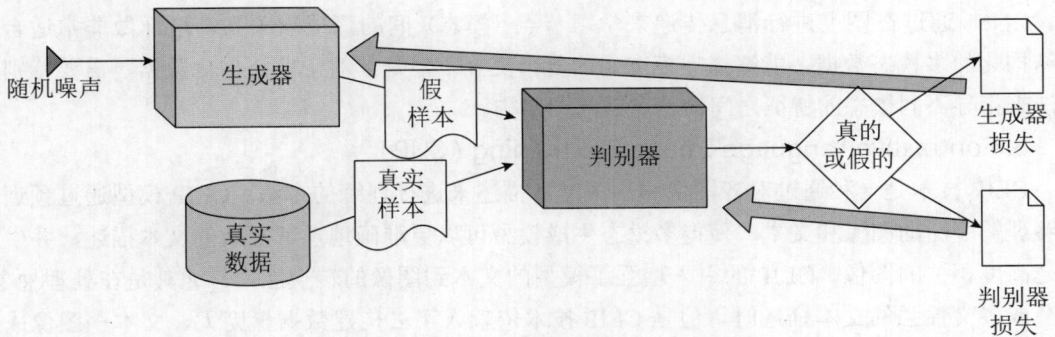

图 9-19　对抗训练

这个训练过程可以被看作是一个迷你博弈（Minimax Game），生成器和判别器不断地互相竞争，最终达到一种平衡状态，这时判别器不能再区分真实数据和生成数据，生成器产生的数据质量非常高。

▶ 9.3.5 多模态生成大模型

在多模态生成大模型中，跨模态融合是核心技术之一，它涉及将来自不同感知模态（如文本、图像、音频等）的信息有效地结合起来。这种融合对于提升模型的性能、增强生成内容的丰富性和准确性至关重要。以下是一些常见的跨模态融合技术。

1. 早期融合（Early Fusion）

在特征提取阶段就开始融合不同模态的数据。这通常涉及将来自各模态的原始数据或初步特征直接合并，然后一起输入到模型中进行后续处理。这样做能够让模型从一开始就考虑到所有模态的特征，有助于捕捉不同模态间的低层次交互。但缺点是可能不够灵活，且对于不同模态之间的异构性处理不够有效。

2. 晚期融合（Late Fusion）

在模型的决策层面进行融合，即在各个模态的特征已被单独处理之后，再将它们的特征或决策结果合并。这样做允许每个模态使用最适合自己的处理和学习方法，保持了模态间的独立性，能够提取每个模态最有价值的特征。缺点是模型可能无法充分学习到模态间的相互关系，因为各模态的特征是独立提取的。

3. 混合融合（Hybrid Fusion）

结合早期融合和晚期融合的优点，通过在不同层次上进行特征的合并。这样做提供了灵活性和效率的平衡，可以根据任务需求调整融合策略。但是，这样的模型设计和实现较为复杂，需要精细调整以达到最佳效果。

4. 注意力机制

利用注意力机制动态地选择和强调最重要的特征或特征片段。在多模态情境中，可以设计跨模态的注意力，使得模型能够依据一个模态的特征来对齐另一模态的特征。这样做的好处是提高了模型对重要特征的敏感性和适应性，尤其有利于处理复杂和动态的多模态数据。但是当数据维度较高时，注意力机制的计算成本相对较高。

5. 图神经网络（GNNs）

利用图结构来表示不同模态间的复杂关系，每个节点代表一个模态，边表示模态间的关系。GNNs通过在图上进行消息传递来学习节点（模态）间的深层次关系。这样做非常适合处理结构化的多模态数据，能够捕捉模态间的复杂交互。但是，对于非结构化数据，需要特别的方法来指导不同模态的特征之间构建有效的图结构。

6. Contrastive Language-Image Pre-training（CLIP）

CLIP技术是一种通过对齐图像和相关文本描述来进行训练的方法。CLIP模型通过预训练能够理解广泛的图像和文本，使得多模态生成模型可以更准确地理解复杂的文本描述，并生成与之高度相关的图像。CLIP的引入增强了模型的文本到图像的转换能力，尤其是在处理抽象、复杂或多义性强的文本描述时。但是CLIP技术依赖人工去构建数据量庞大、文本—图像成对且语义复杂的数据集，需要消耗大量的社会资源。

7. 预训练与迁移学习

大规模的预训练模型在多模态生成任务中尤为重要，因为它们能够从海量的多模态数据中学习到复杂的表示。通过预训练，模型能够捕获深层次的跨模态特征，这些特征随后可以用于特定任务的微调。迁移学习技术使得在一个任务上训练好的模型可以应用到其他相似的任务上，这在多模态场景中尤其有用。

▶ 9.3.6　多模态大模型的应用实例

1. ChatGPT——自然语言大模型

聊天生成预训练转换器（Chat Generative Pre-trained Transformer，ChatGPT），是 OpenAI 公司开发的 AI 聊天机器人程序，于 2022 年 11 月推出。该程序使用基于 GPT-3.5、GPT-4 架构的大型语言模型并以强化学习训练。ChatGPT 目前仍以文字方式交互，除了可以用人类自然对话方式来交互，还可以用于甚为复杂的语言工作，包括自动生成文本、自动问答、自动摘要等多种任务。如：在自动文本生成方面，ChatGPT 可以根据输入的文本自动生成类似的文本（剧本、歌曲、企划等），在自动问答方面，ChatGPT 可以根据输入的问题自动生成答案。还有编写和调试计算机程序的能力。在推广期间，所有人可以免费注册，并在登录后免费使用 ChatGPT 与 AI 机器人对话。

使用技巧：ChatGPT 在人们的日常生活中，能够提供许多便利的功能。而根据自己的实际需求，使用 ChatGPT 最便利的方法是使用提示词工程（Prompt），让 ChatGPT 转变为符合自己需求的专家，为自己提供有价值的文字内容。

下面列举一些 ChatGPT 在人们日常生活中的使用场景。

（1）创意写作：写小说、故事、剧本、诗歌等创意性的文学作品，能够在描述情节和角色方面提供帮助。

（2）内容创作：写 SEO 文章、博客文章、社交媒体帖子、产品描述等各种类型的内容创作。它能够为你提供有趣、独特、易读的内容，帮助你吸引读者和提升品牌知名度。

（3）商业写作：编写商业计划书、市场调研报告、营销策略、商业简报、销售信件等。它可以用清晰、精练的语言向你的潜在客户或投资者传达你的信息。

（4）学术编辑：进行学术论文、研究报告、学位论文等的编辑和校对工作，确保文本的正确性、一致性和完整性，并提供改进建议。

（5）翻译：进行英语和中文之间的翻译工作，包括但不限于学术文献、商业文档、网站内容、软件界面等。它可以保证翻译的准确性和专业性。

（6）数据分析：进行各种类型的数据分析，包括统计分析、文本分析、数据可视化等。它可以使用 Python、R 等工具来分析你的数据，并提供数据报告和可视化结果。

（7）教育培训：编写各种类型的教育培训材料，包括课程大纲、课件、教学指南、教育评估等。它可以帮助设计课程内容和教学方法，并制定个性化的培训计划。

（8）社交媒体：编写社交媒体内容，包括微博、Facebook、Instagram 等文案。设计吸引人的标题、内容和图片，并提供有用的社交媒体营销策略。

（9）儿童读物：编写儿童读物，包括故事书、绘本、启蒙读物、课外阅读等。使用有趣、生动的语言和图片，吸引孩子们的注意力，并帮助他们学习和成长。

除此之外，ChatGPT 还有许多应用场景，读者可以根据自己的需求，搜索更多的具体使用方法和场景。

本书将列出 ChatGPT 的实际使用情况，从机器翻译、代码生成和求解数学问题三方面展示 ChatGPT 的实际效果（ChatGPT 应用的官网地址为 https://chat.openai.com）。

机器翻译如图 9-20 所示。

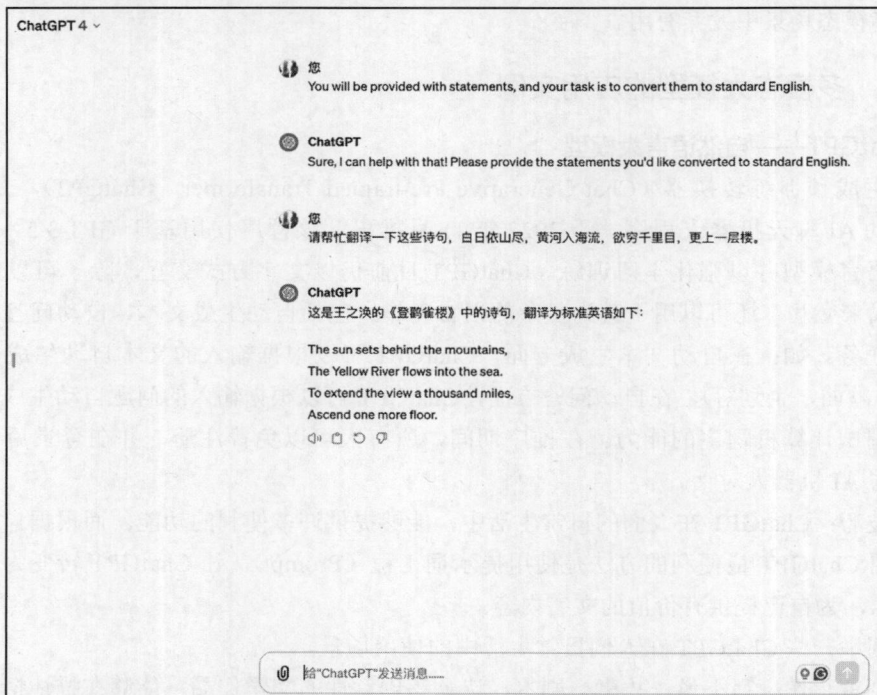

图 9-20   ChatGPT 翻译

代码生成如图 9-21 所示。

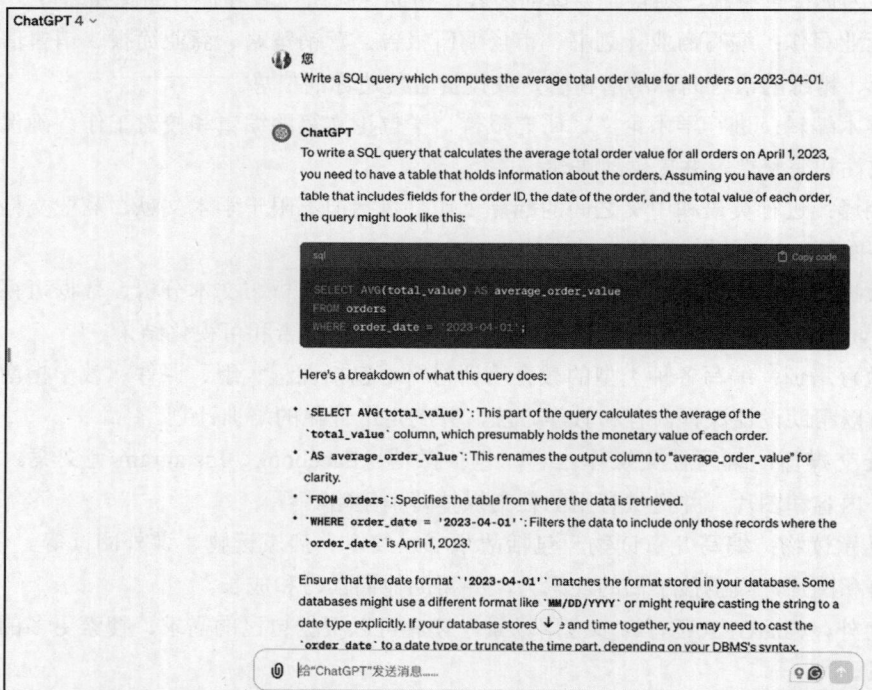

图 9-21   ChatGPT 生产代码

求解数学题如图 9-22 所示。

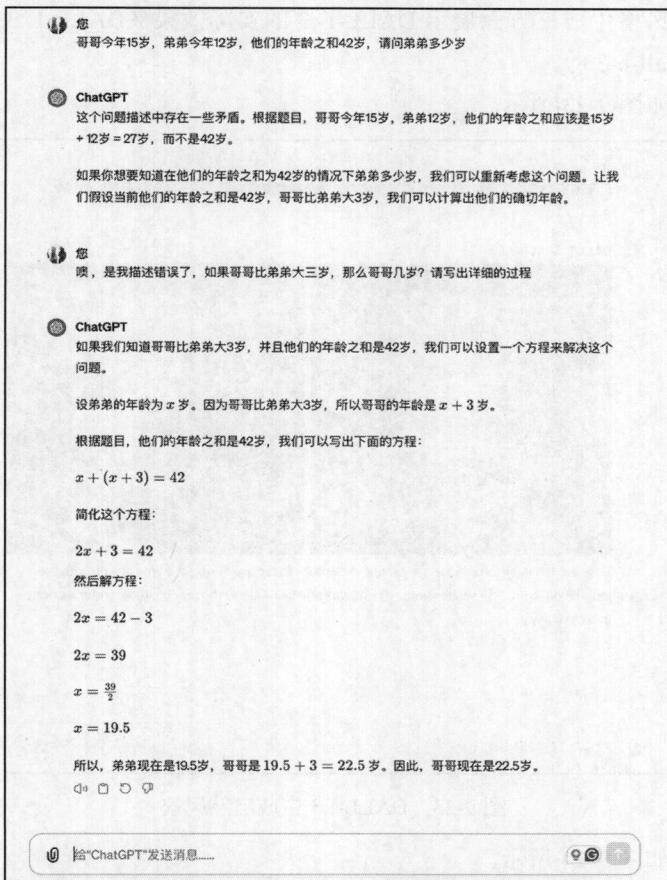

图 9-22　ChatGPT 解数学题

2. Dall.E——多模态图像大模型

DALL-E 是由 OpenAI 公司创建的图像生成式 AI 模型。它于 2021 年 1 月首次推出，最新版本是其第三次迭代。该模型基于自然语言提示输入后，可以生成对应的图像。也就是说，只要给定几个简短的短语，模型就可以理解语言并创建代表其描述的准确图片。有趣的是，创作者通过将西班牙著名超现实主义艺术家萨尔瓦多·达利（Salvador Dali）的名字与皮克斯 2008 年的电影 WALL-E 融合在一起，想出了"DALL-E"这个名字。

DALL-E 模型自概念以来经历了各种升级。DALL-E、DALL-E 2 和 DALL-E 3 的一个共同点是，它们都是使用深度学习技术开发的文本到图像模型，使用户能够从 NLG 数字图像。除此之外，还有很多不同之处。例如，OpenAI 公司在 2021 年的一篇博客文章中透露的 DALL-E 的第一次迭代，使用修改后的 GPT-3 版本从新文本生成图像。

2022 年，OpenAI 公司宣布了 DALL-E 的继任者 DALL-E 2。DALL-E 2 试图以高分辨率生成更逼真的图像，结合概念、属性和样式等。为了实现这一壮举，DALL-E 2 改进了所使用的技术。例如，DALL-E 2 使用稳定的扩散模型生成更高质量的图像，该模型集成了来自对比 CLIP 的数据，是在 4 亿张标记图像上训练的。CLIP 通过评估哪个字幕最适合生成的图像来帮助评估 DALL-E 的输出。

使用情况：本书将列出 DALL-E 3 的实际使用情况，从自然风景生成、游戏风格图像生成和复古城市图像风格生成三方面展示 DALL-E 3 的实际效果（DALL-E 3 应用的官网地址为 https://openai.com/dall-e-3）。

自然风景生成如图 9-23 所示。

图 9-23　DALL-E3 生成自然风景

游戏画面生成如图 9-24 所示。

图 9-24　DALL-E3 生成游戏画面

复古城市生成如图 9-25 所示。

图 9-25　DALL-E3 生成复古城市

3. Sora——多模态视频大模型

在人工智能的领域中，不断有新技术出现，推动着这个领域向前发展。在这些革新中，OpenAI 公司最近推出的 Sora 模型无疑是其中最激动人心的。Sora 不仅是一个新的 AI 模型，它是生成式 AI 水平的一次巨大飞跃，标志着我们进入了新的创造性 AI 应用时代。

Sora 是一个先进的视频生成模型，它能够将文本描述转化为相应的视频内容。这种能力意味着你可以给 Sora 一个故事、一个场景描述，甚至是一个简单的想法，Sora 都能将其变为一段生动的视频。这不仅代表了数据处理和视频生成技术的重大突破，也展现了 AI 在理解和创造视觉内容方面的巨大潜力。

Sora 的出现是多模态生成式大模型领域，文本到视频转换方面的一大步。在此之前，虽然我们已经看到了像 DALL·E、Stable Diffusion 和 Midjunery 这样的模型可以生成静态图像，也看到了像 Gemmo、Pika 和 Runway 这些生成动态视频的工作，但是它们都不能生成如 Sora 这样时间长、质量高且一致性强的视频。这不仅在技术上，而且在效果上，Sora 都实现了质的飞跃，也为未来 AI 的应用开辟了新的道路。

目前，Sora 的主要功能是将文本输入转换成视频输出。这包括但不限于将故事、说明或命令转化为相应的视频。Sora 模型的核心目标不仅局限于将文本转换为视频，它的愿景更加宏大和深远。官方的声明指出，Sora 的最终目标是向一个"通用物理世界模拟器"的方向迈进。这意味着 Sora 旨在成为一个能够模拟真实世界的复杂互动和动态环境的强大工具。

虽然目前 Sora 在模拟物理和数字世界及其中的对象、动物和人类方面还存在一定的局限性，但研究团队坚信，通过继续扩大视频模型的规模，Sora 将能够更加精准和细致地捕捉现实世界的各种细节。这不仅包括视觉上的再现，更涉及对物理互动规律的理解和模拟。

由于 Sora 还没有公开测试，只有 OpenAI 公司网站上公开展示的样例。由于视频效果无法在文本中展示，请读者自行访问 https://openai.com/sora 网站，去体验 Sora 模型带给我们的震撼效果。

9.4　小结

本章介绍了人工智能的相关概念和技术，包括人工智能的定义及发展史，机器学习、深度学习、自然语言处理、视频处理等最新技术和成果。在本章最后，介绍了当前人工智能发展的最新进展以及当前多模态大模型的应用实例。

9.5　思考与练习

（1）什么是人工智能？它的发展经历了哪些过程？

（2）人工智能研究的基本内容有哪些？

（3）AIGC 对于各行各业会产生哪些影响？

区块链技术，起源于 2008 年中本聪发布的白皮书《比特币：一种点对点电子现金系统》，其构建了一种去中心化的、无须第三方信任背书的新型计算机网络范式，成为当前学术界以及社会各领域的研究和应用热点。本章主要介绍区块链技术原理、代表性应用系统和区块链共识机制。

10.1 区块链技术原理

讲到区块链，就不得不提起著名的"拜占庭将军问题"——在国土辽阔的拜占庭罗马帝国，分布在边疆的将军们，如何达成攻守一致的联盟？其中还要排除部分将军存在叛变的情况。

10.1

为了解决这个问题，数学家们设计了一套算法：让将军们在接到上一位将军的信息之后，加上自己的签名再将其转发给其他将军；如果该信息获半数以上将军的认可，则认为将军们对于该消息达成一致。同时，数学家也证明了：假设将军总数为 N，其中有 F 名叛变将军，则当 $N \geq 3F+1$ 时，将军们就可以达成攻守一致。以下是两个简单的例子，图 10-1（a）中共有 3 个将军，其中深色的那个是叛变的将军，即 $N<3F+1$，那么，正直的将军（浅色）将会收到 1 个来自 1 个正直将军的相同决策和 1 个来自叛变将军的相反决策，根据半数以上规则，无法达成一致意见；但是，如果像图 10-1（b）中那样，再增加 1 个正直将军，就满足 $N \geq 3F+1$ 的条件，显而易见，这种情况下，正直的将军都能作出一致的决策。

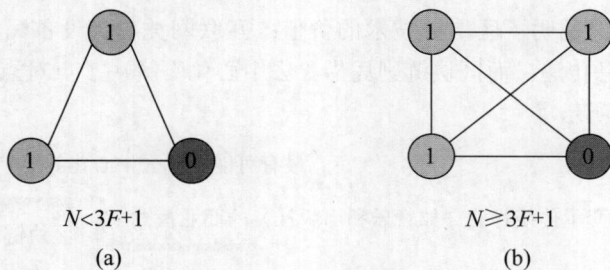

$N<3F+1$ $N \geq 3F+1$

(a)   (b)

图 10-1 拜占庭将军问题

拜占庭将军问题推广到互联网时代，就演变成一个经典问题：在缺少信任支持的环境下，分布在网络中的各节点如何达成共识。"去中心化信任"也成为计算机网络领域一个重要的科学问题。

▶ 10.1.1 区块链起源

区块链技术，起源于 2008 年中本聪发布的白皮书《比特币：一种点对点电子现金系统》。区块链，可以理解为承载比特币的技术体系总称，它将许多技术巧妙融合。例如，通过 Peer-to-Peer（P2P）网络技术，可以实现集体维护账本的一致性；利用安全技术，能构建密码学信任，从而实现无须第三方信任；利用数据技术，建立了前后可查验的块状链式数据结构，其结构如图 10-2 所示。

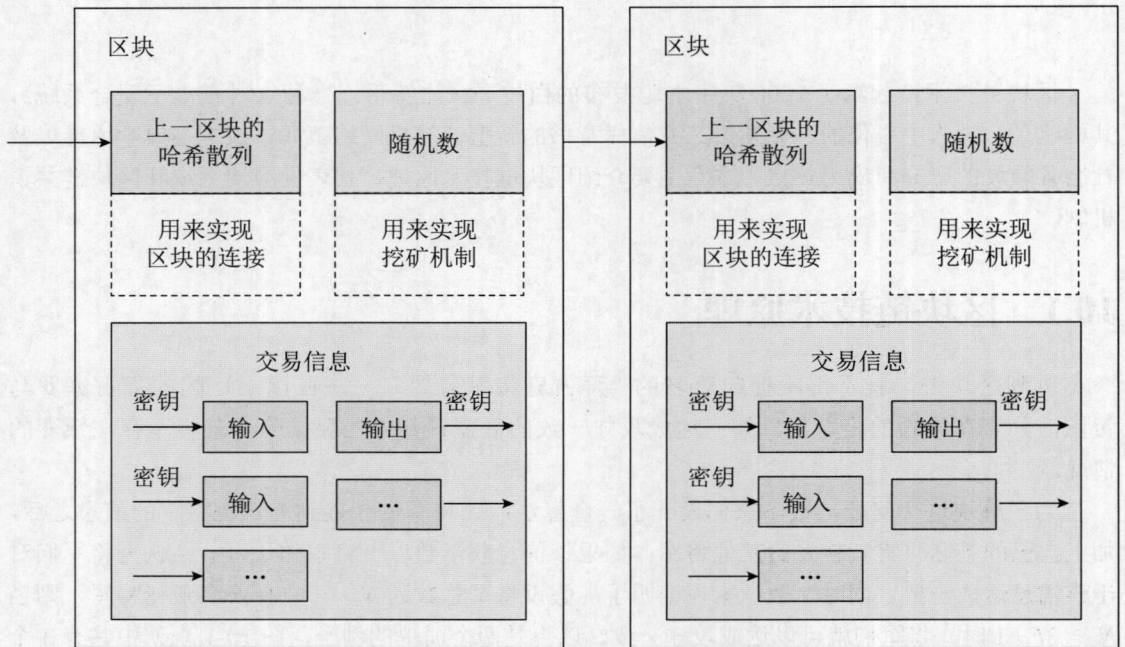

图 10-2　区块结构

区块链具备了良好的技术特点，如集体维护、冗余存储、公开验证、不可篡改、不可否认、历史可追溯。

著名咨询机构麦肯锡认为：区块链是最有潜力触发第五轮颠覆式革命浪潮的核心技术。有一个观点能比较形象地说明了区块链技术的价值：互联网凭借"设备民主"实现了点对点可靠、近乎零成本的信息传递；而区块链则凭借"去中心化"解决了点对点可靠、近乎零成本的价值传递，如图 10-3 所示。

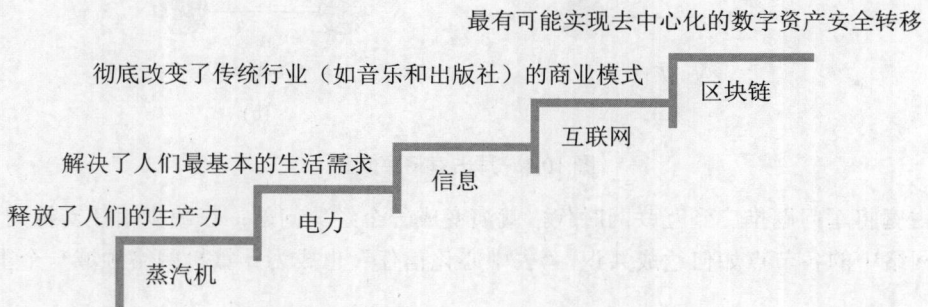

图 10-3　麦肯锡机构——"技术的变革"

▶ 10.1.2　区块链工作原理

本节将以比特币的交易过程为例来介绍区块链的工作原理。如图 10-4 所示，该工作过程可以分为：交易创建、交易传播与验证、交易封装成区块、区块传播与验证、区块写入账本 5 步骤。

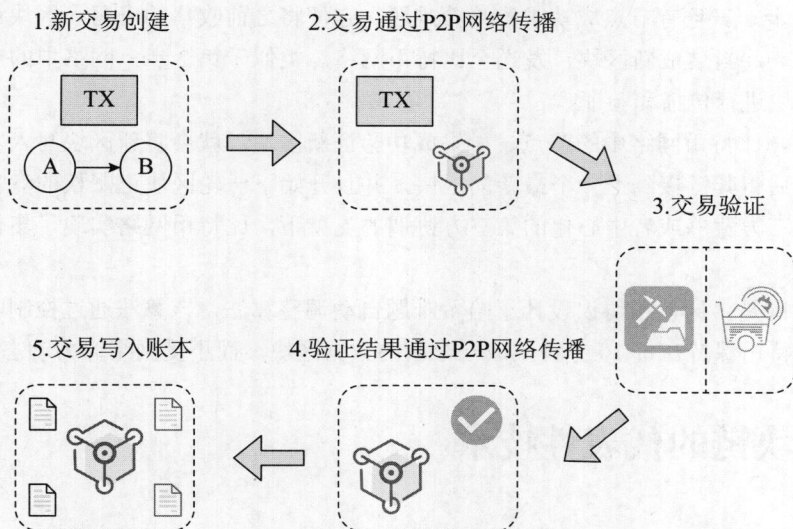

图 10-4 区块链的工作步骤

在创建交易之前，用户需要生成一个比特币钱包（可以理解为个人账户），如图 10-5 所示，钱包中存储着钱包地址和对应的私钥，类似于银行卡号和密码。但本质上，比特币钱包的地址、公钥和私钥，都是基于公钥密码学生成的伪随机数。

比特币钱包	
钱包地址	私钥（通常是隐藏的）
1KrieA3KyYVrLJbSynkML9rriBLZpkPvDR	5J7ZWKWJE1fMSjQSTyeBqD4cxickKKA7xFdYHZDeXVbmoPBLrey
1KKGgesMtkWW52SEyd88kBkSijhVps7nJJ	5JwGTvMJumhMtxNBSj5QdYZVSck5W8PqAC5mtEUnRA1xHpL9g5x
14wKRvadKMq6Lthg9HAic5iebKWGSY2w75	5JphsyRvz3Goves7GVzntJ4bVpTWnmExXsjK3fHe6zhRqrgZoDT

图 10-5 比特币钱包结构

（1）第 1 步，创建交易。如图 10-4 所示，用户 A 利用他的私钥对前一次交易（比特币来源）和下一位所有者 B 签署一个数字签名，并将这个签名附加在这枚货币的末尾，制作成交易单。A 支付给 B，需要以 B 的公钥作为接收地址。

（2）第 2 步，A 将交易单广播至区块链网络，收到交易的其他网络节点，都会对交易进行验证。如果交易合法，会将交易继续传播。对于 B 而言，一旦收到节点 A 发来的交易，其钱包中便会显示收到该笔交易，但是需要该笔交易写入区块后才确认收款。并且，根据比特币协议，一笔收款需要在等待 6 个区块后，才可以被使用。

（3）第 3 步，是比特币最关键的一步。比特币网络中的节点，会通过消耗算力来竞争计算一道数学难题（俗称挖矿），从而竞争创建新区块的权力，并争取获得比特币奖励（挖矿奖励，是比特币发行的唯一途径）。所谓数学难题，是一个哈希运算，节点反复尝试一个随机数，将该随机数、上一个区块的哈希值、当前区块交易的根哈希、当前哈希难题的难度值、当前区块的时间戳等信息合并后进行哈希运算。当找到一个随机数，使得上述哈希运算的结果小于某个给定的难度值，即视为成功求解哈希难题。

（4）第 4 步，一旦有节点成功求解哈希难题，它便将之前收集的未写入区块链的交易与所求得难题的解一起封装成新区块，发送至比特币网络。类似于第 2 步，网络中的节点按照比特币协议对新区块进行传播和验证。

（5）最后，比特币网络中的节点，如果成功验证新区块，就会将新区块写入本地存储的区块链账本，然后将其链接到上一个最新的区块，并且开始下一轮区块记账权的竞争。如此，在没有可信的第三方背书或者中心化的第三方协调的支持下，比特币网络实现了集体维护一致性的区块链账本。

值得注意的是，比特币协议设计了哈希难题自动调整算法，该算法通过控制哈希难题的难度值，使得比特币保持在每 10 分钟生成一个新的数据区块，而不受网络算力动态变化的影响。

10.2 区块链的代表性技术

10.2

▶ 10.2.1 比特币

比特币是由中本聪于 2008 年在白皮书《比特币：一种点对点电子现金系统》中提出的。有意思的是，中本聪本人成为一个谜，至今仍然无法确定其身份。2009 年，中本聪成功开发并上线了比特币系统，其提出的基于密码学原理的、不可篡改的、去中心化的点对点交易思想允许交易在两个用户间直接进行，不需要第三方可信的权威清算机构，提高了交易和结算的效率。

比特币是一种存在于网络空间的虚拟货币，那么它是以什么形式存在的呢？比特币系统提出了一种模型：Unspent Transaction Output（UTXO），如图 10-6 所示，即未花费的交易输出。在比特币系统中，有两类 UTXO：一类是矿工挖矿获得奖励，写在区块的创币交易中，这类 UTXO 没有交易输入；另一类 UTXO 通过交易产生，交易发起者使用其 UTXO 作为输入，通过交易输出新的 UTXO，也就实现了比特币的转移，而比特币钱包余额，实际上是钱包中所有地址上的 UTXO 集合。

比特币的交易，即由付款方将"上一次交易的哈希值 + 下一个拥有着的公钥哈希"进行数字签名，制作成交易单发送给比特币网络进行公开验证。这里给出的两个重要的凭证：付款方证明所支付的 UTXO 是自己所拥有的；付款方将比特币付给了指定的收款方。

交易过程可以简化为图 10-7 中两个表达式所示的 UXTO 转移过程。例如，用户 2 将来自用户 1 付给自己的 UTXO2（含有用户 1 的签名）作为输入，通过自己私钥 K2 签名，支付到用户 3 指定的公钥地址 K3。

比特币引入了工作量证明（Proof of work，PoW）共识机制，即通过竞争计算哈希难题来获得创建新区块的权力，以及赢得挖矿奖励。挖矿奖励分为两部分：系统给予的新币奖励（这也是比特币的发币机制）；交易费，每一笔交易都可以支付一定的交易费来被优先处理。

比特币系统从 2009 年 1 月上线开始每个区块链奖励 50 比特币；之后每隔 210000 个区块（约 4 年）奖励减少一半；直至所有比特币（约 2100 万比特币）全部发行完毕（约在 2140 年）。系统给矿工的比特币奖励，也会被记录在创币交易中。

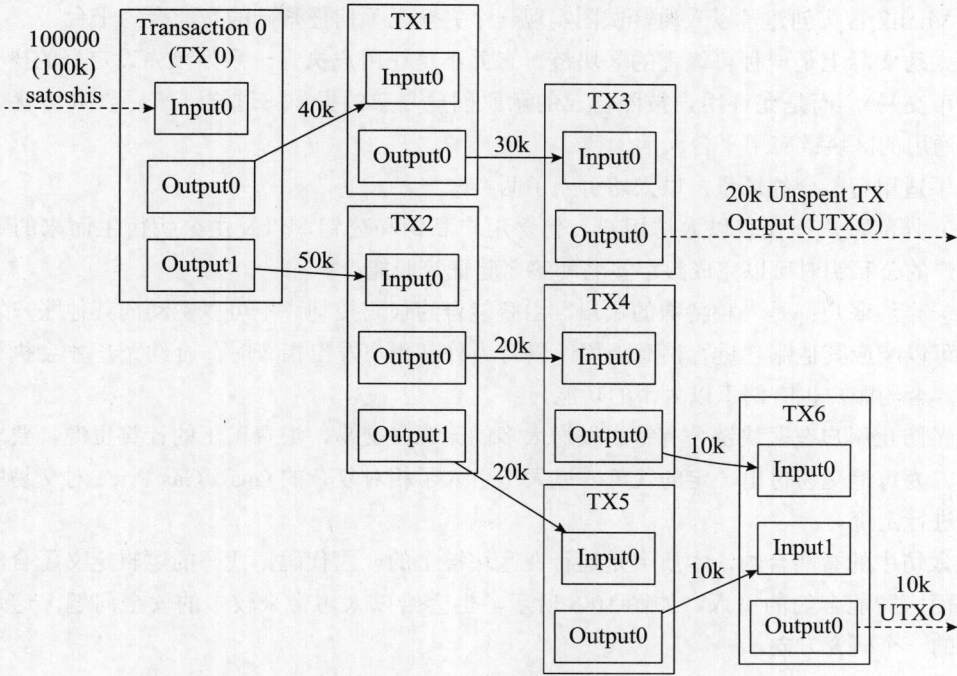

图 10-6　UTXO 模型

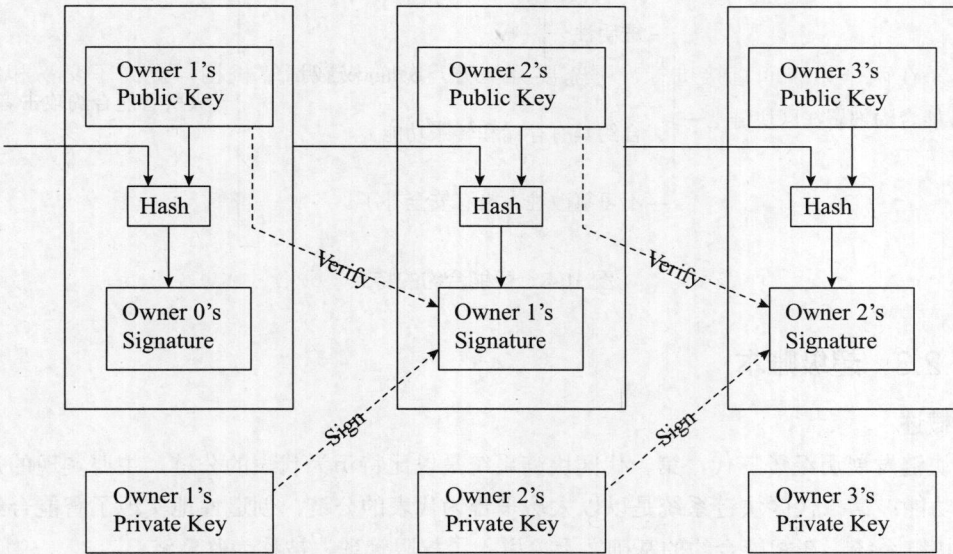

用户2的UTXO2：$\underline{(UTXO1+K2)}+S_{k1}(UTXO1+K2)$

用户2支付给用户3：$\underline{(UTXO2+K3)}+S_{k2}(UTXO2+K3)$

图 10-7　UXTO 转移过程

▶ 10.2.2　以太坊

在认可比特币之后，人们开始关注区块链怎样应用于货币以外的领域。2014 年，来自俄罗斯的 Vitalik 带头创建了以太坊，试图实现一个完全无须信任基础的智能合约平台。

以太坊实际上是一种可编程的区块链。它并不是让用户执行一系列预先设定好的操作（例如比特币交易），而是允许用户按照自己的意愿创建复杂的操作。这样一来，以太坊就可以作为一个通用的区块链应用平台。

为了适用智能合约场景，以太坊引入了两类账户。

（1）外部账户：代表以太坊用户，包含用户私钥和公钥，以及由公钥衍生而来的账户地址。账户的公私钥对可以完成数字签名和签名验证等职能。

（2）合约账户：是一种特殊的账户，由智能合约代码控制。不可以主动向其他账户发起交易，但可以响应其他账户进行消息调用。只有当外部账户发出指令时，合约账户才会执行相应的操作。合约账户也有储于以太币的功能。

为了防止用户在区块链公有链中发送太多的无意义交易，浪费矿工的计算资源，要求交易的发送方为每笔交易付出一定的代价。以太坊引入了相对复杂的 Gas、Gas Price 对交易所需的手续费进行定价。

以太坊中的智能合约，本质上是运行在区块链上的一段代码，代码的逻辑定义了合约的内容。然而，智能合约的引入，如图 10-8 所示，也会给以太坊带来较多的安全问题，这是以太坊重要的一个研究方向。

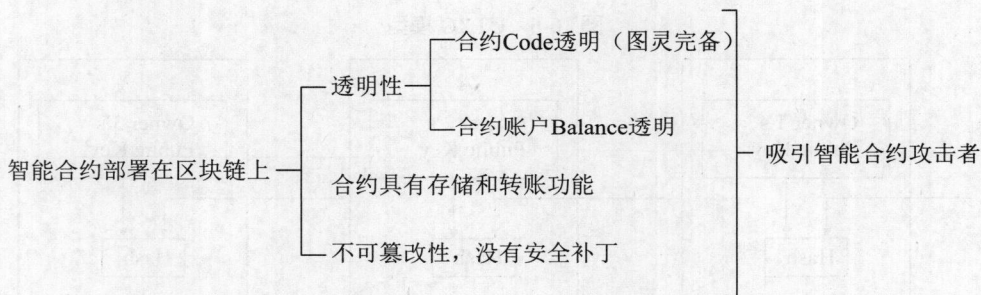

图 10-8　智能合约的特点

▶ 10.2.3　超级账本

1. 概述

区块链发展历经了三代，第一代区块链系统是以比特币为代表的公链，主要实现的是数字货币的功能；第二代区块链系统是以以太坊平台为代表的公链，创造性地实现了智能合约。第三代区块链系统，在智能合约的基础之上，引入了权限管理，被称为联盟链。

超级账本 Fabric 是联盟链代表性方案。其目标是实现一个通用的权限区块链（Permissioned Blockchain）的底层基础框架，为了适用于不同的场合，采用模块化架构提供可切换和可扩展的组件，包括共识算法、加密安全、数字资产、智能合约和身份鉴权等服务。

图 10-9 为 Fabric 的服务架构。Fabric 引入了通道的概念，利用通道实现业务的隔离，不同的业务可以申请创建不同的通道，由系统通道实现对应用通道的管理。

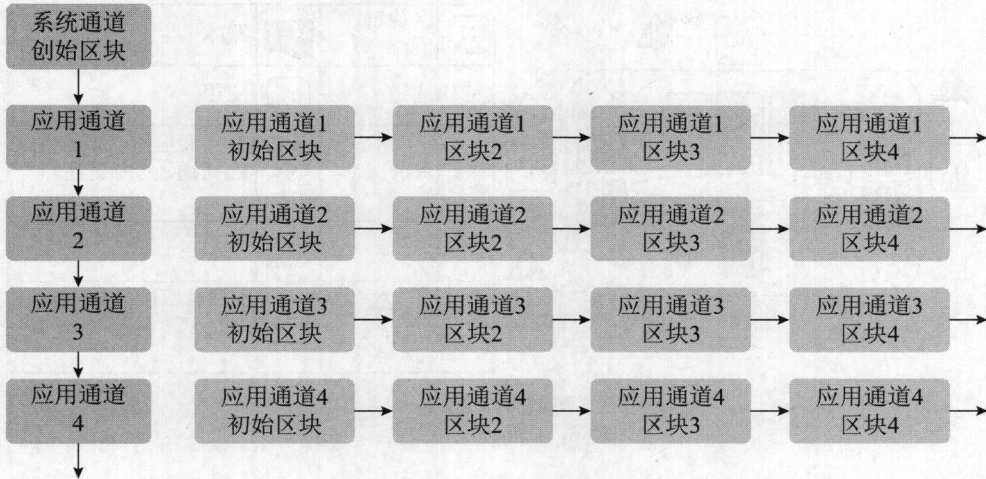

图 10-9　Fabric 的服务架构

来源：Fabric 官方文档

2. Fabric 中的关键概念

1）Peer 节点和 Order 节点

如图 10-10 所示，Peer 节点，是参与联盟链的主体，Peer 节点上保存有账本 Ledger 以及智能合约，所有 Peer 节点共同维护联盟链账本。Order 排序节点，为联盟链提供交易排序服务，区块的封装也由 Order 节点完成。

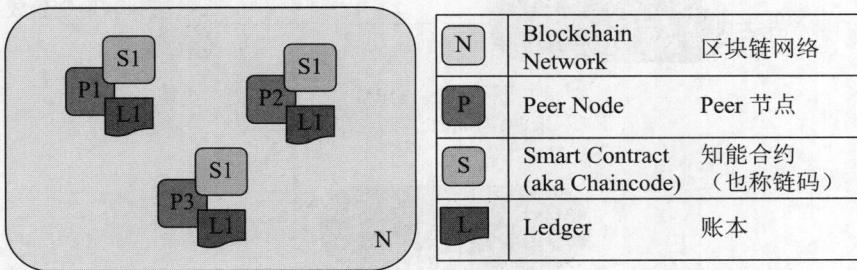

图 10-10　Fabric 的组成

来源：Fabric 官方文档

2）通道（Channel）

是一个逻辑概念。如图 10-11 所示，通过通道技术，可以将业务隔离；参与不同业务的节点，可以加入到不同的通道中。通道的管理主要通过 MSP 实现。

3）组织（ORG）

如图 10-12 所示，在 Fabric 中，用于用户管理，比如一个企业内部成员可以是构成一个组织，组织也由 MSP 管理。

4）成员服务提供者（Member service provider，MSP）

如图 10-13 所示，它是一个提供抽象化成员操作框架的组件。MSP 将颁发与校验证书，以及用户认证背后的所有密码学机制与协议都抽象了出来。MSP 可以定义身份，以及身份的管理（身份验证）与认证（生成与验证签名）规则。

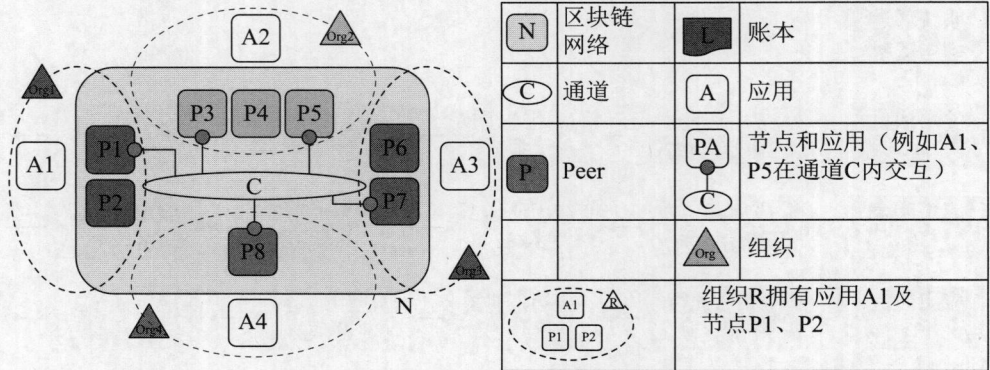

图 10-11 通道
来源：Fabric 官方文档

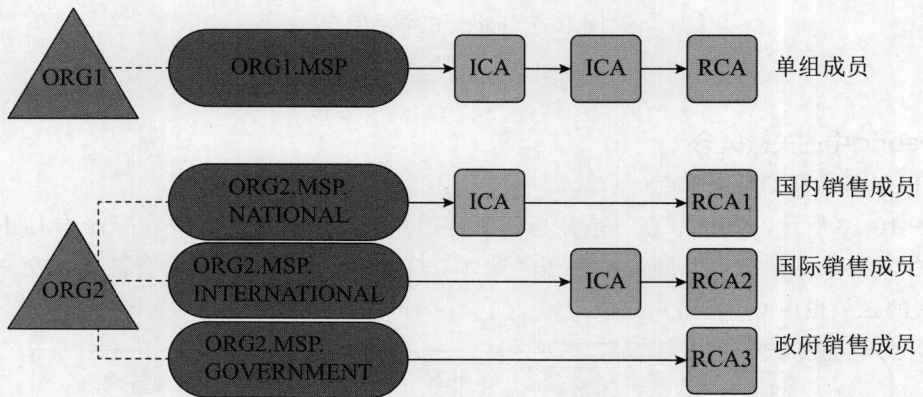

图 10-12 ORG
来源：Fabric 官方文档

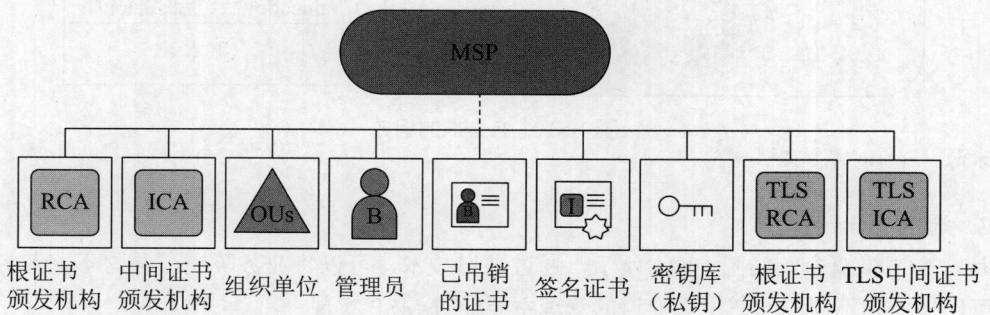

RCA	ICA	OUs	B				TLS RCA	TLS ICA
根证书颁发机构	中间证书颁发机构	组织单位	管理员	已吊销的证书	签名证书	密钥库（私钥）	根证书颁发机构	TLS中间证书颁发机构

图 10-13 MSP
来源：Fabric 官方文档

3. Fabric 的交易过程

图 10-14 描绘了 Fabric 网络中的交易过程。

（1）用户 A 首先连接到一个 peer 节点；

（2）A 调用安装在 peer 节点上的 chaincode（也称链码）发起一个 proposal，并将 proposal 发送个指定的 peer 节点进行背书；

（3）收到背书请求的 peer 节点模拟执行 proposal 并将结果签名背书后返回给用户 A；

（4）A 收到一定数量的背书后，向 order 节点发送交易信息，order 节点将交易写入区块，并将新区块发送给各 peer 节点进行账本的更新；

（5）A 通过订阅事件收到交易结果。

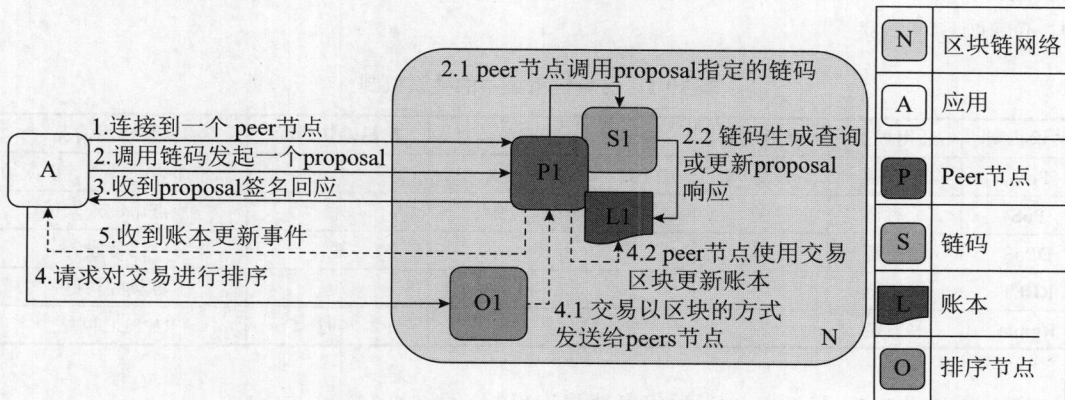

图 10-14　Fabric 网络中的交易过程
来源：Fabric 官方文档

10.3　区块链共识机制

▶ 10.3.1　共识机制的概念

当多个主机通过异步通讯方式组成网络集群时，这种异步网络默认是不可靠的。因此，在这些不可靠主机之间复制状态需要采取一种机制，从而保证每个主机的状态最终达成相同的一致性状态，即取得共识。

在去中心化的区块链系统中，每个节点都需要让自己的账本跟其他节点的账本保持一致。因此，如图 10-15 所示，区块链的共识机制重点要解决以下两个问题：谁来记账？如何让所有节点达成一致？

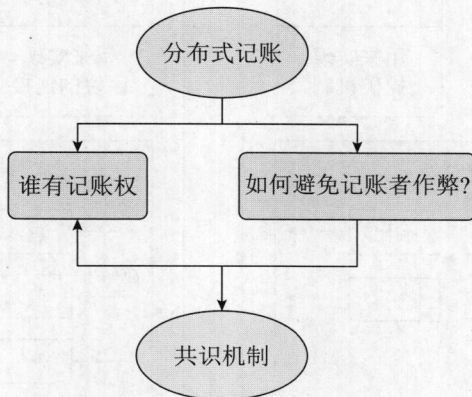

图 10-15　区块链共识机制

▶ 10.3.2 共识机制的类别

如表 10-1 所示，在区块链系统中，存在着多种共识机制，比如 PoW、权益证明（Proof of Stake，PoS）、委托权益证明（Delegated Proof of Stake，DPoS）、实用拜占庭容错算法（Practical Byzantine Fault Tolerance，PBFT）、瑞波（Ripple）等。它们具有不同的技术特点，以适应不同的场景需求。

表 10-1　区块链系统中的共识机制

共识机制	适用场景	是否挖矿	安全性	资源消耗	交易确认时间	典型应用情况
PoW	公有链	是	高	大	长	比特币、莱特币、以太坊
PoS	公有链	是	高	中	短	点点币、未来币
DPoS	联盟链	否	高	小	短	比特股
RBFT	联盟链	否	高	中	短	各类区块链
Ripple	私有链	否	高	小	实时	RIPPLE 网络

将主要介绍 PoW 和 PoS 这两类代表性共识机制。

▶ 10.3.3 PoW 共识机制

1. 共识原理

在开始介绍 PoW 共识机制之前，我们先认识一下比特币的区块链数据结构。

如图 10-16 所示，每一个区块都封装着在该区块周期内发生的交易记录。为了确保交易信息的不可篡改，矿工会先对交易进行一定的排序，并生成默尔克树，然后将这些交易和默克尔树构成区块体，并将默克尔树的根写入区块头。最后，构建哈希指针，并将前一区块的哈希散列值写进后一区块的区块头中。如此，就构建成了一个信息不可篡改的、按时间发生顺序存储的区块链账本数据结构。

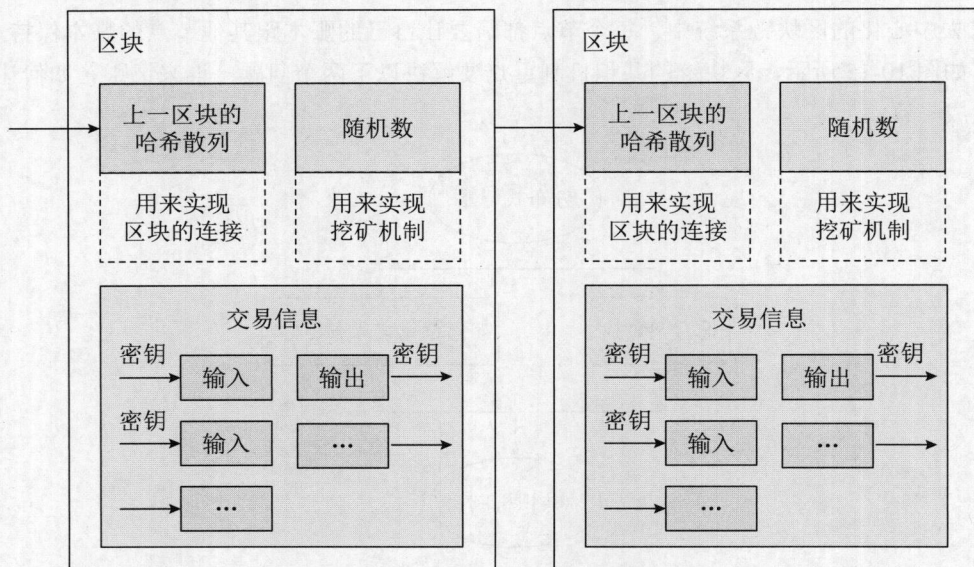

图 10-16　区块链的数据结构

从图 10-17 所示，比特币的 PoW 共识机制和区块链数据结构紧密关联。比特币中的矿工节点参与 PoW 共识，首先将收集并通过验证的交易封装成区块体；其次，将前一个区块的哈希散列值、当前交易生成的默克尔根、哈希难题的难度值、时间戳、版本等消息，加上一个随机数（该随机数为当前哈希难题的解）封装成区块头；最后，通过反复尝试随机数，对区块头进行双重 SHA256 哈希运算。

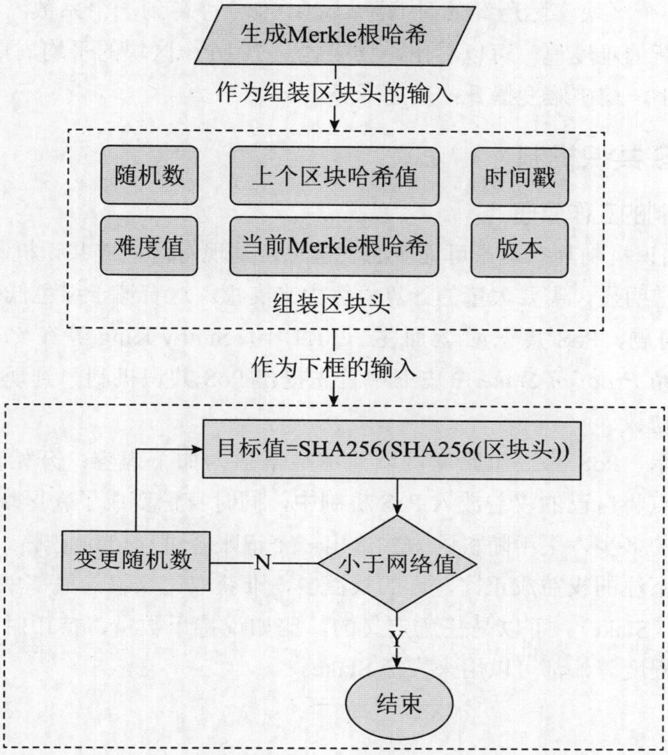

图 10-17　PoW 共识机制

如果找到一个随机数，使得区块头的双重 SHA 哈希值小于难度值，则视为成功求解哈希难题。矿工会立即将新区块发送至网络进行验证，以确定其对当前区块的记账权，并领取挖矿奖励。

PoW 的共识过程可以分为以下 4 步：

（1）每个节点依据综合标准对每个交易进行独立验证；

（2）通过完成工作量证明算法的验算，挖矿节点将交易记录独立打包进新区块；

（3）每个节点独立地对新区块进行校验并组装进区块链；

（4）每个节点对区块链进行独立选择，在工作量证明机制下选择累计工作量最大的区块链。

2. 难度调整算法

PoW 共识中的哈希难题的难度值写在区块头中，用 4 字节表示，形式如表达式：0x 1903a30c。其中，前两位十六进制数字：19 为幂，剩余的六位：03130c 为系数，计算难度目标如下：Target＝Coefficient×2^(8×(Exponent−3))。因此，对于难度值参数设置为 16 进制的 0x1903a30c，可以计算得到 16 进制下的 Target 难度值为

Target＝0x0000000000000003A30C0000000000000000000000000000000000000000000000

该难度值转换为二进制，刚好是 256 位，与 Hash256 算法的输出位长是一致的。

比特币系统的挖矿难度设定如下：无论挖矿能力如何，新区块产生速率都保持在 10 分钟一个，这是如何做到的呢？

比特币协议支持：难度的调整是在每个完整节点中独立自动发生的，每隔 2016 个区块（约两周时间），所有节点都会调整难度。调整算法如下列表达式所示：

New Difficulty＝Old Difficulty×(Actual Time of Last 2016 Blocks/20160 minutes)。

先将过去 2016 个区块实际历经的时间除以 20160 分钟得到一个系数，再将这个系数乘以旧的难度值，得到新的难度值。可以看出，如果之前 2016 个区块的平均周期小于 10 分钟，那么新的难度值将变小，挖矿难度提升；反之下降。

▶ 10.3.4　PoS 共识机制

1. PoS 共识机制的工作原理

比特币 PoW 共识机制具有理论可证明的安全性，是现有区块链共识机制中最安全可靠的。但是，其缺点也非常明显，需要大量的计算机算力来支撑。这有悖于绿色低碳的理念。

为解决这个问题，PoS 共识应运而生。2011 年，Sunny King 等在 *PPCoin: Peer-to-Peer Crypto-Currency with Proof-of-Stake* 白皮书中首先提出 PoS 共识机制。到现在，已经发展出了一系列的 PoS 共识协议。

如图 10-18 所示，PoS 的工作原理可以简单地概括为如下内容：开始竞争出块记账权之前，拥有权益的节点将自己的权益放入 PoS 机制中，同时身份变成了新区块的验证者，PoS 机制根据验证者下注的多少，采用随机的方式选出一个记账者进行出块记账。这个随机并不是真正的随机，一般跟下注的权益成正比，谁的权益多，谁获取记账权的概率就越大。需要注意的是，PoS 中的权益（Stake），可以是任意定义的，比如说持币数量、持币时间、再到后来的系统中的信用、活跃程度等，都可以用来表征 Stake。

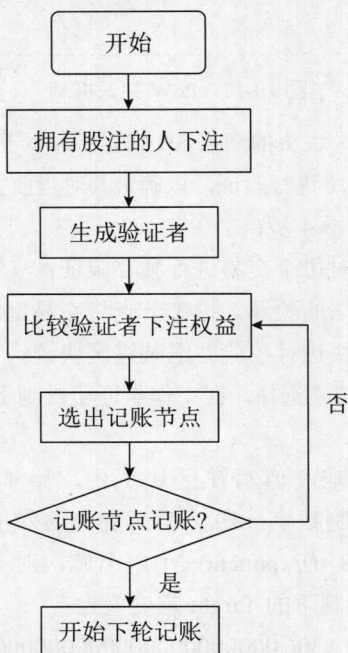

图 10-18　PoS 的工作流程

2. 点点币（PPCoin）

PPCoin 以币龄（CoinAge）作为 Stake，结合算力竞争设计了 PoW+PoS 混合共识机制。在计算哈希难题时，矿工节点寻找一个随机数，使得区块头的哈希值满足"Target*CoinAge"，即 Hash256(block_header)<Target*CoinAge。其中 Target 是对所有矿工一样的系统难度值设定，CoinAge 则是根据矿工投入的币龄不同而变化。可以看出，投入的 CoinAge 越大，哈希难题求解的难度越小；投入的 CoinAge 越小，则求解难度越大。

在 Peer Coin 中，引入了币龄和币天的概念。所谓币天，就是你持有货币的时间，币龄 = 币的数量 × 币天。比如你有 100 个币，总共持有 30 天，那么你的币龄就是 100×30＝3000。你作为币的持有者，参与下一轮竞争：首先，在竞争开始前，你将 3000 币龄作为权益下注，并成为记账验证者；接着，通过竞争计算哈希难题，如果你首先成功求解，则获得区块记账权；此时，你的 3000 币龄将被清零，并获得一定的利息作为报酬。

10.4　小结

本章主要讨论了区块链技术的起源，技术原理，代表性的应用技术和区块链共识机制。区块链技术实现了计算机网络点对点可信交互，为各领域的创新应用带来了新的思考。

10.5　思考与练习

1. 区块链主要有哪些技术特点？
2. 区块链技术的典型应用有哪些？
3. 区块链共识机制解决什么问题？
4. 你可以设计一个基于区块链的应用吗？

物联网技术是当今数字化时代的重要组成部分，它将传感器、设备、网络以及数据分析结合起来，实现了各种物理对象之间的互联互通。本章将深入探讨物联网技术相关的几个关键领域：物联网概述；物联网体系架构；物联网与通信技术；物联网与大数据；物联网与计算。

通过研究以上几方面，读者可以更好地理解物联网技术的基本原理和关键技术，把握物联网技术的发展方向和趋势。

11.1　物联网概述

11.1

▶ 11.1.1　物联网与互联网

互联网（Internet）是各种同构或者异构网络串联在一起的一个庞大的网络，这个网络中有大量的路由器、服务器、交换机以及各种链路。人们通过互联网进行信息传递，它是信息社会的基础。

在 20 世纪 50 年代末，正值第二次世界大战后的冷战时期。当时，美国军方为了确保其计算机网络在遭受袭击时能够保持通信联系，即使部分网络被摧毁，便由美国国防部高级研究计划局（Advanced Research Projects Agency ARPA）建设了一个军用网络，名为"阿帕网"（ARPAnet）。阿帕网于 1969 年正式启用，当时仅连接了 4 台计算机，供科学家们进行计算机联网实验，这就是互联网的前身。

到了 70 年代，阿帕网已经扩展到数十个计算机网络，但每个网络仍只能在其内部进行通信，不同网络之间无法互通。为解决这一问题，ARPA 启动了新的研究项目，支持学术界和工业界进行相关研究，目标是通过新的方法将各种计算机局域网连接起来，形成"互联网"。这项研究被称为 Internetwork（Internet），至今仍沿用。

1971 年，RayTomlinson 首次开发了电子邮件系统，并设计了使用 @ 符号将用户名和计算机名（后来演变成域名）分隔开的方法。同年，古登堡计划也正式启动。古登堡计划是一个全球性的项目，旨在将公共领域的书籍制作成各种格式的电子书，并免费提供使用。

在研究网络互联互通的过程中，通信协议起到了重要作用。1974 年，出现了连接分组网络的协议，其中就包括了 TCP/IP。

TCP/IP 具有一个非常重要的特点，即开放性。TCP/IP 技术是公开的，旨在使任何厂家生产的计算机都能相互通信，从而使因特网成为一个开放的系统。

1977 年是我们今天所知道的互联网发展的重要一年。这一年，Dennis Hayes 和 Dale Heatherington 开发了调制解调器，并介绍和出售给了计算机爱好者。调制解调器是调制器（Modulator）与解调器（Demodulator）的简称，中文称为调制解调器，根据 Modem 的谐音，亲昵地称之为"猫"，是一种能够实现通信所需的调制和解调功能的电子设备。一般由调制器和解调器组成。在发送端，将计算机串行口产生的数字信号调制成可以通过电话线传输的模拟信号；在接收端，调制解调器把输入计算机的模拟信号转换成相应的数字信号，送入计算机接口。在个人计算机中，调制解调器常被用来与别的计算机交换数据和程序，以及访问联机信息服务程序等。

在 1978 年的一次暴风雪期间，第一个 BBS 诞生了。这是一套基于 8080 芯片的 Computerized Bulletin Board System/Chicago(CBBS/Chicago)，此乃最早的一套 BBS 系统。之后随着苹果机的问世，开发出基于苹果机的 Bulletin Board System 和大众信息系统（People's Message System）两种 BBS 系统。1981 年 IBM 个人计算机诞生时，并没有自己的 BBS 系统。直到 1982 年，Russell Lane 才用 Basic 语言为 IBM 个人计算机编写了一个原型程序。其后经过几番增修，终于在 1983 年通过 Capital PC User Group（CPCUG）的 Communication Special Interest Group 会员的努力，改写出了个人计算机系统的 BBS。经 Thomas Mack 整理后，终于完成了个人计算机的第 1 版 BBS 系统——RBBS-PC。这套 BBS 系统的最大特色是其源程序全部公开，有利于日后的修改和维护，因此后来在开发其他的 BBS 系统时都以此为框架，所以 RBBS-PC 赢得了 BBS 鼻祖的美称。

1982 年，ARPA 接受了 TCP/IP，并将其他军用计算机网络转换为 TCP/IP 网络，开始了数据交换。

1984 年，随着第一个域名服务器（Domain Name System，DNS）的创建，域名系统诞生。DNS 服务器使互联网用户可以输入易于记忆的域名，然后自动将其转换为 IP 地址。

1985 年，全球电子链接（Whole Earth Lectronic Link，WELL）问世，至今仍在运营。由 Stewart Brand 和 Larry Brilliant 于 1985 年 2 月开发，WELL 旨在促进全球读者和作者之间的交流，并成为一个开放但文化底蕴深厚、智商高的人群聚集地。WELL 曾被连线杂志评为"最有影响的国际在线社区"。

1986 年开始了协议之争，欧洲推行开放互联系统（Open System Interconnect，OSI），而美国采用 TCP/IP，最终 TCP/IP 取得了胜利。至 1987 年，互联网上已有近三万台主机，远超过阿帕网协议限制的一千台主机数量。

1989 年，万维网的发明降低了互联网的使用门槛。万维网（World Wide Web）是基于客户机/服务器模式的信息发现技术和超文本技术的综合。由蒂姆·伯纳斯·李爵士发明的万维网改变了全球信息化的传统模式，将互联网从少数精英使用的信息传输渠道变为全球共享的知识百科全书。

互联网的发展引起了商业公司的极大兴趣。1992 年，美国 IBM、MCI 和 MERIT 三家公司联合组建了一个高级服务公司（ANS），建立了新的网络 ANSnet，成为因特网的另一个主干网。军用的 ARPAnet 和科研用的 NSFnet 先后停止运作，但民用互联网迅速发展起来。

1995 年被认为是网络商业化的开端。在此年，安全套接层（Secure Socket Layer，SSL）由网景公司开发，使在线金融交易更加安全。此外，eBay 和 Amazon.com 公司也在同一年开始运营，尽管 Amazon.com 直到 2001 年才开始盈利。

同年，比尔盖茨提出了物联网的概念。物联网指各种类型的传感器件，通过互联网或其他通信网络与其他设备和系统连接和交换数据的物理对象，实现物物相连、达到信息交换和共享的网络模式。随着移动通信技术的发展，物联网的边界从传感器网络，延伸到包括可穿戴设备、汽车、智能家居和公共基础设施等在内的泛在物体。加之多种技术的融合，包括边缘计算、传感器，日益强大的嵌入式系统和机器学习，使得这一领域已经发展起来。在市场上，物联网技术是"智能家居""智能家居"概念产品的代名词，包括支持一个或多个常见生态系统的设备和电器（如照明装置、恒温器、家庭安全系统和摄像头以及其他家用电器），这些设备和电器可以通过与生态系统相关的设备（如智能手机和智能扬声器）进行控制。

从宏观概念上讲，未来的物联网将使人置身于无所不在的网络之中，在不知不觉中，人可以随时随地与周围的人或物进行信息的交换，这时，物联网也就等同于泛在网络，或者说未来的互联网。物联网、泛在网络、未来的互联网，他们的名字虽然不同，但表达的都是同一个愿景，那就是人类可以随时、随地、使用任何网络、联系任何人或物，以达到信息交换的自由。

▶ 11.1.2　物联网的发展

在 1982 年，人们就讨论了智能设备的主要概念。卡内基梅隆大学的可口可乐自动售货机成为第一台与 ARPANET 相连的设备，能够自动报告其剩余库存以及新装入的饮料是否冰冷。马克·韦瑟（Mark Weiser）1991 年关于普适计算的论文《21 世纪的计算机》以及 UbiComp 和 PerCom 等学术机构提出了物联网的当代愿景。

1994 年，Reza Raji 将 IEEE 频谱中的概念描述为"将小数据包移动到一大组节点，以便集成和实现从家用电器到整个工厂的所有产品自动化"。1993 年至 1997 年，几家公司提出了解决方案，比如微软公司的 At Work 或 Novell 公司的 NEST。

1995 年，在《未来之路》一书中，比尔·盖茨已经提及物联网概念，只是当时受限于无线网络、硬件及传感设备的发展，并未引起世人的重视。

1999 年，物联网一词是由后来的麻省理工学院自动识别中心的凯文·阿什顿（Kevin Ashton）独立提出。当时，他认为射频识别（Radio Frequency Identification，RFID）对物联网至关重要，允许计算机管理所有个人事物。

2003 年，美国《技术评论》杂志提出传感网络技术将是未来改变人们生活的十大技术之首。

2005 年，在突尼斯举行的信息社会世界峰会（World Summit on the Information Society，WSIS）上，国际电信联（International Telecommunication Union，ITU）发布了《ITU 互联网报告 2005：物联网》，正式提出了物联网的概念。

2007 年，第一部 iPhone 手机出现，为公众提供了与世界和其他联网设备互动的全新方式。

2008 年，为了促进科技发展，寻找经济新的增长点，各国政府开始重视下一代的技术规划，将目光放在了物联网上。在中国，同年 11 月在北京大学举行的第二届中国移动政务研讨会"知识社会与创新 2.0"提出移动技术、物联网技术的发展代表着新一代信息技术的形成，并带动了经济社会形态、创新形态的变革。

2009 年，奥巴马就任美国总统后，与美国工商业领袖举行了一次圆桌会议，作为仅有的两名代表之一，IBM 首席执行官彭明盛首次提出"智慧地球"这一概念，建议新政府投资新一代的智慧型基础设施。当年，美国将新能源和物联网列为振兴经济的两大重点。同年，IBM 公司大中华区首席执行官钱大群公布了名为"智慧的地球"的最新策略。这一概念一经提出，立即引起了美国各界的高度关注，甚至有分析认为 IBM 公司的这一构想有可能被提升至美国的国家战略，并在全球范围内引发轰动。IBM 公司认为，信息技术产业下一阶段的任务是将新一代 IT 技术充分应用于各行各业，具体而言，就是将感应器嵌入和装备到电网、铁路、桥梁、隧道、公路、建筑、供水系统、大坝、油气管道等各种物体中，并使其广泛连接，形成物联网。

2010 年，中国物联网标准联合工作组在北京成立，旨在推进物联网技术的研究和标准的制定。该联合工作组由全国 11 个部门及其下属的工业和信息化部电子标签标准工作组、全国信标委传感器网络标准工作组、全国智标委等 19 家相关标准化组织自愿组成。该联合工作组在成立的倡议书中表示，将动员全国力量，共同推进中国的物联网标准体系建设。8 月 10 日，国家标准化管理委员会和交通运输部在北京，正式发布了国际标准化组织 ISO/PAS18186。这是我国首次提出并积极推动制定，并由 ISO 正式发布的可公开提供的规范。

2011 年，全国两会在北京胜利闭幕。在这次会议中，物联网产业发展仍是国家领导人和代表委员们非常关注的一个话题。总理温家宝在政府工作报告中再次提及物联网，特别强调了物联网的示范应用。他明确指出，要加快培育和发展战略性新兴产业，积极发展新一代信息技术产业，建设高性能宽带信息网，加快实现"三网融合"，促进物联网示范应用的推进。

2012 年，工业和信息化部批准了五项通信行业标准，并于 2012 年 6 月 1 日开始实施。其中包括 YD/T 2398—2012《M2M 业务总体技术要求》和 YD/T 2399—2012《M2M 应用通信协议技术要求》两项物联网标准。

2013 年，谷歌眼镜（Google Glass）发布，这是物联网和可穿戴技术的一个革命性进步。

2014 年，亚马逊公司发布了 Echo 智能扬声器，为进军智能家居中心市场铺平了道路。另外，工业物联网标准联盟的成立，也证明了物联网有可能改变任何制造和供应链流程的运行方式。

2015 年，IBM 的沃森（Watson）物联网全球总部在慕尼黑开张，并且开放了一些强大的 API，包括语音识别、机器学习、预测和分析服务、视频和图像识别服务以及非结构化文本数据的分析服务。这些服务允许用户为其产品增加复杂的新功能和用户界面。同年，蓝牙技术联盟（SIG）宣布了蓝牙技术的一系列重大调整，以支持网络连接需求的快速增长。蓝牙 LE 或智能蓝牙的覆盖范围将扩大 4 倍，传输速度将提高一倍，但不会增加能耗。

2016 年，通用汽车、Lyft、特斯拉和 Uber 都在测试自动驾驶汽车。不幸的是，第一次大规模的物联网恶意软件攻击也得到了证实，Mirai 僵尸网络利用制造商默认的用户名和密码来攻击物联网设备，并接管它们，用于分布式拒绝服务攻击。

2017 年，IBM Genius of Things 峰会上，IBM 与数十家客户和合作伙伴宣布共建物联网生态系统，以更好地推动物联网合作创新。同时，IBM 还正式启动了耗资 2 亿美元打造的位于慕尼黑的全新 Watson 物联网总部。这一系列重要成果的落地，预示着 IBM 物联网生态系统建设的进一步升级。

2018 年，谷歌正式发布了物联网操作系统 Android Things 1.0，希望安卓能适用更多智能设备。中国移动物联网智能连接规模达到 3.84 亿个，较 2017 年底增长了 1.55 亿个物联网连接，并呈现出高速增长态势，物联网收入同比增长高达 46%。

2019 年，微软发布了一份题为"IoT Signals"的全面物联网研究报告，样本数量约为 3000 个。该报告客观审视了物联网应用的现状，并突出了各种垂直领域中最热门的用例。报告发现，安全性不再是一个挑战，但有三分之一的物联网项目未能通过概念验证（Proof of Concept，POC），与 2017 年思科发布的一项研究形成鲜明对比。

2020 年，工业互联网联盟（Inter-Intergrated Circuit，IIC）和可信物联网联盟（TIoTA）宣

布两家成员将合并，以更有利于推动行业的合作和研究，并促进开放系统开发以及推广区块链和分布式账本技术等可信物联网的最佳实践。国内物联网领先企业也开始加强合作，开放智联联盟（Open Link Association，OLA）的成立是物联网企业合作的重要里程碑事件。

尽管物联网概念是在 1999 年提出的，但直到 2016 年，物联网才真正迎来了自己的发展元年。在这 21 年的发展过程中，得益于技术进步，物联网逐步从概念走向了成熟。如今，物联网已经成为一个中国制造的概念，其覆盖范围与时俱进，已经超越了 1999 年 Ashton 教授和 2005 年 ITU 报告所指的范围，物联网已经贴上了中国式标签。

▶ 11.1.3　物联网的定义

从物联网的英文意思"Internet of Things"来看，含义就是"物物相连的互联网"。这有两层含义：第一，物联网的核心和基础仍然是互联网，是在互联网基础上延伸和扩展的网络；第二，其用户端延伸和扩展到了任何物品与物品之间，进行信息交换和通信。物联网具有普遍对象设备化、自治终端互联化和普适服务智能化三个重要特征。它通过智能感知、识别技术与普适计算等通信感知技术，广泛应用于网络的融合中，也因此被称为继计算机、互联网之后世界信息产业发展的第三次浪潮。

物联网概念由麻省理工学院的 Auto-ID 研究中心首次提出。它利用 RFID 和物品编码等信息传感设备与互联网连接，实现对物品的智能化识别与管理。实质上，物联网将 RFID 技术与互联网相结合，主要应用于物流供应链与商品的互联，但仍存在一定的局限性，因此可以将其理解成一个狭义的物联网概念。

随着网络技术、传感技术、数据库技术、云计算和移动计算等方面的不断发展，物联网的概念也在不断演变和扩展。过去物联网所涉及的"物"仅限于商品等实体，但现在已经包括了各种接入设备、网络设备以及各种应用系统。同时，网络的概念也不再局限于互联网，还包括了传感网、移动网等。应用技术方面，条码、射频、传感器等技术也被纳入物联网的范畴。

这种发展导致了对物联网的定义尚未形成统一认识。不同领域的研究者根据自身的理解和需求，对物联网有着不同的思考角度和侧重方面。因此，在短期内达成对物联网的完全一致定义可能比较困难。

2005 年，在突尼斯举行的信息社会世界峰会（World Summit on the Information Society，WSIS）上，ITU 发布了《ITU 互联网报告 2005：物联网》，正式提出了"物联网"的概念，这也是目前比较广为接受的一种定义。报告指出：无所不在的物联网通信时代即将来临，世界上所有的物体从轮胎到牙刷、从房屋到纸巾都可以通过因特网主动进行信息交换。RFID、传感器技术、纳米技术、智能嵌入技术将得到更加广泛的应用。物联网主要解决物品到物品，人到物品，人到人之间的互联。报告中对物联网概念进行了扩展，提出了任何时刻、任何地点、任意物体之间的互联。除 RFID 技术外，传感器技术、纳米技术、智能终端等技术也将得到更加广泛的应用。换言之，物联网是通过射频识别、红外感应器、全球定位系统、激光扫描器等信息传感设备，按标准的协议实现物与物、人与物、人与人在任何时间、任何地点的连接，其最显著的特点就是智能化地进行信息交换和通信，以实现智能化识别、定位、跟踪、监控和管理，而构建的一个庞大的网络体系。

2008 年，欧洲智能系统集成技术平台（the European Technology Platform Smart Systems

Integration，EPOSS）发布了"Internet of Things in 2020"报告。该报告对物联网的定义是："物联网是由具有标识、虚拟个性的物体所组成的网络，这些标识和个性等信息在智能空间使用智慧的接口与用户、社会和环境进行通信。"同时该报告也分析预测了物联网未来的发展，认为 RFID 和相关的识别技术是未来物联网的基石，但更加侧重于 RFID 的应用及物体的智能化。

2009 年 9 月，欧盟发布了一份研究报告，其中提出物联网的定义为："物联网是未来互联网中一个不可分割的组成部分，可以被定义为基于标准的和可互操作的通信协议，且具有自配置能力的、动态的全球网络基础架构。物联网中的物都具有标识、物理属性和实质上的个性，使用智能接口实现与信息网络的无缝整合。"

2010 年中国政府工作报告所附的注释中对物联网有如下说明："物联网是通过传感设备按照约定的协议，把各种网络连接起来，进行信息交换和通信，以实现智能化识别、定位、跟踪、监控和管理的一种网络。"对比物联网最初的概念以及上述不同的物联网定义，狭义上的物联网指连接物品到物品的网络，实现物品的智能化识别和管理。广义上的物联网则可以看作是信息空间与物理空间的融合，将一切事物数字化、网络化，在物品之间、物品与人之间、人与现实环境之间实现高效的信息交互方式，并通过新的服务模式使各种信息技术融入社会行为，是信息化在人类社会综合应用达到的更高境界。

虽然目前国内外对物联网还没有一个统一的标准定义，但从物联网本质上看，物联网不是一门技术或者一项发明，而是现代信息技术发展到一定阶段后才出现的一种聚合性应用和技术提升。它将各种感知技术、现代网络技术和人工智能、通信技术与自动化技术聚合起来，促成了人与物的智慧对话，创造出一个智慧的世界。因为物联网技术的发展几乎涉及信息技术的方方面面，是一种聚合性、系统性的创新应用与发展，也因此才被称为是信息产业的第三次革命性创新。

应用创新是物联网发展的核心，以用户体验为核心的创新是物联网发展的灵魂。物联网的本质主要体现在三方面。

（1）互联网特征：对需要联网的物定要能够实现互联互通的互联网络。

（2）识别与通信特征：纳入物联网的"物"一定要具备自动识别与物物通信（Machine-to-Machine，M2M）的功能。

（3）智能化特征：网络系统应具有自动化、自我反馈与智能控制的特点。

从美国的"智慧地球"、欧盟的物联网行动计划，再到我国的"感知中国"，物联网已经逐渐成为全世界关注的焦点。

11.2　物联网核心技术

物联网综合了计算机科学、通信、网络技术、控制理论和电子工程等多个领域的技术特性，已成为全球范围内的研究热点和技术创新的竞争焦点，推动着现代信息产业的发展与进步。研究物联网的相关基础理论和关键技术是当前推动物联网发展的根本。

随着物联网在生活中应用的不断深入和综合，现有技术的简单集成无法构成一个灵活、高效、实用的物联网系统。只有在信息获取、传输、存储、处理直到应用的全过程中，在硬件、软件、网络、系统等各方面都进行创新，才能形成独具特色的技术架构，从而促进其发展。

11.2

本节详细介绍物联网体系架构,并从不同层次和角度讨论相关理论与模型,分别从感知识别层、网络构建层、管理服务层、综合应用层四个层次对物联网核心技术作出描述,以便为物联网核心技术的发展提供体系化的理论基础和技术支持。

▶ 11.2.1　物联网体系架构

物联网体系结构是研究系统各部分组成及相互关系的技术科学,它可以精确地定义系统的组成部件及其之间的关系,指导开发者遵循一致的原则实现系统,以保证最终建立的系统符合预期的需求。物联网概念的问世,打破了原有的将物理基础设施和 IT 基础设施分开的思维模式,因此,在设计与实现物联网系统之前,首先需要明确架构物联网系统的基本原则,以便在已有网络体系结构的基础之上形成参考标准。

1. 原则

物联网作为新兴的信息网络技术,从不同的功能角度或模型角度建立的体系结构可能具有不同的样式和性能。一般说来,架构物联网体系结构模型应该遵循以下几条原则。

1)多样性

物联网体系结构须根据服务类型和节点的不同,考虑多种类型的结构,以实现与互联网的互联互通。

2)包容性

对于物联网体系的体系结构,需要具有时空和能源方面集成不同的通信、传输和信息处理技术的要求,以应用于不同的领域。

3)可扩展性

物联网尚在发展之中,其体系结构应该具有一定的扩展性,以便最大限度地利用现有网络通信基础设施,保护已投资利益,留出发展空间。

4)互操作性

不同的物联网系统可以按照约定的规则互相访问、执行任务和共享资源。

5)安全性

物联网系统应当可以保证信息的私密性,具有访问控制和抗攻击能力和健壮性。智能物件互联的安全性将比互联网的安全性更为重要。

目前针对物联网体系架构,IEEE、ISO/NEC、JTC1、ITU-T、ETSI、GSI 等组织均在进行研究。经过整合所提出的体系架构,得到如图 11-1 所示的物联网体系架构。该架构由感知识别层、网络构建层、管理服务层、综合应用层组成。

如果用人来比喻物联网,感知识别层就像皮肤和五官,用来对物理世界进行智能感知识别、信息采集处理和自动控制,并通过通信模块将物理实体连接到其他层次。网络构建层则是神经系统,将信息传递到大脑进行处理;网络构建层在物联网四层模型中连接感知识别层和管理服务层,具有纽带作用,它负责向上层传输感知信息和向下层传输命令。该层利用了互联网、无线宽带网、无线低速网络、移动通信网络等各种网络形式传递海量的信息。感知识别层生成的大量信息经过网络层传输汇聚到管理服务层。该层解决了数据如何存储(数据库与海量存储技术)、如何检索(搜索引擎)、如何使用(数据挖掘与机器学习)、如何不被滥用(数据安全与隐私保护)等问题。综合应用层则为物联网应用提供信息处理、计算等通用基础服务设施、能力及资源调用接口,以此为基础实现物联网在众多领域的各种应用。

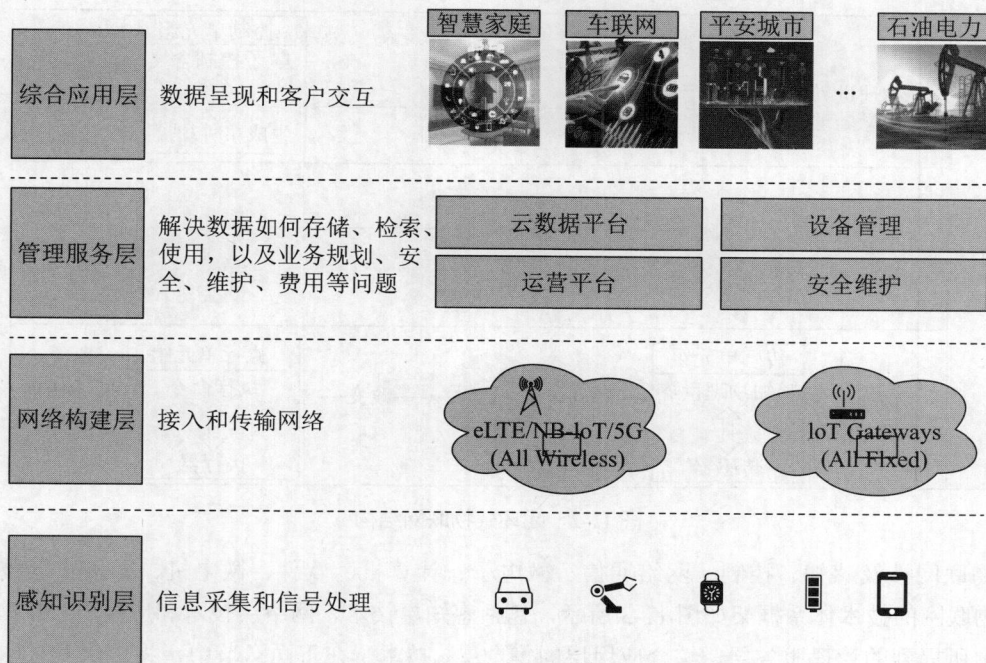

图 11-1　物联网体系架构

随着分布式计算的概念的拓展，2013 年边缘计算应运而生。边缘计算的核心就是将数据处理从中心云迁移到网络的边缘，即靠近数据源的位置。这样做的目的是降低数据传输的延迟，提高处理速度，并减轻中心服务器的负担。

2. 形态结构

这种新型构架作为物联网体系架构的一部分，显著提升了整个系统的性能和实用性，确保了数据处理的即时性和高效性。这种集成不仅优化了数据流和资源利用，还强化了系统对于实时操作的能力，对于需要快速反应的应用场景尤为关键，如自动驾驶、健康监测等领域。除了网络架构，物联网的形态结构也值得我们了解和探究。物联网的形态结构主要分为开放是物联网形态结构和闭环式物联网形态结构。

1）开放式物联网结构

开放式物联网中，传感设备的感知信息包括物理环境的信息和物理环境对系统的反馈信息，这些信息可以为人们提供相关的服务。然而，物理环境和感知目标的混杂性，以及其状态、行为的不确定性使得感知的信息设备存在一定的误差，因此需要通过智能信息处理来消除这种不确定性及其相关的误差。开放式物联网结构对通信的实时性要求不高，一般来说通信实时性只要达到秒级就能满足应用要求。

2）闭环式物联网结构

闭环式物联网结构如图 11-2 所示。传感设备同样收集物理环境信息及其对系统的反馈。

然后，控制单元根据这些信息和预设的控制决策算法产生控制命令。执行单元根据这些控制命令调整物理实体的状态或改变系统的物理环境。闭环式物联网的特点是其大部分功能由计算机系统自动完成，无须人工直接干预，并且对实时性的要求极高，通常需要毫秒级甚至微秒级的响应速度。

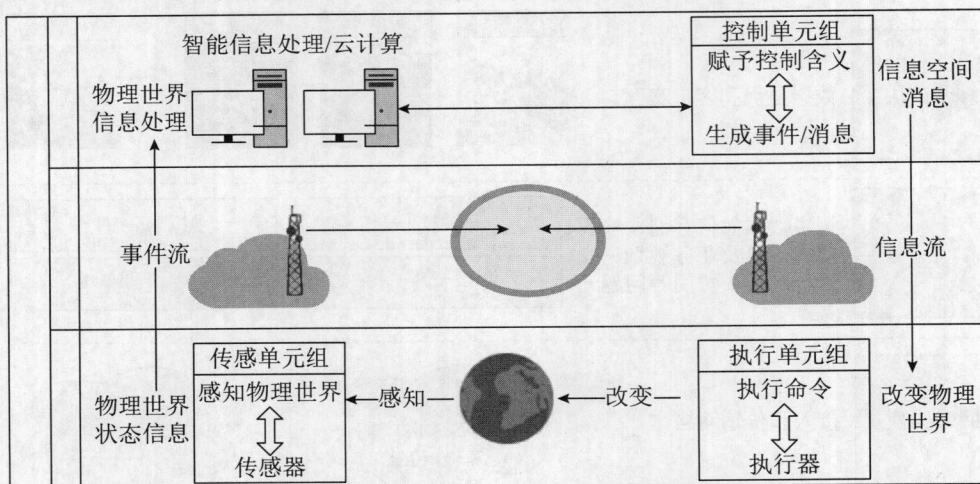

图 11-2　闭环式物联网结构

物联网涉及感知、控制、网络通信、微电子、计算机、软件、微电机、嵌入式等技术领域。物联网的技术体系框架如图 11-3 所示，包括感知层技术、网络层技术和应用层（即物联网架构中所提到的管理服务层、综合应用层的集合层）技术。在下面章节中，将依次对这四个层次的关键技术进行介绍。

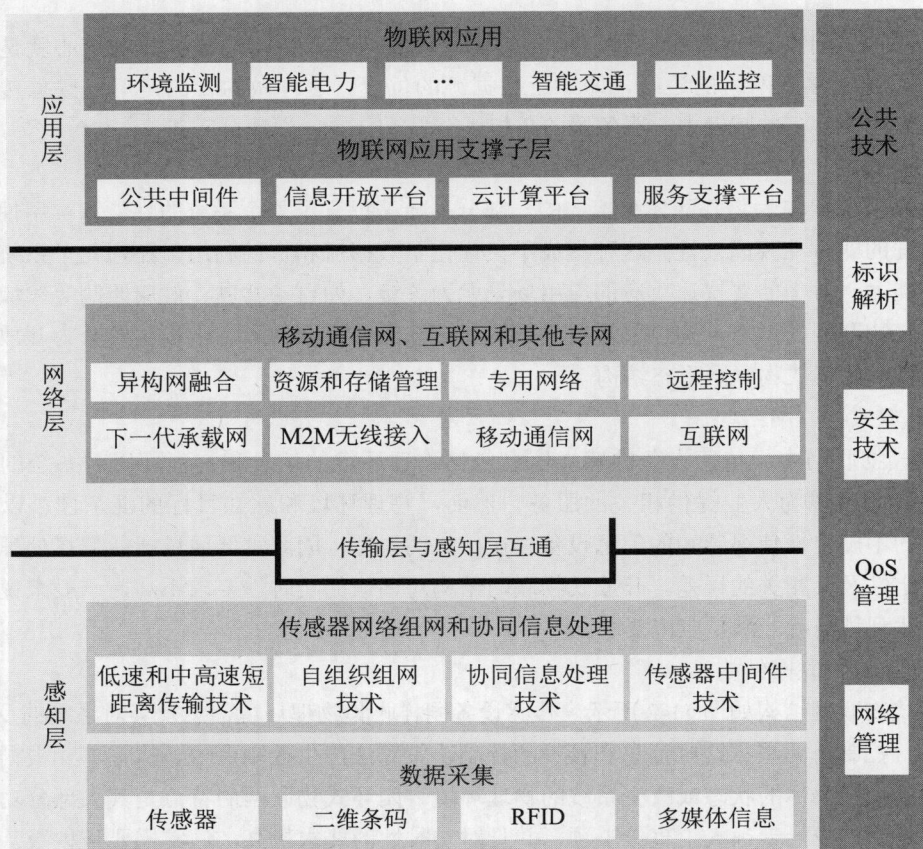

图 11-3　物联网技术体系架构

信息技术通常由信息获取、信息传输、信息处理和信息应用四部分组成，分别对应检测技术、通信技术、计算机技术和自动化技术。由于物联网系统涵盖了信息的获取、传输、处理和应用的全过程，物联网系统的每一部分恰好对应着信息技术学科的一个知识领域。因此，我们还可以从一个更宽广的知识框架角度来整理物联网体系，如图 11-4 所示。

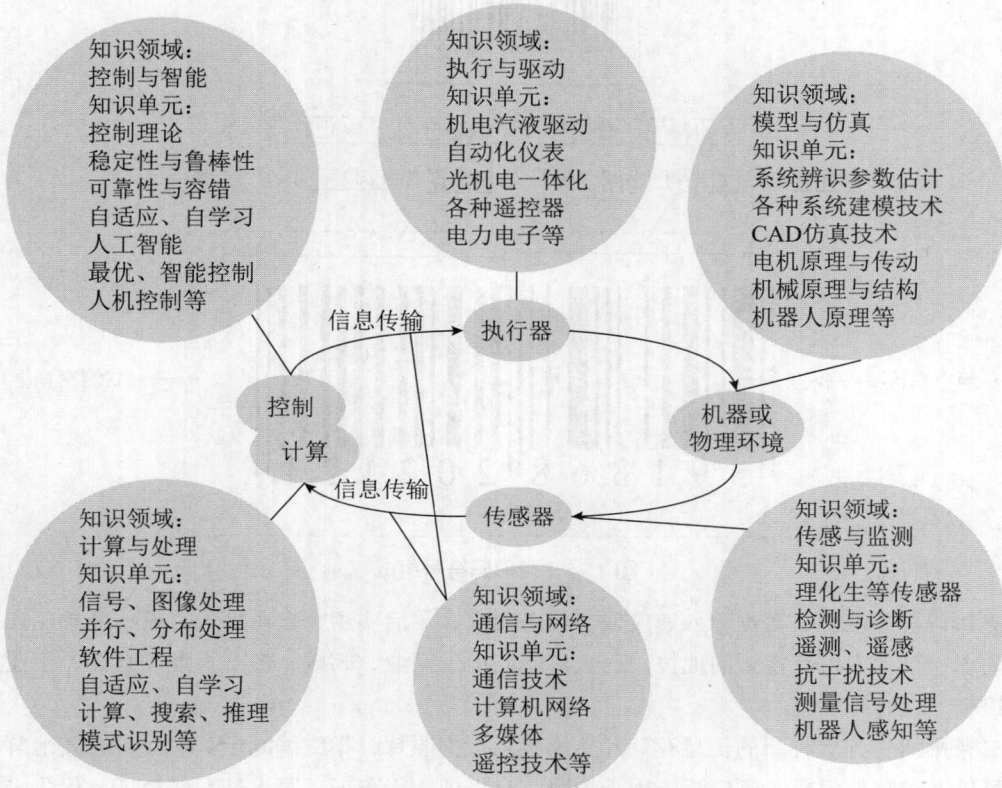

图 11-4　物联网知识体系架构

▶ 11.2.2　感知识别层

感知层由传感器节点接入网关组成，智能节点感知信息（温度、湿度、图像等），并自行组网传递到上层网关接入点，由网关将收集到的感应信息通过网络层提交到后台处理。后台对数据处理完毕后，发送执行命令到相应的执行机构完成对被控对象的控制参数调整或发出某种提示信号以实现远程监控。

感知层是物联网发展和应用的基础，条形码技术、RFID、机器视觉技术和生物识别技术是感知层的主要技术。这些技术的应用提供了多样化的感知能力，从简单的编码到复杂的生物特征识别，增强了物联网系统的互动性和自动化能力。

1. 条形码技术

条形码是由一组按一定编码规则排列的条、空符号组成的编码符号，用以表示一定的字符、数字及符号组成的信息。"条"指对光线反射率较低的部分，"空"指对光线反射率较高的部分，这些条和空组成的数据表达一定的信息，并能够用特定的设备识读，转换成与计算机兼容的二进制和十进制信息。

一个完整的条形码的组成次序为：静区（前，左侧空白区）、起始符、数据符、中间分割符（主要用于 EAN 码）、校验符、终止符、静区（后，右侧空白区），下侧附有供人识别的字符，如图 11-5 所示。

图 11-5　条形码符号组成

条形码可靠准确、数据输入速度快、经济便宜、灵活实用、自由度大、设备简单，在当今的自动识别技术中占有重要的地位，已被广泛应用于商业、邮政、图书管理、仓储、工业生产过程控制、交通等领域。

二条形码作为一种新的信息存储和传递技术可把照片、指纹编制于其中，可有效地解决证件的可机读和防伪问题，已广泛应用于护照、身份证、行车证、军人证、健康证、保险卡等防伪领域。

2. 射频识别技术

射频识别技术是一种非接触式的自动识别技术，是一项利用射频信号通过交变磁场或电磁场实现无接触信息传递，并通过所传递的信息达到识别目的的技术。它通过射频信号自动识别目标对象并获取相关数据，识别工作无须人工干预，可工作于各种恶劣环境，如在工厂的流水线上跟踪产品，高速公路上自动收费或车辆身份识别等。

射频识别系统通常由信号发射机（电子标签）信号接收机（阅读器）、发射接收天线组成。电子标签由芯片及内置天线组成。芯片内保存有一定格式的电子数据，作为待识别物品的标识性信息，是射频识别系统真正的数据载体。内置天线用于与射频天线间进行通信。阅读器用于读取或读写电子标签信息的设备，主要任务是控制射频模块向标签发射读取信号，并接收标签的应答，对标签的对象标识信息进行解码，将对象标识信息连带标签上其他相关信息传输到主机以供处理，如图 11-6 所示。

3. 机器视觉识别技术

在物联网的体系架构中，信息的采集主要靠传感器来实现，视觉传感器是其中最重要、应用最广泛的一种。从应用的层面看，机器视觉研究包括工件的自动检测与识别、产品质量的自动检测、金品的自动分类、智能车的自主导航与辅助驾驶、签名的自动验证、目标跟踪与制导、交通浅的监测、关键地域的保安监视等。从处理过程看，机器视觉分为低层视觉和高层视觉两阶段低层视觉包括边缘检测、特征提取、图像分割等，高层视觉包括特征匹配、三维建模、形状分析与识别、景物分析与理解等。从方法层面看，有被动视觉与主动视觉之分，又有基于征的方法与基于模型的方法之分。

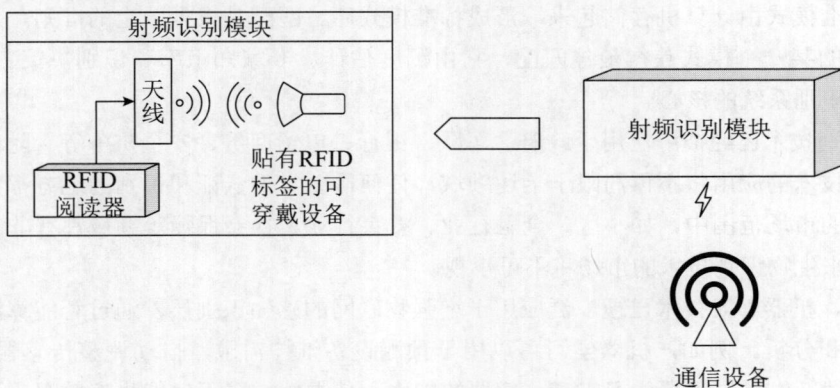

图 11-6　射频识别系统的组成

机器视觉系统包括光源、部件、相机、图形采集卡和视觉处理器五大部分，如图 11-7 所示。机器视觉检测系统采用照相机将被检测目标的像素分布和亮度、颜色等信息转换成数字信号传送给视觉处理器，视觉处理器对这些信号进行各种运算来抽取目标的特征，再根据预设的允许度实现自动识别物体是否符合预设标准，然后根据识别结果控制机器人的各种动作。

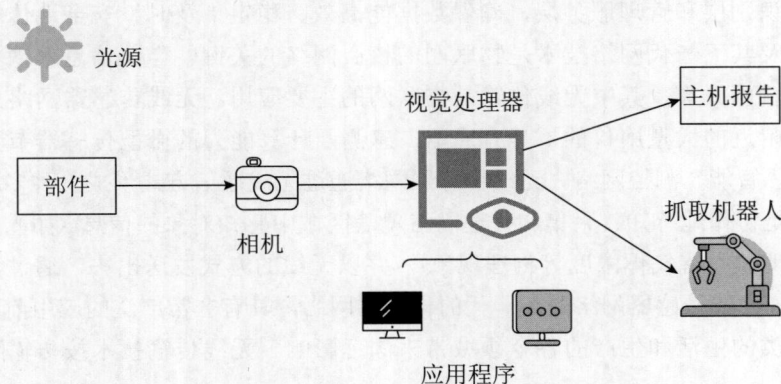

图 11-7　机器视觉识别系统的组成

4. 生物识别技术

物体与人之间的有效互动也是物联网技术的主要目标之一。利用人体生物特征因人而异且不可复制的特点，生物识别技术就是结合计算机与光学、声学、生物传感器和生物统计学原理等高科技手段密切结合对生物特征或行为特征进行采集，将采集到的唯一的特征转成数字代码，配合网络对人员身份识别实现智能化的管理的技术。根据人体不同部位的特征，典型的生物识别技术分为手形识别、面部识别、签名识别、虹膜识别、声音识别、掌纹识别、真皮层特征识别等。所有的生物识别都包括原始数据获取、抽取特征、训练和匹配四个步骤。

数据获取过程中往往涉及数据的预处理，预处理的目的是去除无用信息、加强有用的信息，并对由输入引起的或其他因素造成的退化现象进行复原。抽取特征的目的是对生物信号进行分析处理，去除无关的冗余信息，获得影响人体识别的重要信息，同时对信号进行压缩。生物信号包含了各种不同的大量信息，提取哪些信息，用哪种方式提取，需要综合考虑各方面的因素，如成本、性能、响应时间和计算量等。训练和匹配是指根据识别系统的类型来选择能满足要求的一种识别方法，采用分析技术预先分析出这种识别方法所要求的特征参数，再把这些参数作为标准模式由计算机存储起来，形成标准模式库。匹配是根据一定的准则，使未知模式与模式库中的某一个模式获得最佳匹配，它由测度估计、专家知识库和识别决策三部分组成，测度估计是识别系统的核心。

生物识别技术已经被广泛用于政府、军队、银行、电子商务、安全防务等。随着技术的不断发展，该技术的应用将不再局限于上述领域，任何需要身份认证和识别的地方都将被纳入生物识别技术的市场范围中，如小区、金融行业、教育行业、社会保障等领域都有非常广阔的应用空间，未来生物识别技术的市场将不可小视。

近年来，机器学习技术已被广泛应用于增强物联网的感知识别层，通过智能算法优化传感数据的处理和分析。例如，机器学习可以用于预测设备维护需求，自动调整传感器采集频率，或优化能源消耗。通过机器学习丰富传感器的能力，使得感知层不仅能收集数据，还能解释数据。这些智能化功能都在一定程度上减少了网络资源的负荷，加快了响应速度，增强了物联网系统整体的响应能力和智能性。

▶ 11.2.3 网络构建层

网络构建层是物联网构架中至关重要的基础设施之一，它作为物联网四层模型中的中枢，连接感知识别层和管理服务层，确保数据能高效、稳定、及时、安全地传输上下层的数据。互联网以及其下一代网络技术是物联网的核心网络的关键，当前信息传输主要分为有线传输和无线传输两大类，其中无线传输是物联网的主要应用。无线传感器网络是由部署在监测区域内部或附近的大量廉价的，具有通信、感测及计算能力的微型传感器节点通过自组织的方式构成的"智能"测控网络。无线传感器网络通过无线通信方式形成一种多跳自组织网络系统，其目的是协作地感知、采集和处理网络覆盖区域中感知对象的信息（如光强、温度、湿度、噪声、振动和有害气体浓度等物理现象），并以无线的方式发送出去，通过骨干网络最终发送给观察者。无线传感器网络是新一代的传感器网络，具有非常广泛的应用前景，其发展和应用将会给人类的生活和生产的各个领域带来深远影响。无线传输技术按传输距离可划分为两大类。

（1）局域网通信技术（Low-Power Local-Area Network，LP-LAN）：包括现在广为流行的Wi-Fi、蓝牙、ZigBee、近场通信（Near Field Communication，NFC）等通信协议为代表的短距离传输技术。

（2）广域网通信技术（Low-Power Wide-Area Network，LP-WAN），可将其分为两类：

工作于未授权频谱的技术，如 LoRa、Sigfox 等技术；工作于授权频谱的技术，这些技术通常是 3GPP 支持的 2/3/4/5G 蜂窝通信技术，比如增强机器类通信（Enhanced Machine Type of Communication，EMTC）、窄带物联网（Narrow Band Internet of Things，NB-IoT）。

如图 11-8 所示是这两类无线传输技术的对比。

名称	通信技术	传输速度	通信距离	成本	是否授权	优点	缺点
局域网	WiFi	11~54Mbps	20~200m	25美元	否	应用广泛、传输速度快、距离远	设置麻烦、功耗高、成本高
	蓝牙	1Mbps	20~200m	2~5美元	否	组网简单、低功耗、低延迟、安全	距离较低、传输数据量小
	ZigBee	20~250bps	2~20m	20美元	否	低功耗、自组网、低复杂度、可靠	传输范围小、速率低、时延不确定
广域网	LoRa	小于10kbps	城内：1~2km；城外：15km以上	大约5美元	否	低成本、电池寿命长、广连接，通信不频繁	非授权频段
	Sigfox	小于100bps	3~10km	低于1美元	否	传输速率低，成本低，范围广，技术简单	数据传输量小，非授权频段，相对封闭
	NB-IoT	小于200kbps	15km以上	大约5美元	是	高可靠、高安全、传输数据量大、低时延、广覆盖	成本高、协议复杂，电池耗电大
	eMTC	小于1Mbps	—	大约10美元	是	低功耗、海量连接、高速率、可移动、支持VOLTE	模块成本更高

图 11-8　无线传输技术的对比

　　有线传输：主要是 IP/ 以太网数据传输网依然是物联网的重要组成部分，尤其是在需要高数据吞吐量和极低延迟的场景中。有线网络以其稳定性和高速传输能力，在工业物联网和数据中心环境中占据重要地位。通常由以太网交换机和路由器组成，物理接口包括 SFP 光口和 RJ45 电口、Modulbus 等。

　　无线传输：无线网络的灵活部署和多样化形态使得物联网能够更广泛地渗透到各种应用环境中，从智能家居到复杂的工业系统，无线技术都在推动物联网技术的快速发展和广泛应用。

　　同时，有别于传统的无线网络，5G 技术的出现极大地推动了移动网络的发展。5G 技术的研发始于 21 世纪 20 年代初，旨在满足日益增长的数据传输需求以及更广泛的网络连接需求。它支持更高的数据速率，可达到传统 4G 网络速率的 10 倍以上，最高理论传输速度可达到 20Gbps。此外，5G 网络的延迟时间低至 1ms，为实时通信和紧急响应提供了可能。5G 技术的广泛部署是物联网发展的一个里程碑。它不仅提升了网络的性能，扩大了物联网的应用领域，还为未来物联网的创新和发展奠定了基础。随着 5G 技术的成熟和普及，物联网将更加深入地融入人们的日常生活和工业生产中，推动智能世界的实现。

　　近年来随着边缘技术的发展，将边缘计算技术应用于物联网的网络构建层，可以极大提升系统的整体效能和安全性。在这一层，边缘计算设备（如路由器、网关设备）能够实时处理从感知识别层传来的数据。这样的配置使得数据处理更为迅速，响应更加即时，特别是在那些对时效性要求极高的应用中。

例如，边缘计算可以在工业物联网（Industrial Internet of Things，IIoT）环境中对机器状态进行实时监控和预测性维护，通过分析从传感器收集的数据，立即识别出潜在的机械故障，从而在问题发生前采取措施。同样，在智能交通系统中，边缘计算能够处理来自车辆和交通信号的数据，优化交通流和减少拥堵。

通过在网络构建层引入边缘计算，物联网架构能够更加灵活地适应各种应用场景的需求，提高数据处理的效率和系统的整体性能，同时也保证了数据传输的安全性和私密性。这些优势使得边缘计算成为推动物联网技术进步的关键因素之一。

▶ 11.2.4　管理服务层

物联网管理服务层位于感知识别层和网络构建层之上，承担着处理感知识别层通过网络构建层传递上来的海量数据的重要任务。这一层的主要责任是解决数据如何存储、检索、使用以及保障数据的安全性和隐私性。管理服务层的技术组成广泛，包括数据库与海量存储技术、搜索引擎、数据挖掘和机器学习以及数据安全与隐私保护。

1. 数据融合技术

在多传感器系统中，由于信息表现形式的多样性、数据量的巨大性、数据关系的复杂性，以及要求数据处理的实时性、准确性和可靠性都已大大超出了人脑的信息综合处理能力，在这种情况下，多传感器数据融合技术应运而生，简称数据融合。

数据融合定义简洁地表述为：数据融合是利用计算机技术对时序获得的若干感知数据，在一定准则下加以分析、综合，以完成所需决策和评估任务而进行的数据处理过程。数据融合的实质是针对多维数据进行关联或综合分析，进而选取适当的融合模式和处理算法，用以提高数据的质量，为知识提取奠定基础。

数据融合技术首先应用于军事领域，包括航空目标的探测、识别和跟踪，以及战场监视、战术姿势估计和威胁估计等。目前数据融合的应用领域已经从单纯军事上的应用渗透到其他应用领域：在地质科学领域上，数据融合应用于遥感技术，包括卫星图像和航空拍摄图像的研究。在机器人技术和智能航行器研究领域，数据融合技术也被应用于医疗诊断和人体模拟以及一些复杂工业过程控制领域，此外数据融合技术还被用于火车定位、鱼类识别或车辆通过的检测等。

2. 云计算

云计算指 IT 基础设施的交付和使用模式，指通过网络以按需、易扩展的方式获得所需资源；广义云计算指服务的交付和使用模式，指通过网络以按需、易扩展的方式获得所需服务。这种服务可以是 IT 和软件、互联网相关，也可是其他服务。云计算是网格计算、分布式计算、并行计算、效用计算、网络存储、虚拟化、负载均衡等传统计算机和网络技术发展融合的产物。

云计算的"云"就是存在于互联网的服务器集群上的服务器资源，包括硬件资源和软件资源。本地资源只需要通过互联网发送一条请求信息，"云端"就会有成千上万的计算机为你提供需要的资源，并把结果反馈给发送请求的终端。

云计算具有超大规模、虚拟化、高可靠性、通用性、高可扩展性、按需服务、极其廉价的特点。云计算是计算机网络服务模式演进的最新形态。如图 11-9 所示的是从分布式系统体系结构演化视角给出的一种云计算观：以服务为核心的客户、服务、基础设施（Client，Service，

Infrastructure，CSI）结构。

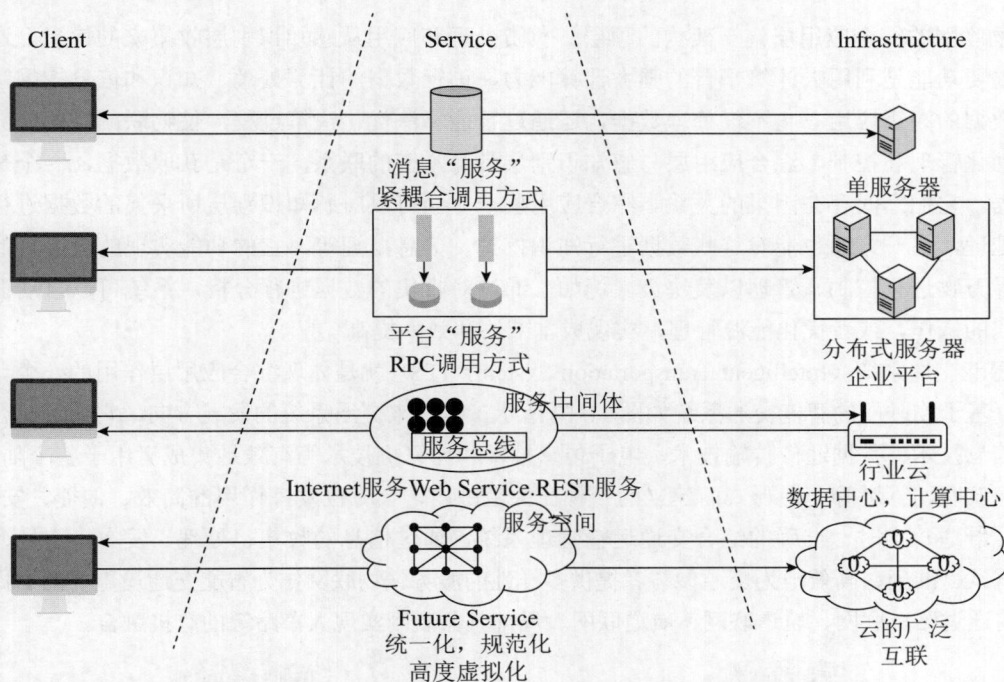

图 11-9 以服务为核心的 CSI 结构

3. 物联网中间件

物联网中间件指用于屏蔽传感网底层硬件、网络平台复杂性及异构型的软件工具，是减小用户高层应用需求与网络复杂性差异的解决方案。它可以优化系统资源管理，增加程序执行的可预见性。由于标准接口对于可移植性和标准协议对于互操作性的重要性，中间件已经成为许多标准化工作的主要部分。中间件提供的程序接口定义了一个相对稳定的高层应用环境，不管底层的传感网络硬件和操作系统存在多少差异，只要将中间件升级更新，并保持中间件对外接口定义不变，便可以给用户提供一个统一的运行平台和友好的开发环境，有利于加快物联网大规模产业化发展的步伐。

中间件是介于操作系统和各种分布式应用程序之间的一个软件层，是衔接相关硬件设备和业务应用的桥梁，主要功能是屏蔽异构型，实现互操作和信息的预处理等。在设计物联网中间件软件时，需要考虑如下一些需求要素。

1）健壮性

在中间件软件设计中的核心要素是可复用组件的设计，通过引入多种设计模式，体系结构将充分考虑组件富有和职责分配问题。

2）灵活性和可扩展性

其主要体现在引入中间件技术来构建无物联网应用支撑系统，通过这些中间件可以灵活地组织现有的资源，扩充系统的功能。

3）简单性

物联网中间件软件是为了方便用户开发各类应用业务，因此简单性是其核心要求。此外，简单性还将通过系统的灵活性、可动态的扩展以及自动转换功能而得以体现。

▶ 11.2.5　综合应用层

　　物联网的综合应用层位于架构的顶层，负责处理和应用从感知识别层收集来的信息。这一层的主要功能是利用云计算平台的强大计算能力，进行数据的计算处理、知识和信息挖掘，实现对数据的高级应用。它不仅处理数据，还通过智能算法优化决策过程，使物联网系统能够实现自动化管理和控制。综合应用层与感知识别层具有紧密的联系，一个是获取数据，一个是利用数据，它们之间存在因果的关系。综合应用层一方面可以对感知识别层所采集的数据进行计算、处理，另一方面也能对这些数据进行知识挖掘、信息挖掘等，它的功能实现的最终目的是对世界万物进行控制、管理以及决策。例如，通过对收集的数据进行分析，系统可以自动调整生产线的操作，或者优化能源管理，实现成本节约和效率提高。

　　智能交通系统（Intelligent Transportation System，ITS）就是体现综合应用层作用的一个典型案例。基于物联网的智能交通系统如图 11-10 所示，是未来交通系统的发展方向，它通过整合先进的信息技术、数据通信传输技术、电子传感技术和计算机技术等有效地集成运用于整个陆路、海上、航空、管道等交通形式而建立的一种在大范围内、全方位发挥作用的高效、便捷、安全、环保、舒适、实时、准确的综合交通运输管理系统，通过信息的收集、处理、发布、交换、分析、试试、准确、高效地为交通参与者提供多样性的服务。物联网作为智能交通最重要的支撑技术，将通过路车联网、轨道联网、航道联网、局部气象联网实现人车路等的有机融合。

图 11-10　基于物联网的智能交通系统

　　智能交通系统实质上是利用高新技术对传统的运输系统进行改造而形成的一种信息化、智能化、社会化的新型运输系统。它能使交通基础设施发挥出最大的效能，提高服务质量；同时使社会能够高效的使用交通设施和能源，从而获得巨大的社会经济效益。它不但有可能解决交通的拥堵，而且对交通安全、交通事故的处理与救援、客货运输管理、道路收费系统等方面都会产生巨大的影响。

　　近年来，人们又提出来了新思想，通过数字孪生利用无线物联网传感器数据。数字孪生是一种虚拟模型技术，它通过创建一个完全的实时数字副本来映射物理世界中的设备、系统或过程。这一技术能够在没有风险的情况下模拟和分析数据，从而预测性能、优化操作，并提前发现潜在问题。

　　数字孪生允许物联网系统实时监控其连接的物理设备状态，并通过模拟各种操作的后果。通过持续性分析设备的虚拟副本数据，从而预测设备故障和维护的需求。也可以将该技术运用于测试和优化设计，减少实际制造前的物理原型的测试次数。同时数据孪生技术亦可以使得企业能够提供更加个性化的客户服务。甚至在上述得智能交通系统中，通过数字孪生技术可以优化信号控制，预测交通拥堵和事故，从而模拟应急预案，以实现最佳交通流动和安全措施。

11.3　物联网技术与通信

在物联网的设备层中，最重要的部分就是设备间的通信，物联网设备依靠通信接入网络。因此，通信技术的选择，是物联网设备设计的时候所要关注的重点。

物联网设备的通信接入技术通常包含有线和无线接入技术，有线接入技术主要应用在工业物联网中提供所需的基础设施和能力。然而，由于物联网通信设备自身结构和部署环境的差异性以及接入网络的异构性等影响，在大部分的应用场景下，无线通信接入技术在物联网通信中得到了更加广泛的应用，同时无线通信技术也体现了物联网最本质的特征。本章详细介绍物联网中使用的几种主要无线通信技术，如蓝牙（IEEE 802.15.1）、WiFi（IEEE 802.11）和 ZigBee（IEEE 802.15.4），以及低功耗广域网技术如 LoRa 和 NB-IoT，探讨它们的工作原理、优势、局限和选择因素。

▶ 11.3.1　蓝牙技术

蓝牙（Bluetooth）技术由爱立信公司于 1998 年推出，是一种短距离无线电通信技术，运作在全球通用的 2.4GHz ISM（工业、科学、医学）频段。该技术的数据传输速率为 1Mbps，基本通信范围为 10～30m，通过使用额外的功率放大器，其范围可以扩展至 100m。蓝牙技术基于 IEEE 802.11 标准的无线局域网技术，采用分散式网络架构、快速频率跳变技术，以及短数据包传输，有效减少信道干扰，确保通信链路的稳定性。

蓝牙利用时分多址（Time Division Multiple Access，TDMA）方式和频率跳变扩频（Frequency Hopping Spread Spectrum，FHSS）技术构建无须基站的皮可网（Piconet）。在此网络中，多个蓝牙设备可形成一个局部网络，如图 11-11 所示。每个皮可网由一个主动发起通信的主设备（Master）控制，一台主设备最多可与 7 台从设备（Slave）进行通信，并能与多达 256 台从设备保持连接，但不进行数据交换。通过主设备和从设备的共享，多个皮可网可以连接成一个更广泛的散射网（Scatternet），实现更大范围的网络覆盖。散射网支持设备间的平等地位，每个节点可以独立进行数据转发决策。

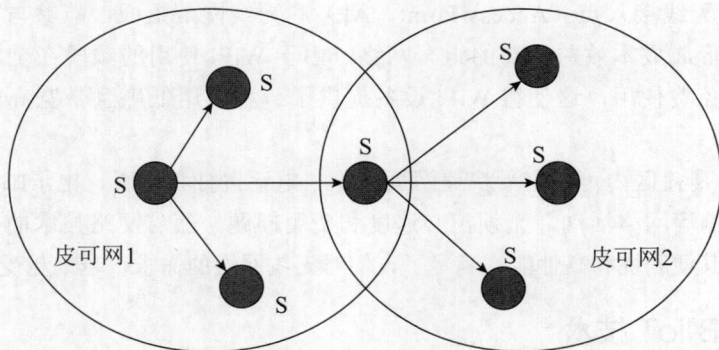

图 11-11　散射网结构

蓝牙技术以其开放性、低成本、低功耗、高抗干扰性及便携性而广受欢迎，支持设备间的数据、图像、音频和视频信号传输。蓝牙已被广泛应用于多种短距离通信场景，如家庭娱乐系统、办公自动化、电子商务、工业控制和城市智能化等领域。尤其适合数据传输速率需求较低的移动和便携设备，展现出广阔的应用前景。

▶ 11.3.2 ZigBee 技术

ZigBee 技术得名于蜜蜂通过 Z 形舞蹈传达食物位置、距离和方向信息的行为。这一技术最初称为 HomeRF lite，现为 IEEE 802.15.4 标准的一个商业应用。ZigBee 在 2.4GHz 的频段上工作，其有效通信范围从几米至几十米不等，数据传输速率为 250Kbps，属于个人区域网络（Personal Area Network，PAN）。

在 ZigBee 网络中，节点根据功能的全面性分为全功能设备（Full-Function Device，FFD）和精简功能设备（Reduced-Function Device，RFD）。FFD 节点具备控制功能，可以与多个 RFD 进行数据交换，并担任网络的协调器角色，负责维护网络内的节点信息和与其他 ZigBee 网络的互通，从而实现更广泛的网络覆盖。

ZigBee 技术主要应用于小型电子设备的直接无线通信，无论设备是固定的还是移动的。它的主要优点包括短距离通信、低传输速率和低成本，这使其在自动控制和远程控制领域特别有用。此外，ZigBee 的低功耗设计也使其在无线传感器网络和智能家居系统中非常受欢迎。

▶ 11.3.3 WiFi 技术

Wireless Fidelity（WiFi）是一种无线网络技术，它允许个人电脑、手持设备（如平板电脑、智能手机）等终端通过无线方式相互连接。这种技术基于 IEEE 制定的 802.11x 系列标准，主要在 2.4GHz 和 5GHz 的工作频段提供短程无线传输能力。近年来，WiFi 技术已发展到支持更宽的频段，包括最新的 6GHz 频段（WiFi 6E），提供更大的频道宽度和更低的延迟，以适应更密集的网络环境和高需求的应用。

WiFi 技术不仅能随时随地满足用户的上网需求，还能提供高速的宽带接入。在开放环境中，WiFi 的通信范围可达 300m；在封闭环境中，则通常在 76～122m。此外，WiFi 6 标准引入了正交频分多址访问（Orthogonal Frequency Division Multiple Access，OFDMA）技术，这一技术允许多个用户在同一时间频段内同时发送和接收数据，极大地提高了网络的效率和吞吐量。

WiFi 网络由无线接入点（Access Point，AP）和无线网卡组成，能够与现有的有线以太网络轻松整合，形成成本效益较高的组合网络。由于 WiFi 使用的频段在全球范围内无须电信运营许可即可免费使用，这使得 WiFi 设备提供了一种费用低廉且带宽高的无线通信解决方案。

用户在 WiFi 覆盖区内可以享受快速网页浏览、电话拨打和接听、电子邮件收发、音乐下载、数码照片传输等网络活动，无须担心速度和费用问题。随着网络技术的普及和应用的扩展，WiFi 技术以其便利性和高性能，满足了人们对无线网络的需求，越来越受到关注。

▶ 11.3.4 NB-IoT 技术

窄带物联网（Narrow Band Internet of Things，NB-IoT）是一种基于蜂窝网络的物联网通信技术，专为低功耗设备在广域网络中的数据连接设计。NB-IoT 属于低功耗广域网（LPWAN）技术范畴，其主要优势在于能够在极低的能耗下实现设备的长期连接。

NB-IoT 技术仅需大约 200kHz 的带宽，可以直接在现有的 GSM、UMTS 或 LTE 网络上部署，利用现有的网络基础设施，从而显著降低部署成本并便于技术升级。这一特性不仅确保了NB-IoT 技术与现有蜂窝网络的高度兼容性，也使得其部署更为灵活和成本效益高。

与传统的短距离无线技术如蓝牙或 WiFi 相比，NB-IoT 支持更远的传输距离和更强的穿透能力，适用于地下和远程地区的物联网应用。因此，NB-IoT 特别适合于那些不需要频繁通信但需要持续监控的应用场景，如智能计量、智能城市、农业监控和环境监测等。

NB-IoT 的数据传输速率虽不如蜂窝数据，但对于大多数物联网应用而言已经足够。其低功耗的特性使得终端设备能够在没有外部电源的情况下，通过电池长时间运行。

随着物联网设备数量的增加和应用场景的扩展，NB-IoT 作为一种高效的通信技术，预计将在未来的智能化系统中扮演更加重要的角色，推动智能城市和工业自动化的发展。这种技术的发展和应用，预示着无线传输协议将迎来新的增长高峰。

▶ 11.3.5　无线传感器网络技术

无线传感器网络（Wireless Sensor Networks，WSN）是一种特殊的 Ad-Hoc 网络，集成了传感器技术、无线通信技术、微机电系统技术和分布式信息处理技术，涉及电气工程、计算机科学等多个学科。WSN 是信息科学领域跨学科融合的一个新发展方向，由众多功能相同或不同的无线传感器节点组成，每个传感器节点可以扮演数据采集者、数据中转站或簇头节点的角色，能够在没有固定基础设施支持的情况下进行自组织和多跳路由，适用于难以布线的环境中。

如图 11-12 所示，无线传感器由传感器模块、处理器模块、无线通信模块和能量供应模块四部分构成。其中，传感器模块（传感器和模数转换器）主要由热敏元件、光敏元件、气敏元件、力敏元件、磁敏元件、湿敏元件、声敏元件、放射线敏感元件、色敏元件和味敏元件等敏感元件组成，用于记录被监控目标的一些物理学参数，负责监测区域内信息的采集和数据转换。处理器模块（CPU、存储器、嵌入式操作系统等）由嵌入式系统构成，用于存储和处理自身采集的数据以及其他节点发送过来的数据，并负责协调传感器节点各部分的工作，还具有控制电源工作模式的功能，能实现对整个传感器节点的控制。无线通信模块（网络、MAC、收发器）负责与其他传感器节点进行无线通信。能量供应模块为传感器节点提供运行所需的能量，通常采用微型电池。除了这四个模块外，传感器节点还可以包括其他辅助单元，如移动系统、定位系统和自供电系统等。由于传感器节点采用电池供电，为了提高电源的使用效率，需要尽量采用低功耗器件。

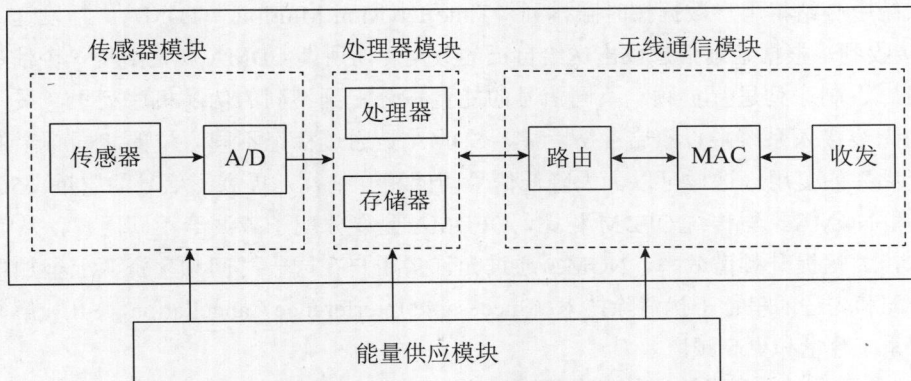

图 11-12　无线传感器网络

无线传感器网络是当前信息领域研究的热点之一，可用于特殊环境实现信号的采集、处理和发送，是一种全新的信息获取和处理技术，在现实生活中得到了越来越广泛的应用。随着通信技术、嵌入式技术、传感器技术的发展，传感器正逐渐向智能化、微型化、无线网络化发展。

▶ 11.3.6　移动通信技术

移动通信技术使得通信参与方可以在移动状态下进行通信。根据用户移动性的不同，移动通信可以分为集群移动通信和蜂窝移动通信。集群移动通信，也称为大区制移动通信，具有基站单一、天线架设高、服务半径广（通常为 20 ～ 50km）的特点，但由于基础设施建设复杂、用户容量有限且难以扩展，已逐渐被蜂窝移动通信所取代。所以，本节主要讨论蜂窝移动通信以及几种关键接入技术。

蜂窝移动通信，也称为小区制移动通信，通过将服务区划分为多个小区，每个小区配备一个基站，负责本区内移动台的联络与控制。交换中心则负责基站间的联络及系统的集中控制管理，实现服务区的无缝覆盖。基于超短波电波传播距离有限的特性，不同小区可重复使用同一频率，提高频率使用效率，使得每个小区可支持 1000 余用户，整体网络容量可达百万级。在一个小区内其中一个用户发送信号，其他用户均可接收到该信号，区内用户如何分辨发送的信号中识别该信号是否为发送给自己的信号成为能否成功建立连接的关键问题。当把多个用户接入一个公共的传输介质实现相互间通信时，需要给每个用户的信号赋以不同的特征，以区分不同的用户，这种技术称为多址技术。多址技术是移动通信的基础技术之一，目前，现有的多址方式的基本类型有如下几种：

频分多址接入（Frequency Division Multiple Access，FDMA）；时分多址接入（Time Division Multiple Access，TDMA）；码分多址接入（Code Division Multiple Access，CDMA）；空分多址接入（Space Division Multiple Access，SDMA）；正交频分多址接入（Orthogonal Frequency Division Multiple Access，OFDMA）；非正交多址接入（Non-Orthogonal Multiple Access，NOMA）。

FDMA 是最成熟的多址复用方式之一，特点是技术成熟、稳定、容易实现且成本较低。它的主要缺点是频谱利用率较低，尤其在空中带宽资源有限的情况下，FDMA 系统组织多扇区基站会遇到困难。TDMA 是一个信道由连续的周期性时隙构成，不同信号被分配到不同的时隙里，系统中心站将用户数据按时隙排列（Time Division Multiple，TDM）广播发送，所有的TS 都可接收到，根据地址信息取出送给自己的数据。而所谓 CDMA 就是给每一个信号分配一个伪随机二进制序列进行扩频，不同信号的能量被分配到不同的伪随机序列里，采用码分多址技术的无线接入系统多以窄带业务为主。SDMA 是通过标记不同方位的相同频率的天线光束来进行频率的复用，这样可以大大降低信号间的相互干扰，提高了信号的质量。5G 引入了OFDMA 和 NOMA。与传统 OFDM 相比，OFDMA 允许分配子载波给不同用户，从而支持多用户接入，大幅提升频谱效率。NOMA 通过允许多用户在同一时间频率资源上叠加传输，使用功率分配和先进的串行干扰消除技术（Successive Interference Cancellation，SIC）解码，实现了更大的系统容量和更高频谱效率。

5G 技术还引入了毫米波通信，利用 30 ～ 300GHz 的高频段，大大增加了数据传输速度和减少了延迟，适合需求高数据速率和低延迟的应用，如增强现实和虚拟现实。此外，5G 的网络切片技术支持为不同业务需求提供定制化网络服务，提高了网络的灵活性和效率。

11.4　物联网技术与数据

11.4

　　大数据和物联网技术在我们的日常生活中扮演着至关重要的角色。物联网能够将各种事物连接到互联网，包括可穿戴设备、视频游戏、汽车、设备、飞机等，从而实现数据的采集和传输。通过大数据技术，企业可以更好地理解客户的偏好和行为，从而提升业务绩效，同时节省时间和成本。本节将从数据与大数据的定义出发，分别介绍物联网数据获取与处理、物联网与大数据的联系，以及物联网大数据平台等相关内容。

▶ 11.4.1　数据与大数据

　　数据是指对客观事件进行记录并可以鉴别的符号，它是可识别的、抽象的符号，是对客观事物的性质、状态以及相互关系等进行记载的物理符号或这些物理符号的组合。数据通常被用于科学研究、查证、设计、数学等功能。然而在物联网技术中，通常指的是由各类边缘设备通过感知所收集的数据。这些设备具有内置传感器，可以从其所在的环境中收集数据。通过使用不同的工具收集数据，可以将得到的数据形式分为三种：结构化数据、半结构化数据和非结构化数据。

1. 结构化数据

　　结构化数据是指按照预定义的模式或格式组织和存储的数据，通常可以由计算机程序轻松解释和处理。这类数据的特点是具有明确的数据模型和组织结构，使得数据的存储和检索变得相对简单。结构化数据常常存储在 SQL 数据库和数据仓库等系统中，这些系统能够有效地管理和处理大量的结构化数据。典型的结构化数据包括表格、数据库记录、电子表格等，这些数据在数据库管理系统中以行和列的形式组织，并且每个数据项都有特定的数据类型和约束条件。由于结构化数据的格式固定且可预测，因此它们更适合于由机器而非人来处理和分析。

2. 非结构化数据

　　非结构化数据是一组数据，不符合传统的结构化数据模型，并且不能直接被计算机程序使用或解释。这类数据的格式和组织方式通常是不固定的，难以通过预定义的模式或架构来进行处理和分析。举例来说，非结构化数据可以包括电子邮件、视频、照片、文字处理文档、音频文件等。这些数据类型的共同特点是它们的格式和内容没有明确的规则或标准化格式，因此需要特殊的技术和工具来处理和理解。

3. 半结构化数据

　　半结构化数据是一组数据，虽然不完全符合严格的结构化数据模型，但具有一定的组织属性，使得它们可以相对容易地进行分析和处理。这类数据通常具有某种程度的组织结构，但并不强制要求按照特定的数据模型进行格式化。JSON 和 XML 是常见的半结构化数据的表示格式。它们允许数据以一种相对自由的方式进行组织，同时提供了一定的结构和语义信息，使得数据可以被轻松地解析和处理。

　　大数据是一个术语，指的是结构化和非结构化数据的大量集合，这些数据很难用传统技术处理。如图 11-13 所示，采用现代的大数据分析技术来获得有用的见解，以帮助企业采取战略性业务步骤。数据分析人员使用许多工具从无组织的数据中产生有用的信息。

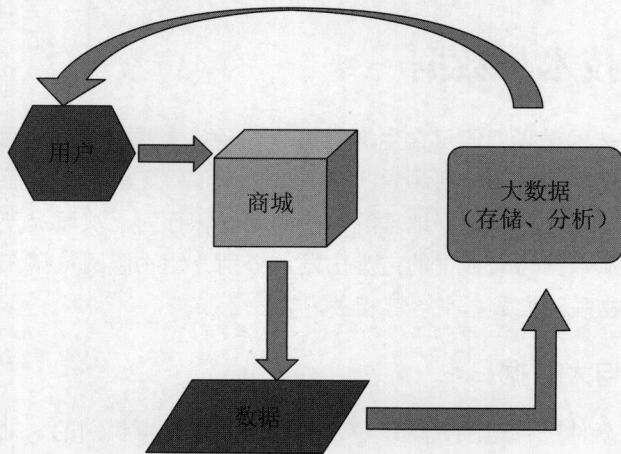

图 11-13　数据与大数据关系图

▶ 11.4.2　物联网的数据获取与处理

物联网技术在运用过程中，对于数据的获取与处理还可细分为数据产生、传输处理、应用反馈、实现应用的四个流程。一个完整的技术应用，必然包含了这四方面的流程。

1. 数据采集

数据采集是物联网应用的基础层，一般是由各种传感器、识读器、读写器、摄像头、终端、GPS 等智能模块和设备构成。采集就是通过这些模块和设备来识别、读取和采集来完成信息获取。其中所运用的技术主要包括 RFID 技术、传感控制技术、短距离无线通信技术等。

2. 数据传输

数据传输是指将物联网硬件设备与网络连接，然后将采集到的信息上传至云端或其他目标地点的过程。通常由应用末端节点、接入网关和网络等组成，完成对应用末端各节点信息的组网控制、信息汇集和上传，或者完成向终端设备下发信息的转发等功能。在数据传输过程中，确保数据传输的质量、速度和稳定性是非常重要的。这意味着需要考虑诸如数据丢失率、延迟、带宽、网络可用性等因素。

3. 数据处理

数据处理在物联网中扮演着重要的角色，可以被视为物联网的神经中枢和大脑。一旦数据传输至服务器端或云计算平台，服务器或云计算平台会对数据进行一系列操作，包括收集、记录、分析、处理、提取、再处理、存储和管理等。数据处理的过程旨在从大量的原始数据中提取有用的信息和见解，以支持各种业务应用和决策。这包括识别模式和趋势、预测未来的事件、发现异常和问题等。

4. 数据应用

一旦服务器或云计算平台得出了数据结论，这些结论数据将被下传至各个终端应用设备。终端应用设备会根据这些数据来自动执行相应的指令和操作，从而实现智能化和自动化的功能。这种智能化和自动化的功能使得物联网系统能够更加高效地满足人们的需求，并且能够更快速地响应不同的情境和场景。

▶ 11.4.3　物联网与大数据的联系

物联网产生大数据，大数据助力物联网。目前，物联网正在支撑起社会活动和人们生活方式的变革，被称为继计算机、互联网之后冲击现代社会的第三次信息化发展浪潮。物联网握手大数据，正在逐步显示出巨大的商业价值。物联网和大数据存在以下联系。

1. 物联网是大数据的重要基础

大数据的数据来源主要有三方面，分别是物联网、移动互联网系统和传统互联网系统，其中物联网是大数据的主要数据来源，占到了整个数据来源的 90% 以上，所以说没有物联网也就没有大数据。

2. 大数据是物联网体系的重要组成部分

物联网的体系结构可以分为六部分，设备、网络、平台、分析、应用和安全。在这其中，分析部分的核心内容是大数据分析。大数据分析是将大数据转化为有价值信息的重要手段之一。目前，大数据分析主要采用两种方式：基于统计学的分析和基于机器学习的分析。

当大数据与人工智能技术结合时，智能体可以通过物联网平台将决策发送到终端设备。这些决策可以是由机器学习算法生成的，也可以是人工制定的。这种智能化的决策过程使得物联网系统能够更加灵活和智能地响应不同的情境和需求。

3. 物联网平台的促进大数据和人工智能发展

当前，物联网平台的研发正处于快速发展阶段。随着相关标准的陆续制定和技术的不断进步，未来物联网平台将更加深度整合大数据和人工智能技术。这将使得物联网系统更加智能化和数据化，为人们的生活和工作带来更多便利和智能化体验。物联网的未来将是一个数据驱动和智能化的时代，各种物联网设备和系统将通过数据的收集、分析和应用，实现对环境、资源和设备的智能管理和控制。这种趋势将推动物联网技术的进一步发展和应用，为人类社会带来更多创新和进步。

▶ 11.4.4　物联网大数据平台

各种设备和机器都通过互联网连接起来，车联网和工业互联网等也同样在物联网的范畴之内。毫无疑问，物联网需要一个大的数据平台来处理这些网络设备产生的大量数据。

1. 高效分布式

物联网大数据平台必须是高效的分布式系统。物联网产生的数据量巨大，仅中国而言，就有 5 亿多台智能电表，每台电表每隔 15 分钟采集一次数据，一天全国智能电表就会产生 500 多亿条记录。这么大的数据量，任何一台服务器都无能力处理，因此处理系统必须是分布式的，水平扩展的。为降低成本，一个节点的处理性能必须是高效的，需要支持数据的快速写入和快速查询。

2. 实时处理

在物联网场景中，大数据平台必须具备实时处理能力。与互联网大数据处理不同，物联网场景下的数据处理需要实时预警、决策，因此延时必须控制在秒级以内。如果数据处理缺乏实时性，将会严重影响物联网的商业价值。

3. 高可靠性

物联网大数据平台需要运营商级别的高可靠服务。物联网系统对接的往往是生产、经营系统，如果数据处理系统宕机，直接导致停产，会产生经济损失，导致对终端消费者的服务无法正常提供。比如智能电表，如果系统出问题，直接导致的是千家万户无法正常用电。因此物联网大数据系统必须是高可靠的，必须支持数据实时备份，必须支持异地容灾，必须支持软件、硬件在线升级，必须支持在线 IDC 机房迁移，否则服务一定有被中断的可能。

4. 高效缓存

物联网大数据平台绝大部分场景，都需要能快速获取设备当前状态或其他信息，用以报警、大屏展示或其他。系统需要提供一高效机制，让用户可以获取全部或符合过滤条件的部分设备的最新状态。

5. 实时流式计算

物联网大数据平台需要实时流式计算。各种实时预警或预测已经不是简单的基于某一个阈值进行，而是需要通过将一个或多个设备产生的数据流进行实时聚合计算，不只是基于一个时间点，而是基于一个时间窗口进行计算。不仅如此，计算的需求也相当复杂，因场景而异，应容许用户自定义函数进行计算。

6. 数据订阅性

物联网大数据平台需要支持数据订阅。与通用大数据平台比较一致，同一组数据往往有很多应用都需要，因此系统应该提供订阅功能，只要有新的数据更新，就应该实时提醒应用。而且这个订阅也应该是个性化的，容许应用设置过滤条件，比如只订阅某个物理量 5 分钟内的平均值。

7. 数据统一性

物联网大数据平台的实时数据和历史数据的处理要合二为一。实时数据在缓存里，历史数据在持久化存储介质里，而且可能依据时长，保留在不同存储介质里。系统应该隐藏背后的存储，给用户和应用呈现的是同一个接口和界面。无论是访问新采集的数据还是十年前的老数据，除输入的时间参数不同之外，其余都应该是一样的。

8. 数据稳定性

物联网大数据平台需要保证数据能持续稳定写入。对于物联网系统，数据流量往往是平稳的，因此数据写入所需要的资源往往是可以估算的。但是变化的是查询和分析，特别是即席查询，有可能耗费很大的系统资源且不可控。因此系统必须保证分配足够的资源以确保数据能够写入系统而不被丢失。准确地说，系统必须是一个写入优先系统。

9. 数据多维度分析

物联网大数据平台需要对数据支持灵活的多维度分析。对于联网设备产生的数据，需要进行各种维度的统计分析，比如从设备所处的地域进行分析，从设备的型号、供应商进行分析，从设备所使用的人员进行分析等。而且这些维度的分析是无法事先想好的，是在实际运营过程中，根据业务发展的需求定下来的。因此物联网大数据系统需要一个灵活的机制来增加对某个维度的分析。

10. 支持数据计算

物联网大数据平台需要支持数据降频、插值、特殊函数计算等操作。原始数据的采集频率可能很高，但在具体分析时，通常不需要处理原始数据，而是对数据进行降频操作。因此，系统需要提供高效的数据降频功能。由于设备的采集时间点往往不同步，不同设备采集的数据时间点难以对齐，因此在分析特定时间点的数据时，常常需要进行插值处理。系统需要提供多种插值策略，如线性插值、设置固定值等，以满足不同场景下的需求。在工业互联网中，除了通用的统计操作外，还经常需要支持一些特殊函数的计算，如时间加权平均。因此，物联网大数据平台需要具备灵活的特殊函数计算能力，以满足工业领域的需求。

11. 即时分析和查询

物联网大数据平台需要支持即时分析和查询。为提高大数据分析师的工作效率，系统应该提供一命令行工具或容许用户通过其他工具，执行 SQL 查询，而不是必须通过编程接口。查询分析的结果可以很方便地导出，再制作成各种图表。

12. 灵活数据管理策略

物联网大数据平台需要提供灵活的数据管理策略。一个大的系统，采集的数据种类繁多，而且除采集的原始数据外，还有大量的衍生数据。这些数据各自有不同的特点，有的采集频次高，有的要求保留时间长，有的需要多个副本以保证更高的安全性，有的需要能快速访问。因此物联网大数据平台必须提供多种策略，让用户可以根据特点进行选择和配置，而且各种策略并存。

13. 开放的系统

物联网大数据平台必须是开放的。系统应当支持业界流行的标准 SQL，提供多种语言的开发接口，包括但不限于 C/C++、Java、Go、Python 和 RESTful 等。此外，平台还需要支持流行的数据处理框架和工具，如 Spark、R 和 Matlab 等，以便集成各种机器学习、AI 算法或其他应用。这样可以确保物联网大数据处理平台能够与外部系统和工具无缝集成，不断扩展其功能和应用范围，而不是成为一个孤岛。

14. 支持异构环境

物联网大数据平台系统必须支持异构环境。大数据平台的搭建是一个长期的工作，每个批次采购的服务器和存储设备都会不一样，系统必须支持各种档次、各种不同配置的服务器和存储设备并存。

15. 支持边云协同

物联网大数据平台需要支持边云协同。要有一套灵活的机制将边缘计算节点的数据上传到云端，根据具体需要，可以将原始数据或加工计算后的数据，或将仅符合过滤条件的数据同步到云端，而且随时可以取消或更改策略。

16. 单一后台管理

物联网大数据平台需要一个单一的后台管理系统，以方便查看系统的运行状态、管理集群、用户和各种系统资源等。同时，这个系统应该能够与第三方 IT 运维监测平台无缝集成，以便更便捷地进行管理。

17. 私有化部署

物联网大数据平台便于私有化部署。因为很多企业出于安全以及各种因素的考虑，希望采用私有化部署。而传统的企业往往没有很强的 IT 运维团队，因此在安装、部署上需要做到简单、快捷，可维护性。

11.5 物联网技术与计算

物联网的发展离不开云计算技术，边缘计算和雾计算技术的支持。运用云计算模式，使物联网中数以兆计的各类物品的实时动态管理，使智能分析变得可能。可以说，云计算是实现物联网的核心。云计算思想，实际上就是汇聚网络计算资源，使网络计算可形成具有现代化特征的资源计算池，依据用户需求统一管理并提供个性化服务。物联网通过将射频识别技术、传感器技术、纳米技术等新技术充分运用在各行各业之中。物联网是实现行业数字化转型的重要手段，并将催生新的产业生态和商业模式。而借助于边缘计算可以提升物联网的智能化，促使物联网在各个垂直行业落地生根。国际数据公司（International Data Corporation，IDC）预测，到2020年，连接到网络的传感器使用对象将增加到300亿个，连接设备的数量将从500亿个增加到1万亿个，其中包括美国工厂的5亿个传感器，2120亿个可用传感器，1.1亿辆拥有55亿个传感器的联网汽车，120万户拥有2亿个传感器的联网家庭。据估计，到2020年，可穿戴设备将达到2.371亿台。近年来，云计算成了一个很有吸引力的选择，为海量数据的存储和处理提供了一个经济有效的解决方案。

如此大规模边缘设备的产生，大量的信息需要传输到云服务器进行处理，造成了云服务器的资源紧张以及主干网络的拥塞为了缓解云服务器的压力。云计算面临着大量尚未解决的挑战，如端到端延迟、交通拥堵、处理大量数据和通信成本。边缘计算应运而生。对于灾难管理和内容交付应用程序等对延迟敏感的应用程序来说，云和终端设备之间的距离可能是个问题。边缘计算是指在靠近物或数据源头的一侧，采用网络、计算、存储、应用核心能力为一体的开放平台，就近提供最近端服务。其应用程序在边缘侧发起，产生更快的网络服务响应，满足应用在实时业务、应用智能、安全与隐私保护等方面的基本需求。边缘计算是对云计算的扩展，可以避免任务远距离传输的时延消耗以及缓解云服务器的资源紧张。边缘计算可以更好地支持移动计算与物联网应用，具有以下三个非常明显的优势。

（1）数据处理更快。

采用边缘计算，可以在网络边缘处理大量临时数据，减少中间传输的过程，增强服务响应能力。

（2）网络带宽需求更低。

随着联网设备的增多，网络传输压力将会增大，而边缘计算的过程中，与云端服务器的数据交换并不多，这大大减轻了网络带宽和数据中心功耗的压力。

（3）数据更加安全。

如果所有数据都传输回服务器进行处理，在这一过程中数据很容易受到攻击。而如果使用边缘计算，物联网设备在边缘数据中心或本地处理数据，减少了网络数据泄露的风险，并保护了用户数据安全和隐私。

借助于边缘计算可以提升物联网的智能化，并将促使物联网在越来越多的垂直行业落地生根。图11-14展示了应用于物联网中的边缘计算设备形态和所处的位置。最外层是边缘设备，中间层是进行边缘计算层，最里层是云数据中心。最外层边缘设备层，可以将边缘设备的计算交付给边缘计算层进行存储、计算和处理。由于边缘计算层十分靠近边缘设备端，所以用户端能够得到快速响应，响应速度远远高于云计算的速度。边缘计算在一定程度上扩充了云计算的能力，可视为云计算的延伸。

除了边缘计算，雾计算也是依赖物联网的发展而产生的。雾计算不同于边缘计算，数据的存储、计算处理等工作是在雾端进行。雾计算并非由性能强大的服务器组成，而是由性能较弱、更为分散的各类功能计算机组成，渗入工厂、汽车、电器、街灯及人们物质生活中的各类用品。

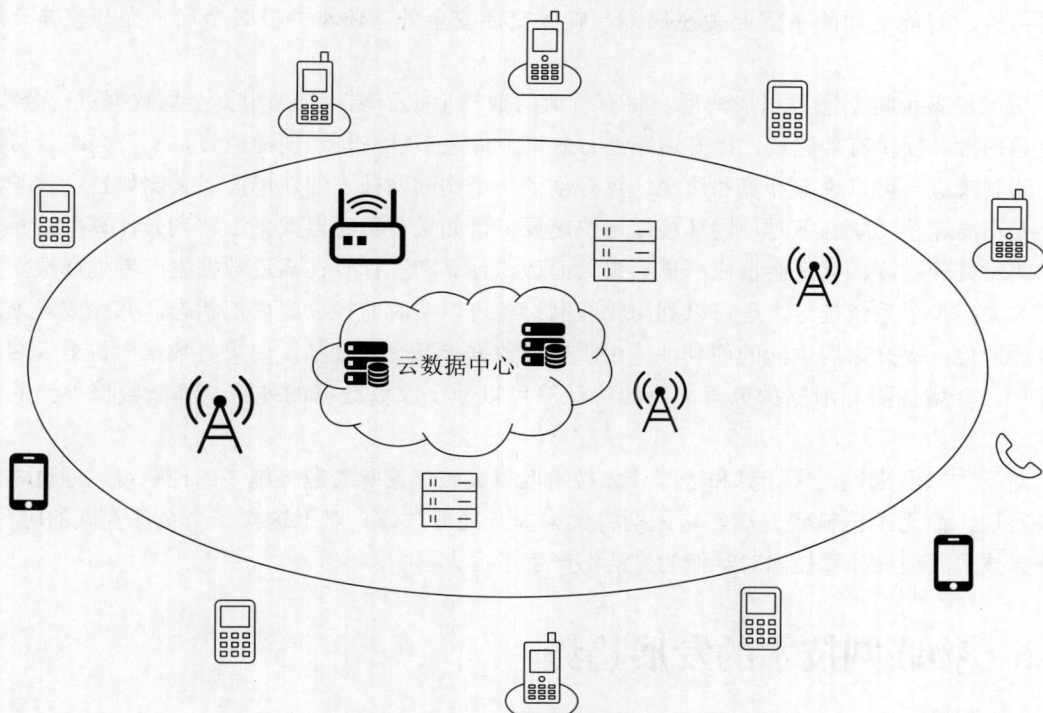

图 11-14　边缘计算应用于物联网

　　雾计算是云计算的延伸概念，由思科提出。这个因"云"而"雾"的命名源自"雾是更贴近地面的云"这一名句。雾计算和边缘计算的中心思想，都是将物联网设备的计算传输到更接近用户端的位置进行处理，都是为了减少主干网络的流量和缓解云服务器的计算压力。

　　雾计算和边缘计算关键的区别在于处理发生的确切位置。在边缘计算和雾计算中，物联网设备可以将计算移交到边缘服务器或雾设备进行处理。与云相比，网关和边缘服务器等设备更接近物联网设备，这样极大地减少了计算任务的传播延迟。并且由于网关和边缘服务器与物联网设备通常处于同一个网络中，所以计算任务不用远距离传输给云，保证了数据的安全性和处理的及时性，同时也大大减少了主干网络的流量。

　　物联网的发展也促使了包括智慧交通、自动驾驶、智能家居、智慧医疗等应用的发展。这些应用都需要及时的数据处理，这里就不得不使用边缘计算了。如果将这些应用的数据传输到云计算进行处理，数据的传播延时会比较大，完全不能满足我们智慧交通、自动驾驶、智能家居的需求。可以说边缘计算的发展离不开物联网的发展，但物联网的发展也需要依靠边缘计算来实现。

　　边缘计算在物联网中应用的领域非常广泛，特别适合具有低时延、高带宽、高可靠、海量连接、异构汇聚和本地安全隐私保护等特殊业务要求的应用场景。拿智慧交通来举例，在城市道路交通中，每个路口都会设置监控摄像头，每周甚至每天都会有海量的视频数据产生，如果这些监控设备产生的数据聚在一起，会是个天文数字。

　　在云端进行海量数据处理和实时监控，这是一个非常困难的事情。如果借助边缘计算，在本地对海量视频数据进行存储和分析，仅识别和截取存在道路交通事故或违法行为的视频传递给云服务器做进一步分析和长久存储，这样可以大大减少到云端的流量并且能够实现实时的交通监控。智能交通除了需要关注局部，确保交通安全外，还需要放眼全局，提升整体交通效率。

边缘设备可将交通数据清洗后，将有价值的数据上报云端，云端根据全局数据进行分析，为交通指挥者提供有效建议，提升道路通行效率，促进节能减排和便捷监管，支持向端云协同自动驾驶演进。可以说雾计算和边缘计算开创了一个物联网技术的新局面。又比如自动驾驶汽车需要在高速移动状态下对周围环境做出快速反应，如果将传感器数据上传到云计算中心将会增加实时处理难度，甚至会造成严重后果。而边缘计算和雾计算在靠近数据生产者处做数据处理，大大减少了系统延迟。还可以利用物联网设备可以实时监控家庭内部状态，并完成对家居环境的调控，提升家居生活的便利性。由于家庭数据涉及个人隐私，如果将数据上传至云端进行处理，会增加隐私泄露的风险，而边缘计算可以减少家庭数据的外流，降低数据外泄的可能性。

对于物联网来说，雾计算和边缘计算技术取得突破，意味着越来越多的控制可以通过本地设备实现，而无须传输到云端，这无疑将大大提升处理效率。对于这样一个全球互联的时代，云计算技术、边缘计算技术对我们的生活都产生了很大影响。

11.6 物联网技术的发展趋势

对于物联网来说，自比尔·盖茨在1995年《未来之路》一书中首次提出以来，已经发展了20余年，但我们仍然离所谓的"万物互联"相差甚远，不仅是意识认知上的差距，也有着技术方面的一系列瓶颈问题。

中国工程院院士邬贺铨近日也在公开场合表示："随着传感器的增多、可穿戴终端技术发展，以及深入生活的各类应用出现，未来万物互联将会是中国物联网发展的重要趋势，相信这种趋势将会很快到来。"的确，由于政府层面高度重视及一系列文件的密集下发，中国已跻身世界物联网发展最快的国家之列。根据工信部数据，2014年中国物联网产业规模已突破6000亿元。然而，由于关键技术落后及标准缺失，我国物联网技术在产品化过程中存在"档次上不去价格下不来"的尴尬，物联网企业之间、企业与国家物联网项目之间各自为政，隔阂难以打破。繁荣背后，很多专家选择给万物互联泼一盆冷水。

当然我们还是要承认，物联网未来必然会实现万物互联，而且会实现万物智能。当今时代正处在第三次信息化浪潮的初期，第三次信息化浪潮的代表技术就是物联网、云计算和大数据，随着大数据的发展，目前人工智能领域也受到了广泛的关注，一系列AI产品也开始陆续得到应用。相信在5G的推动下，未来物联网、移动互联网、AI等技术将深度融合，共同打造万物互联的智能化时代。

接下来将会逐一介绍如今物联网的各项技术发展趋势。

1. 5G技术下的物联网

毫无疑问，今天在任何信息平台上，都可以很容易找到对5G的"极限吹捧"。豪言5G之快，描绘5G将改变社会，种种说辞不一而足。如果我们回到具体而微的技术世界，就会发现，5G绝不仅是"网速更快了"而已。

所谓5G，是指第五代移动通信网络。而在通信协议的代次更迭里，传输速度虽然是首当其冲要升级的能力，但同时也必须解决众多前代通信网络遗留的问题。比如说，相比较4G而言，5G 网络协议还在低时延、超低功耗、多终端兼容性等层面上进行了跨越级提升。而这些功能，可能恰好解决的是物联网对"快"以外的升级要求。比如在工业物联网领域，低时延就是最重要的网络命脉。比如野生动物佩戴的监控设备，如何能让其在特定时间完成数据上传，而其他时间完全不耗电，这才是最大的需求，而这也是 5G 带来红利的一部分。

总结一下，5G + 物联网确实在给网络服务、智能服务等面向企业的业务打开新的市场机遇。更倾向于用众多小市场，逐渐描画新的解决方案供应体系。

2. 针对医疗健康的物联网

医疗健康行业长期以来一直抵制数字革命，远远落后于其他行业。COVID-19 大流行导致远程患者监护和医疗机器人等医疗物联网技术的迅速采用，这为物联网解决方案提供商开辟了巨大的数字化机会。

而伴随着计算机处理能力的提高和无线技术的微型化，物联网的应用场景逐步从概念扩展到了现实。随着医疗设备研发的不断创新，物联网技术在医疗软件设备产业中的作用越来越重要。物联网连接的增强使得联网的医疗设备数量与日俱增。医疗设备连接到网络的数量增加，进一步推动了医疗硬件传感器、物联网络和软件系统的研发创新应用。医疗数据在物联网中可以自由传输分发，依靠的不仅是硬件支持，也有软件应用。这些连接的医疗设备与物联网和工业上的智能制造类似，都是高度信息数据化的。

医疗与物联网结合的优点较显著，不仅能够智能监测病患健康数据，而且能减少大量重复工作，使医护人员能够实时掌握病人的健康状况，根据数据反馈调整，诊断和治疗的准确性和速度都可以得到提高。来自智能医疗设备终端的海量医疗数据将成为新的宝贵资源，为药物研发、新医疗技术应用提供强大数据支撑。

医疗物联网的兴起与发展虽然也有较长的时间，但是对于传统的医疗行业来说，许多传统的医疗设备仍无法接入物联网。而一旦接入物联网，医疗数据安全的重要性就立即凸显出来。与互联网相比，物联网数据重要程度更甚。一般对互联网来说，安全问题只会导致数据的泄露或篡改，基本上不会对用户的生命安全造成影响。但是医疗与物联网之间的数据连接就不一样了，安全问题直接与用户的生命安全相关，如果遇到攻击破坏，那么其后果可能会难以估量。

随着物联网市场规模的不断扩大，不同软硬件互联互通的时代即将到来。尽管物联网的便捷性明显，但随之而来的物联网安全事件也在日益增多，物联网设备、软件、网络都将面临安全挑战。特别是在涉及患者生命安全的医疗技术物联网部分，安全考量应慎之又慎。在应对医疗设备安全挑战的同时，也可以借鉴其他物联网的安全加密方案，打造属于医疗业的数据、授权、通信、应用安全堡垒。

3. 物联网 + 人工智能（AIoT）技术

AI 技术通常用于实时解释和响应一些人对机器和机器对机器的数据流。AI 和物联网两种技术的融合催生了 AIoT 的概念，即将 AI 技术嵌入物联网组件中。将连接的传感器和执行器收集的数据与 AI 相结合，可以在边缘减少延迟、增加隐私和实时智能。这也意味着需要在云服务器上发送和存储的数据更少。

人工智能和物联网之间的界限越来越模糊。这两种技术都有各自的特点，当它们结合在一起时，就为新的机遇打开了大门。那么，这两种先进技术如何很好地协同工作？可以将物联网称为数字神经系统，而将人工智能称为作出明智决策的大脑。人工智能可以从数据中快速收集见解，使物联网系统更加智能。

物联网与人工智能的结合是二者发展的必然结果，物联网需要通过人工智能发挥出更大的作用，以便于把物联网的应用边界不断拓展，这也是产业互联网发展的核心诉求之一，而人工智能也同样需要物联网这个重要的平台来完成落地应用。

4. 雾与边缘计算技术

过去，数据在前端采集通过网络传输在云端计算，计算结果等一系列数据返回前端进行相应操作。然而，我们现在面临的是巨大的物联网设备的接入，每天产生的数据量给网络带来了巨大的传输压力，近 TB 级别的操作转移到云中进行实时数据交互是非常不现实的。对于一辆自主驾驶的汽车来说，它需要更低的网络延迟，这也要求将计算能力转移到更近的边缘，以提高其工作的安全性。基于此背景，雾计算和边缘计算得到了广泛的重视。

雾计算这一概念是思科在 2011 年提出的。它不是一台功能强大的服务器，而是由功能更弱、更分散的计算机组成，它可以渗透到电器、工厂、汽车、路灯和人们生活中的各种物品中。简而言之，它扩展了云计算的概念。与云计算相比，它更接近数据生成的地方。数据、与数据相关的处理和应用程序集中在网络边缘的设备中，而不是几乎全部存储在云中。

边缘计算则是进一步推广了雾计算"局域网处理能力"的概念，但事实上，边缘计算的概念比雾计算的提出要早。边缘计算的起源可以追溯到 20 世纪 90 年代，当时 Akamai 公司推出了内容传输网络（Content Delivery Network，CDN），在终端用户附近设置传输节点，可以存储缓存的静态内容，如图像和视频。边缘计算的处理能力更接近数据源，其应用是在边缘端发起的，产生更快的网络服务响应，满足了行业在实时业务、应用智能、安全和隐私保护等方面的基本需求。边缘计算是在物理实体和工业连接之间，或者在物理实体边缘的末端。整个边缘计算系统包括四个关键部分：智能设备、工业智能网关、智能系统和智能服务。它是连接物理世界和虚拟世界的"桥梁"。

5. 可穿戴设备的研发

智能手表和可穿戴技术如今处于不同的发展阶段，但不同的技术可以协同工作以使其变得更智能。物联网就是其中一项技术。它使物联网设备能够通过网络进行通信，并使可用的资源和数据尽可能地发挥作用。在当今的可穿戴技术市场，Apple Watchs 在该行业领域名列前茅。还有一些厂商也表现出色，例如三星公司。然而，可穿戴技术不仅限于智能手表。可穿戴技术的历史可以追溯到 20 世纪 50 年代，索尼公司当时推出了索尼 TR-55 收音机，其手持设计的理念还应用在现代设备中。

新冠疫情推动了消费者行为的变化，包括在家工作、数字媒体消费的增加以及虚拟健身锻炼的普及，正在推动可穿戴设备的采用和消费者物联网的采用。借助生物识别传感器技术的进步，可穿戴技术供应商正在将一系列健康和健身监测选项集成到他们的设备中。

6. 下一代芯片的研发

相关统计显示，未来十年，联网的设备数量会增长 20 倍，这将带来高达 7 万亿美元的新增市场，随之而来的是大量的芯片机会。市场研究机构 IC Insights 发布的报告中指出，受益于市场的强劲需求，2025 年整体芯片市场的收入预计将提高 24%，并突破史上首个 5000 亿美元大关。他们进一步指出，预测期（2020—2025 年）内芯片市场的年复合增长率将达到 10.7%。随着物联网设备在全球的铺开，这个比例会大幅提升，但是智能物联网时代的芯片研发需求和过去相对不同，整个行业的发展也需要更多的人才投入。除此以外，物联网也将给芯片产业带来不同于以往的挑战。

芯片设计的重点已经从在 1/mm² 的硅片上放置更多晶体管的竞赛转移到将微处理器构建为由多个组件组成的系统，每个组件执行一项专门的任务。随着越来越多的传感器和微控制器集成到连接设备中，半导体行业开发更小、更便宜、更快的芯片的压力越来越大。物联网设备中嵌入的底层半导体技术需要更便宜、更紧凑、功耗更低，才能让物联网普及。

7. 数字孪生

随着人类进入信息化、数字化时代，人们对虚拟数字世界的好奇和探索从未停止，电影《黑客帝国》是此类题材的代表性作品。今天，数字孪生已开始助力人类生产力的变革和升级，改变人们的生产和生活方式。

数字孪生概念模型最早由迈克尔·格里弗斯博士于 2002 年 10 月在美国制造工程协会管理论坛上提出。2009 年，美国空军相关实验室第一次提出机身数字孪生（Airframe Digital Twin）概念。2010 年，美国国家航空航天局（National Aeronautics and Space Administration，NASA）在《建模、仿真、信息技术和处理》和《材料、结构、机械系统和制造》两份技术路线图中开始直接使用数字孪生（Digital Twin）这一名称。

目前，学界和工业界对数字孪生概念的表述虽有差异，但正趋于达成共识：数字孪生是以特定目的为导向对物理世界现实对象的数字化表达。这一对象不仅包括产品、设备、建筑物等实物，也包括企业组织、城市等实体。通过对物理对象构建数字孪生模型，实现物理对象和数字孪生模型的双向映射。

数字孪生的技术实现依赖于诸多新技术的发展和高度集成以及跨学科知识的综合应用，不仅是一个复杂的、协同的系统工程，涉及的关键技术方法还包括建模、大数据分析、机器学习、模拟仿真等。举例而言，如果把数字孪生的构建比作"数字人"的创造，则其核心的建模过程相当于骨架的搭建过程；采集数据、开展数据治理和大数据分析，相当于生成人的肌肉组织；而数据在物理世界和赛博空间（Cyberspace）之间的双向流动正如人体的血液，所提供的动能使数字机体不断成长，对物理世界对象的映射更趋精准；模拟仿真使数字人具备智慧，从而使通过赛博空间高效率、低成本优化物理实体成为可能。

8. 传感器创新

万物互联时代，传感器扮演着越来越重要的角色。据前瞻产业研究院发布报告显示，我国于 2012—2020 年迎来传感器技术和产业快速发展期。我国传感器市场规模在 2019 年已超 2000 亿元；预计 2021 年，我国传感器市场规模将达近 3000 亿元。

传感器的种类繁多，约有 3 万种以上。常见的传感器种类有：温度传感器、湿度传感器、压力传感器、位移传感器、流量传感器、液位传感器、力传感器、加速度传感器、转矩传感器等。

然而，由于起步较晚，我国在传感器的关键行业，关键技术，高附加值应用上，国际品牌还处于垄断地位。业内人士表示，由于传感器门类众多，技术门槛不一，我国在常规的传感器方面有所布局，但高精度的传感器是短板，面临着巨大的难题。

首先，国内传感企业数量多，有超过 1700 家企业从事传感器生产研制，但规模都不大，小企业占 70% 以上，年产值人民币过亿的传感器企业不超过 10%，形成了大产业、小企业、只有龙头、没有牵头的格局，上下游协同门槛高、成本高，产业发展尚未形成合力。其次，从物联网感知层来看，传感器数据采集及传输标准尚未统一，对于下游应用厂家，在传感器的选择使用上有一定的局限性，也对行业应用平台在数据处理方面造成了一定困难。最后，在高端传感器方面，一是受国内生产制造水平所限，产品的一致性和稳定性不够；二是在技术攻关的时候，往往以主机牵头，传感器作为配角基本是拿来主义。

当下，随着物联网时代的开启，各式各样的传感器正在成为无处不在的神经元，对于传感器的需求也开始呈现爆发性的增长。国内传感器厂商，以小小的身躯，爬行在一条漫长的产业链上，前后被挤压，国产传感器活得相当艰辛。但是作为物联网及工业领域非常关键的核心零部件，在技术国产化大潮的今天，传感器的发展突破势在必行。

11.7　小结

在本章中，详细介绍了物联网技术相关的几个领域，包括体系架构、通信技术、大数据以及计算。首先，介绍了物联网体系架构，明确了物联网系统的整体组织方式和结构层次，包括感知识别层、网络构建层、管理服务层、综合应用层。其次，探讨了通信技术在物联网中的重要性，无线通信技术使得各种设备能够在物联网网络中进行高效的通信，实现信息的传输与交换，是物联网系统实现设备间互联互通的基础。接着，深入研究了物联网与大数据之间的关系。物联网系统产生的海量数据对于实时监控、预测分析等方面都具有重要意义，而大数据技术能够帮助物联网系统有效地管理、存储和分析这些数据，从而挖掘出有价值的信息和洞察，二者的结合为物联网系统带来了新的发展机遇。最后，讨论了物联网与计算的关联。云计算、边缘计算等计算技术为物联网系统提供了强大的计算和存储能力，使得物联网应用能够更加灵活和智能地处理数据，同时减少数据传输和处理的成本和延迟，二者的结合推动了物联网系统的智能化和高效化发展。

11.8　思考与练习

1. 物联网与互联网的区别是什么？
2. 物联网的系统框架可以分为哪几层，分别执行什么任务？
3. 在物联网应用中，如何选择合适的无线通信技术？请比较蓝牙、Zigbee、WiFi 等无线传输技术在通信距离、成本、功耗、数据传输速率、网络拓扑结构等方面的优缺点。
4. 物联网数据如何与传统大数据相区别？
5. 物联网大数据平台的主要功能和特点是什么？
6. 边缘计算和雾计算技术如何为物联网提供支持？
7. 在大规模物联网部署中，如何有效地管理和利用边缘计算和云计算资源？

参考文献

[1] 冯建文，章复嘉，赵建勇，等．计算机组成原理与系统结构 [M].3 版．北京：高等教育出版社，2024.

[2] 克莱门茨．计算机组成原理 [M].1 版．北京：机械工业出版社，2017.

[3] 布赖恩特．深入理解计算机系统 [M].龚奕利，贺莲译．3 版．北京：机械工业出版社，2016.

[4] 唐朔飞．计算机组成原理 [M].3 版．北京：高等教育出版社，2020.

[5] 严蔚敏，吴伟民．数据结构（C 语言版）[M].北京：清华大学出版社，2018.

[6] 何钦铭，徐镜春，魏宝刚，等．数据结构 [M].2 版．北京：高等教育出版社，2016.

[7] 耿国华，刘晓宁，张德同，等．数据结构——C 语言描述 [M]. 3 版．西安：西安电子科技大学出版社，2020.

[8] 王珊，杜小勇，陈红．数据库系统概论 [M].6 版．北京：高等教育出版社，2023.

[9] 希尔伯沙茨．数据库系统概念 [M]. 杨冬青，李红燕，张金波译．7 版．北京：机械工业出版社，2021.

[10] Ben Forta.Mysql 必知必会 [M].刘晓霞，钟鸣译．北京：人民邮电出版社，2009.

[11] 刘华文，段正杰．计算机操作系统原理 [M].北京：清华大学出版社，2017.

[12] 汤小丹，梁红兵，哲凤屏，等．计算机操作系统 [M].4 版．西安：西安电子科技大学出版社，2014.

[13] 邹恒明．操作系统之哲学原理 [M].2 版．北京：机械工业出版社，2012.

[14] 高山竹，梦琪孙．人工智能和大数据技术在生物医药计算机网络安全防御中的应用研究 [J].大数据与人工智能，2025，5(9):49-51.

[15] 李圣强，李卫东，李闽峰，等．基 ATM 技术的计算机网络中心子系统 [J].地震，2022，20(z1): 217-221.

[16] 卢勝彦．计算机网络技术 [M].重庆：重庆大学电子音像出版社有限公司，2023.

[17] 朱金华，胡秋芬，刘均，等．网页设计与制作 [M].2 版．北京：机械工业出版社.2021.

[18] 徐晓丹，马永进．网页设计与制作基础（HTML5+CSS3）.北京：电子工业出版社，2024.

[19] 陈威兵，张刚林，冯璐，等．移动通信原理 [M].3 版．北京：清华大学出版杜，2024.

[20] 彭涛，孙连英，刘畅．移动应用开发技术 [M].北京：清华大学出版杜，2021.

[21] 史昕，汤海波，闫珍．iOS 开发：从零基础到精通 [M].北京：清华大学出版杜，2018.

[22] 刘陈．鸿蒙应用开发入门与实践 [M].北京：清华大学出版杜，2024.

[23] Goodfellow I，Bengio Y，Courville A，et al. Deep learning[M]. Cambridge：MIT Press，2016.

[24] 邱锡鹏. 神经网络与深度学习 [M]. 北京：机械工业出版社，2021.

[25] 王万良. 人工智能导论 [M].5 版. 北京：高等教育出版社，2020.

[26] Vaswani A，Shazeer N，Parmar N，et al. Attention is all you need[J]. Advances in Neural Information Processing Systems，2017，30.

[27] Christiano P F，Leike J，Brown T，et al. Deep reinforcement learning from human preferences[C]//Advances in Neural Information Processing Systems，2017: 4299-4307.

[28] Ho J，Jain A，Abbeel P. Denoising diffusion probabilistic models[C]//Advances in Neural Information Processing Systems，2020，33: 6840-6851.

[29] Nakamoto S. Bitcoin: A peer-to-peer electronic cash system. White Paper，2008. [Online]. Available: https://bitcoin.org/bitcoin.pdf.

[20] Buterin V. Ethereum: A next-generation smart contract and decentralized application platform. White Paper，2014. [Online]. Available: https://github.com/ethereum/wiki/wiki/White-Paper.

[31] Hyperledger 国际化工作组. Fabric 中文文档 [Online]. Avaialble: https://hyperledgercn.github.io/hyperledgerDocs.

[32] King S，Nadal S. PPCoin: Peer-to-peer crypto-currency with proof-of-stake. White Paper，2012. [Online]. Available: https://www.peercoin.net/papers/peercoin-paper-cn.pdf.

[33] 刘云浩. 物联网导论 [M]. 4 版. 北京：科学出版社，2022.

[34] 傅洛伊，王新兵. 移动互联网导论 [M]. 4 版. 北京：清华大学出版社. 2024.